电子设计系列教材

单片机原理与嵌入式设计

赵 亮 李胜铭 编著

电子工业出版社

Publishing House of Electronics Industry

北京·BEIJING

内 容 简 介

本书从实用性和先进性出发，遵循由浅入深、循序渐进的原则，较全面地讲解了 51 单片机的知识体系。全书主要内容包括：51 单片机的硬件结构与工作原理、内部资源及应用、指令系统及 C51程序设计、信息的显示与输入/输出、定时器/计数器、中断、串行口通信、系统扩展、接口电路的设计与拓展等。本书在讲解单片机开发的必要理论知识的同时，结合了各种应用及经典的设计案例。此外，本书还介绍了 C51 程序设计的开发工具 Keil µVision5 及嵌入式仿真工具 Proteus 的使用方法。

本书以培养学生 51 单片机的应用能力为目标，理论知识与系统设计并重，并引入 51 单片机的新技术，理论联系实际，既可作为高等学校自动化、电气工程、电子信息类等专业的基础教材，也可作为相关工程技术人员学习的参考书。

图书在版编目（CIP）数据

单片机原理与嵌入式设计 / 赵亮，李胜铭编著. —北京：电子工业出版社，2021.5

ISBN 978-7-121-41100-7

Ⅰ. ①单… Ⅱ. ①赵… ②李… Ⅲ. ①单片微型计算机—系统设计—高等学校—教材 Ⅳ. ①TP368.1

中国版本图书馆 CIP 数据核字（2021）第 080041 号

责任编辑：王羽佳　　文字编辑：底　波
印　　刷：北京虎彩文化传播有限公司
装　　订：北京虎彩文化传播有限公司
出版发行：电子工业出版社
　　　　　北京市海淀区万寿路 173 信箱　邮编：100036
开　　本：787×1 092　1/16　印张：22　字数：606 千字
版　　次：2021 年 5 月第 1 版
印　　次：2023 年 1 月第 2 次印刷
定　　价：69.00 元

凡所购买电子工业出版社图书有缺损问题，请向购买书店调换。若书店售缺，请与本社发行部联系，联系及邮购电话：（010）88254888，88258888。

质量投诉请发邮件至 zlts@phei.com.cn，盗版侵权举报请发邮件至 dbqq@phei.com.cn。

本书咨询联系方式：（010）88254535，wyj@phei.com.cn。

前　言

作为微型计算机的重要组成部分，单片机将一个计算机系统集成在一块芯片上，相当于一个微型的计算机，被广泛应用到仪器仪表、工业自动化控制、通信设备、汽车电子与航空航天电子系统、家用电器等领域中，成为生产、生活中不可缺少的部分。单片机作为科技发展的产物，自问世以来，已从最初的 4 位机、8 位机发展到 32 位机，同时其体积更小、性能更好、功能更强大。目前，单片机正朝着高性能和多品种发展，在当前及以后相当长的时间内会持续活跃在市场上，人们正在不断享受着单片机发展带来的生活便利。

对单片机的学习已经成为人们，特别是青年一代必备的技能，学好单片机的基本理论及其技术，能够让读者了解电子产品的工作原理及开发方法。

本书的特色如下。

（1）本书从基础知识开始讲解，由浅入深、重点突出，提供了大量程序实例，讲解了 Keil 软件的安装与使用、单片机原理图与 PCB 的绘制，理论联系实际，改善了单片机教材难学的问题，能够让读者学以致用，使枯燥的学习变得生动有趣。

（2）本书的实例多数提供了原理图，读者能够通过原理图来焊接、连接电路进行实验现象的测试，通过实践进一步了解单片机及其外围电路原理，了解程序的执行过程。

（3）本书对程序代码进行了注释，一方面有助于读者掌握程序的编写方法及结构，另一方面可根据注释加深对语法的理解，从而产生联想，读者容易通过修改程序实现其他功能，进行单片机系统的设计与开发。

本书从教学的角度出发，以 51 系列单片机为硬件基础，以 C 语言为软件编程基础，系统地介绍了 51 单片机的基本知识与原理，通俗易懂、结构清晰，符合教学内容的要求。本书用简单的例程激发读者的兴趣，注重应用，以实践检验真理，提高读者发现问题、分析问题的能力。

本书分为 11 章，从先进性和实用性出发，较全面地介绍了单片机的基本理论和设计应用，主要内容包括：第 1 章是概述，介绍了单片机的概念、单片机的发展过程及发展趋势、单片机的型号及使用单片机点亮 LED；第 2 章讲述了 51 单片机的硬件系统结构，对常用的电子元器件及逻辑门电路知识进行了介绍；第 3 章介绍了 C 语言的基础知识，包括计算机的数进制转换，C 语言的语法结构及格式、函数及预处理；第 4 章介绍了单片机最小系统设计，包括使用 Altium Designer 软件对最小系统进行原理图绘制、PCB 绘制，Keil μVision5 编程软件的使用；第 5 章介绍了定时器/计数器与中断，讲述了中断系统的结构及软件设计、定时器/计数器的工作方式及软件设计；第 6 章介绍了串行口通信，讲述了串行口通信原理、工作方式、程序设计及调试工具的使用；第 7 章介绍了单总线接口技术，讲述了单总线接口技术原理及应用的实现，包括实现唯一序列号、温度测量、电池监控、数据存储；第 8 章介绍了 IIC 总线接口技术，讲述了如何通过单片机 I/O 口模拟 IIC 总线去连接控制各类具有 IIC 口的芯片；第 9 章介绍了 SPI 总线技术，讲述了通过单片机模拟 SPI 总线连接各类 SPI 芯片的实例；第 10 章介绍了基于单片机外部总线的扩展原理，采用外加译码器芯片的方式充分扩展外部功能电路，并给出具体的应用实例；第 11 章介绍了单片机相关片上资源，讲述了看门狗技术及单片机片上 SPI、A/D 转换器、

PCA/PWM 模块。

本书语言简明扼要、通俗易懂，案例清晰、示例引导，具有很强的专业性、技术性和实用性，既可作为高等学校自动化、电气工程、电子信息类等专业的基础教材，也可作为相关工程技术人员学习的参考书。

本书由赵亮、李胜铭编著，其中，第 1～6 章由赵亮编写，第 7～11 章由李胜铭编写，全书由赵亮负责整理与统稿。大连理工大学控制 2019 级研究生王广文、张泽新，2017 级本科生耿豹及 2018 级本科生吴双鹏参与了书中实例的验证。本书的编写参考了大量近年来出版的相关技术资料，吸取了许多专家和同人的宝贵经验，在此向他们深表谢意。

由于单片机技术发展迅速，作者学识有限，书中难免有不完善和不足之处，敬请广大读者批评指正。

目　　录

第1章 概　　述

1.1　什么是单片机

单片机，全称为单片微型计算机（Single-Chip Microcomputer），它将中央处理器（CPU）、存储器（程序存储器 ROM、随机存储器 RAM）、定时器/计数器、输入/输出接口（I/O 接口）、中断系统和其他功能部件集成在一片半导体芯片上，使得这块集成了多种器件的芯片具有微型计算机的基本功能。

与其他专用芯片相比，单片机是软硬件结合的产物。一般而言，大部分芯片的功能在生产时被厂商固定，使用者无法进行修改，而单片机作为一块芯片，使用者可以通过编写不同的程序实现不同的功能。

另外，由于单片机体积小且处于控制系统的核心地位，在应用上一般将其嵌入仪器设备内使用，故单片机又被称为嵌入式微控制器（Embedded MicroController Unit，EMCU）。

1.1.1　单片机的发展过程

单片机的发展过程通常可分为四个阶段，如表 1-1 所示。

表 1-1　单片机发展的四个阶段

阶　　段	代 表 产 品	特　　点
初级	F8	8 位，集成度低，需要外加芯片组合使用
低性能	MCS-48、PIC1650	8 位，集成了 CPU、RAM、ROM、中断源
高性能	MCS-51、6801、Z-8、TMS7000	8 位，存储容量与器件个数增加，含有串行接口
优越	MCS-96、MC68HC16、TMS9900	16 位（32 位单片机也被推出），工艺与性能更加优越

1. 第一阶段（1974—1976 年）：单片机初级阶段

1974 年 12 月，美国仙童（Fairchild）公司推出了世界上第一台 8 位的 F8 单片机，其特点是由两块集成芯片组成，仅包含 8 位的 CPU、64B 的 RAM 和两个并行接口，需要外加带有 ROM 存储器、定时器/计数器等功能的芯片组合使用，F8 系列单片机在当时深受家用电器领域的重视。这一时期的单片机因受当时的制造工艺限制，集成度比较低，且功能单一。

2. 第二阶段（1976—1978 年）：低性能单片机阶段

1976 年 Intel 公司研发了 MCS-48 系列单片机，1977 年 GI 公司研发了 PIC1650 单片机，它们的特点是集成化程度较高，片内包含 8 位的 CPU、64B/128B 的 RAM、1KB/2KB 的 ROM、并行接口、一个 8 位的定时器/计数器、两个中断源，且可进行片外寻址的范围为 4KB。这一时期的单片机集成了 CPU、RAM、ROM 等多种功能器件，得到了广泛应用，但其性能较低，仍然属于低性能阶段。

3. 第三阶段（1978—1982年）：高性能单片机阶段

这个时期典型的单片机代表产品有 Intel 公司的 MCS-51 系列、Motorola 公司的 6801 系列、Zilog 公司的 Z-8 系列、TI 公司的 TMS7000 系列，它们的特点是片内包含 8 位的 CPU、128B/256B 的 RAM、4KB/8KB 的 ROM、串并行 I/O 接口、两个 16 位的定时器/计数器、多个中断源，且片外寻址范围可达 64KB。这一时期的单片机不仅存储器容量增加，而且定时器/计数器及中断源的个数增加，并且集成了串行接口，单片机性能显著增强，应用范围更加广泛。

4. 第四阶段（1983年至今）：8 位单片机巩固发展及 16 位、32 位单片机推出阶段

20 世纪 90 年代，单片机发展的黄金时期，很多公司如 Intel、Motorola、TI、三菱、PHILIPS 等开发了大批具有优越性能的单片机，极大地推动了单片机的应用与发展。典型的代表产品有 MCS-96 系列（16 位，Intel 公司）、MC68HC16 系列（16 位，Motorola 公司）、TMS9900 系列（16 位，TI 公司），这些 16 位的单片机不论在工艺上还是在功能上都更加优异。它们的特点是包含 16 位的 CPU、256B 的 RAM、8KB 的 ROM、串并行 I/O 接口、4 个 16 位的定时器/计数器、8 个中断源，且具有 D/A 和 A/D 转换电路、片外寻址范围为 64KB 及片内集成看门狗（定时器电路，防止程序出现死循环）功能。这一时期，8 位单片机得到了进一步发展，16 位与 32 位单片机也逐渐出现在市场上。

单片机的发展从嵌入式系统的角度可以分为三个阶段：单片微型计算机阶段（SCM）、微控制器阶段（MCU）、片上系统阶段（SoC）。

1.1.2　单片机的特点

为什么单片机自 20 世纪 70 年代问世以来，能够在短短的十几年得到四个阶段的更新换代？这与单片机自身的特点有关。

1. 体积小，可靠性高

正所谓"麻雀虽小，五脏俱全"，单片机将众多功能器件集中在了一块芯片上，一块单片机芯片就相当于一台小型的微型计算机，较小的体积使其容易嵌入设备内，能够作为控制系统的核心执行复杂的功能。单片机中的 ROM 用来存放程序、常数、表格等系统软件，数据不易受到破坏；内部采用总线结构，信号通道均在芯片内，运行起来具有很高的可靠性和抗干扰能力。

2. 控制能力强

单片机具有逻辑操作指令、位处理指令、转移指令等，这些丰富的操作指令大大增强了单片机的控制功能，方便处理复杂的逻辑运算。

3. 扩展能力强

单片机含有很多 I/O 接口，很容易与外部电路进行连接，构成功能更加完善的系统，技术人员可根据需求进行扩展，易于设计与产品化。

4. 低功耗

单片机可在 3V 甚至更低的电压下运行，有些单片机的工作电流甚至在 μA 级，使用一颗纽扣电池即可工作很长时间，更低的功耗适应了现代社会绿色发展的需要。

40 多年来，单片机发展迅速、功能逐渐完善、普及程度也越来越高，以其易于设计与掌握的特点被大力推广应用。

1.2　单片机的应用领域

单片机的诞生标志着计算机开始形成了通用计算机与嵌入式计算机两类。通用计算机拥有大容量存储、高速度运算能力，应用范围为图像处理、网络通信等领域。与大体积、高成本的通用计算机相比，单片机可嵌入各种应用系统中，以其体积小、价格低、可靠性高、低功耗，以及可与外围电路组合进行扩展使用的特点，被广泛应用在各个领域中，如图 1-1～图 1-5 所示。

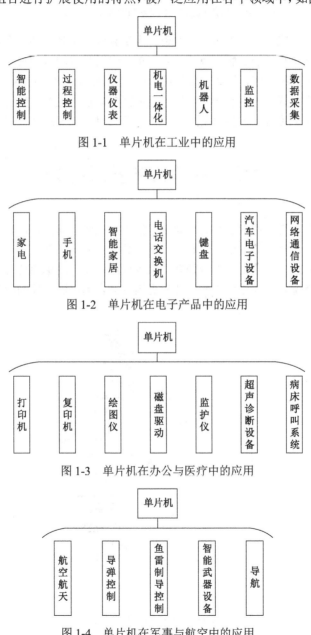

图 1-1　单片机在工业中的应用

图 1-2　单片机在电子产品中的应用

图 1-3　单片机在办公与医疗中的应用

图 1-4　单片机在军事与航空中的应用

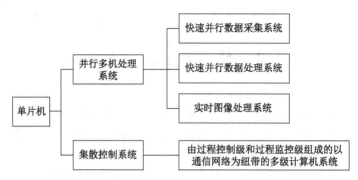

图 1-5　单片机在分布式多机处理系统中的应用

　　单片机的应用十分广泛，大到航空、航天、军工领域，小到我们日常生活中随处可见的电子产品，均可以见到单片机的身影，也正是由于单片机所具有的一些特点，众多产品都加入了嵌入式单片机来改善系统性能、提高产品的灵活性。据统计，全世界每年单片机的销量超过 50 亿片，市场上既有几元钱一片的普通单片机，主要面向高校学生与一般的电子设计的应用，也有几百元一片的高级单片机，主要面向工厂、公司的应用，单片机具有广阔的市场前景。

1.3　单片机的发展趋势

　　如今，单片机的功能及性能已经能够满足人们生产生活的需要，但社会在不断发展、科技在不断进步，人们对单片机的需求也朝着多元化、高性能方向发展。单片机的发展具体体现在信号实时处理、实时监控、通信、中断处理、指令操作系统、功率消耗等方面，以应对网络接口、电气接口等不断增长与改进的需要，适应更精准的自动检测与控制的要求。单片机的发展趋势如图 1-6 所示。

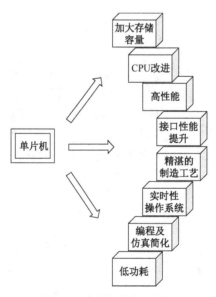

图 1-6　单片机的发展趋势

1.4　STC 系列单片机介绍

1. 国外 MCS-51 系列单片机简介

在介绍 STC 单片机之前，我们先介绍前面提到的 Intel 公司的 MCS-51 系列单片机。它以 8051 为核心，是 Intel 公司早期最典型的单片机产品，按照内部存储资源可分为基本型与增强型，其内部存储配置如表 1-2 所示。后来 Intel 公司将 8051 的核心技术授权给了其他公司进行开发，以 8051 为核心的单片机成为最早进入我国并且应用十分广泛的芯片。

表 1-2　MCS-51 系列单片机的内部存储配置

MCS-51 类型	型　号	ROM	EPROM	RAM
基本型	8031	无	无	128B
	8051	4KB	无	128B
	8751	无	4KB	128B
增强型	8032	无	无	256B
	8052	8KB	无	256B
	8752	无	8KB	256B

注意：

（1）8031 和 8032 单片机内部没有程序存储器，使用时需要外加程序存储器。

（2）EPROM 为紫外线可擦除可编程 ROM。此外，常见的还有 EEPROM，它为电可擦除可编程 ROM；Flash ROM 为单电压芯片，也是一种非易失性的 ROM，属于 EEPROM 的改进产品。

（3）RAM 与 ROM 的区别：RAM 为随机存储器，用以存放单片机执行功能过程中产生的临时数据，断电数据丢失；ROM 为程序存储器，用来存储程序数据及常量数据或变量数据，断电数据不丢失。

（4）本书主要介绍 STC51 系列单片机，请注意，凡是以 8051 为核心的单片机，我们均称之为 51 单片机，只是型号不同，但只要学会了一种型号的 51 单片机，其他型号就可以很快上手，因为它们的硬件资源和指令代码是兼容的。

2. 国内 STC 系列单片机介绍

前面提到了众多的国外单片机系列，那么有没有国产的呢？答案当然是有，那就是宏晶公司的 STC 系列单片机，拥有全部中国独立自主知识产权，宏晶现已成为全球最大的 8051 单片机设计公司。产品包括 89C51、89C52、89C516、15 等众多型号，这些型号的单片机均以 8051 为核心，均可称为 51 单片机。下面以 STC89C51 为例，介绍该芯片的标号信息，让读者深入了解此名称中数字、字母的含义，其封装实物图如图 1-7 所示。

图片中单片机的标号为 STC89C51RC、40I-PDIP40、1812HPU939.X90C，解释如下。

STC：表示芯片的生产公司，STC 是我国的宏晶公司。其他常见的还有，AT 表示 Atmel 公司，如 AT89C51、AT89C52、AT89S51 等；W 表示 Winbond 公司，如 W77C51、W78C51、W78E52 等；P 表示 PHILIPS 公司，如 P80C51、

图 1-7　STC89C51-DIP 封装实物图

P80C52、P89C51 等。

8：表示芯片为 8051 内核芯片。

9：表示芯片内部为 Flash EEPROM 存储器。其他常见的还有 7，表示芯片内部为 EPROM，即紫外线可擦除 ROM，如 87C51 芯片；0 表示芯片内部为 Mask ROM，即掩模 ROM，如 80C51 芯片。

C：表示该器件为 CMOS 产品，即集成电路设计中的低耗芯片。其他常见的还有，S 表示该芯片有 ISP 在线编程功能，如 89S52；LE、LV、LS 表示工作电压为 3.3V 的低电压产品，如 89LE52、89LV52、89LS52。

5：表示固定不变。

1：表示芯片内部程序存储空间（ROM）大小为 4KB。其他常见的还有，2 表示程序存储空间大小为 8KB；3 表示程序存储空间大小为 12KB，以此类推。存储空间越大，所装纳的程序代码越多，若是将超过 4KB 的代码下载到 80C51 中，则会失败，因为超出了它的承载量。但是芯片存储空间越大，价格越高，所以在选择芯片时不能仅追求大容量，还要考虑实现功能所需的空间大小，能够执行即可。

RC：表示内部随机存储器（RAM）为 512B，RD+表示内部 RAM 为 1280B。

40：表示芯片外部晶振最高可接入 40MHz。其他如 AT 系列单片机中的 24 表示芯片外部晶振最高可接入 24MHz。

I：表示产品级别，I 为工业级，表示芯片使用范围为-40～85℃；其他常见的如 C 为商业级，表示芯片使用范围为 0～70℃。

PDIP：表示产品封装型号，PDIP 为双列直插式。其他常见的如 LQFP 表示薄型塑料方型扁平式；PLCC 表示带引线的塑料芯片封装。

40：表示引脚个数为 40 个。

1812：表示此批芯片的生产日期为 2018 年第 12 周。

HPU939.X90C：不详，可能为制造工艺。

1.5 感受单片机第一个实例

本节我们通过第一个实例：点亮一个发光二极管，来了解单片机的功能是如何实现的。

下面给出点亮 LED 的电路图，如图 1-8 所示，VCC 为电源+5V，LED 为发光二极管，R 为限流电阻。

LED 工作时，应该串接一个限流电阻，该电阻的阻值大小应根据不同的使用电压和 LED 所需工作电流来选择。LED 的压降一般为 1.5～3.0V（红色和黄色一般为 2V，其他颜色一般为 3V），工作电流一般取 1～20mA 为宜。其限流电阻的计算公式为 $R=(U-U_L)/I$，U 为电源电压，U_L 为 LED 正常发光时的端电压，I 为 LED 的电流。

假设此处为红色 LED，其工作电压为 2V，取工作电流为 15mA，则电阻 R 的计算如下。

$$R = \frac{U - U_L}{I}$$
$$= \frac{5V - 2V}{0.015A}$$
$$= 200\ \Omega$$

所以此处的 R 可选 200 Ω。

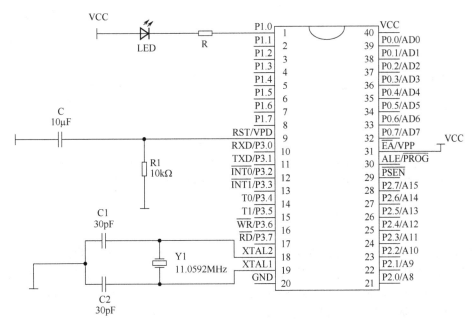

图 1-8 点亮 LED 的电路图

注：$\overline{EA}$ 引脚接 VCC。

通过前面的介绍，我们了解到单片机是通过软件编程来实现需要的功能的，接下来通过 Keil 软件编写程序点亮 LED。对于 Keil 软件，在此简单了解即可，后续章节会对 Keil 软件进行详细介绍，程序代码如下所示。

```
#include <reg51.h>    //51系列单片机头文件

sbit LED=P1^0;        //位定义单片机P1口的第1位

void main()           //主函数
{
    LED=0;            //点亮第一个LED
}
```

程序中定义了 P1.0 引脚用 LED 表示，对应着电路图中的 LED 连接到了 P1.0 引脚，当 P1.0 输出低电平也就是 0 时（高电平对应 1），含有 LED 的电路就构成了回路，这时电路导通，LED 亮起。（这里需要提到的是，LED 能够被点亮的原因是电路构成了回路。在实际应用过程中，电路图可能与本例的不一样，若是将 LED 与电源地相连，这时要想构成回路，则需要 P1.0 输出高电平也就是 1 时，电路才能导通，LED 亮起。）

※ 举例拓展

下面让 LED 循环亮灭，用波形图的形式说明 LED 的状态在程序执行过程中发生了什么变化，程序代码如下所示。

```
#include <reg51.h>               //51单片机头文件
typedef unsigned int u16;        //对数据类型进行声明定义
typedef unsigned char u8;
sbit LED=P1^0;
```

```
void delay(u16 i)                    //延时函数
{
  while(i--);
}

void main()                          //主函数
{
  while(1)
  {
    LED=0;                           //点亮LED
    delay(50000);                    //延时
    LED=1;                           //熄灭LED
    delay(50000);                    //延时
  }
}
```

使用 Keil 的仿真调试功能，可得到图 1-9 所示波形图。从波形图可以看出，单片机的 I/O 引脚默认输出高电平，然后在执行代码 LED=0 时，瞬间下降为低电平，执行代码 delay(50000)，低电平得到一段时间的保持，LED 状态为常亮；执行代码 LED=1，瞬间上升为高电平，执行代码 delay(50000)，高电平得到一段时间的保持，LED 状态为常灭。

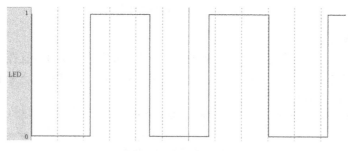

图 1-9　仿真波形图

第 2 章   硬件基础知识介绍

本章重点介绍 8051 单片机的硬件系统结构，为之后的单片机系统设计及程序设计打下基础。此外，要想熟练地掌握单片机系统设计，对常用的电子元器件及逻辑门电路知识的了解也是必不可少的。

2.1   STC 系列 8051 单片机片内硬件结构

STC 系列单片机由我国宏晶科技公司研制，具有独立自主知识产权，属于增强型 8051 单片机。STC 系列单片机具有多种子系列产品，代表性的 STC 系列单片机如表 2-1 所示。

表 2-1   STC 系列单片机

时 间	产 品
2004 年	STC89C52RC/STC89C58RD
2006 年	STC12C5410AD 和 STC12C2052AD
2007 年	STC89C52/STC89C58、STC90C52RC/STC90C58RD、STC12C5608AD、STC11F02E、STC10F08XE、STC11F60XE、STC12C5201AD、STC12C5A60S2
2009 年	STC90C85AD
2010 年	STC15F100W/STC15F104W
2011 年	STC15F2K60S2、IAP15F2K16S2
2014 年	STC15W401AS/IAP15W413AS、STC15W1K16S/IAP15W1K29S、STC15W404S/IAP15W413S、STC15W100/IAP15W105、STC15W4K32S4/IAP15W4K58S4
2017 年	STC8F2K64S4
2018 年	STC8F1K08S2

以 STC15W4K40S4 为例，该型号单片机是单时钟（机器周期为 1T）的单片机，具有如下优势。

（1）高速：传统的 8051 单片机的 1 个机器周期包含 12 个时钟即 12T，而 STC15W4K40S4 单片机的 1 个机器周期可以为 1 个时钟周期，机器周期大幅缩短，使其指令执行的速度理论上达到普通 8051 单片机的 7～12 倍，比早期 STC 的 1T 系列单片机产品快 20%。

（2）工作电压较宽：2.5～5.5V，当单片机工作在高时钟频率状态时，工作电压应为 2.7～5.5V。

（3）大容量 4KB 片内 RAM 数据存储器空间（包括常规的 256B RAM<idata>和内部扩展的 3840B 的 XRAM<xdata>）。

（4）18KB 大容量片内 EEPROM，擦写次数在 10^5 次以上；40KB 片内 Flash 程序存储器，擦写次数在 10^5 次以上。

（5）可在线编程 ISP。ISP 是指通过单片机专用的串行编程接口和 STC 提供的专用串行口下载器固化程序软件，对单片机内部的 Flash 存储器进行编程。此外，STC15 系列中的 IAP 型单片机具有应用可编程 IAP 功能。IAP 技术是从结构上将 Flash 存储器映射为两个存储空间。当运行一个存储空间内的用户程序时，该程序可对另一个存储空间进行重新编程。然后，将控制权从一个存储空间转移到另一个存储空间。由于该类型单片机自身具有仿真芯片，无须编程器/仿真器，所以可以实现远程升级。

（6）8 通道的 10 位高速 ADC：拥有片内 6 通道 15 位带死区控制的专用高精度脉冲宽度调制（PWM）模块，此外，还提供了 2 通道 CCP 模块，通过它的高速脉冲输出功能可实现 2 路 11～16 位 PWM。它们可以用来实现 8 路数字模拟转换器（DAC）功能。

（7）两个兼容普通 8051 的定时器、4 路可编程定时/计数阵列，此外还能实现 4 个定时器。

（8）片内提供多达 7 个定时器/计数器模块，其中 5 个 16 位可重装载定时器/计数器，包括 T0/T1/T2/T3/T4（T0 和 T1 与普通 8051 单片机的定时器/计数器模块兼容），均可实现时钟输出。2 路 CCP 也可实现 2 个定时器。定时器/计数器 T2 可实现 1 个 16 位重装载定时器/计数器，也可产生时钟输出 T2CLKO。新增 16 位重装载定时器 T3/T4，也可产生可编程时钟输出 T3CLKO/T4CLKO。

（9）4 个独立的高速异步串行通信端口（UART）。

（10）片内集成看门狗（WDT）模块。

（11）高速同步 SPI 串行通信端口。

（12）兼容普通 8051 单片机的全双工异步串行口。

（13）抗干扰能力极强。

① 抗静电干扰。

② 通过 EFT 干扰测试。

③ 电源电压宽，抵制电源抖动干扰。

④ 宽工作温度：-40～85℃，抵抗环境温度变化带来的干扰。

⑤ I/O 口、片内供电系统、复位电路、时钟电路、看门狗电路均采用特殊抗干扰处理。

（14）低功耗设计，提供低速模式、掉电模式和空闲模式。

（15）新型的 STC 系列单片机内部集成复位电路和 RC 时钟电路，可以对外输出时钟和低电平复位信号，简化系统设计。

（16）指令集兼容普通 8051 指令集，此外还具有硬件乘/除法指令。

（17）可将掉电模式/停机模式唤醒的定时器：内部低功耗掉电唤醒专用定时器。

几款经典的 51 单片机主要性能如表 2-2 所示。

表 2-2　51 单片机主要性能

型　号	数据存储器	程序存储器	SPI 口	定时器/计数器个数	DPTR	EEPROM	看　门　狗
MCS-51（8051）	128B	4KB 掩模 ROM	无	2	1	0	无
AT89S51	128B	4KB Flash ROM	在线编程用	2	2	0	有
AT89S8252	256B	8KB Flash ROM	有	3	2	2KB	有
STC89C52	512B	4KB Flash ROM	无	3	2	9KB	有
STC15W4K40S4	4KB	40KB Flash ROM	有	5	2	18KB	有
IAP15W4K58S4	4KB	58KB Flash ROM	有	5	2	IAP	有

由于 Intel 公司将 MCS-51 的核心技术授权给了很多公司，各公司都在开发具有代表性的以 8051 为核心的单片机，并在 MCS-51 单片机的基础上加强性能。例如，扩大数据存储器容量、增加程序存储器容量并开发 Flash 存储器；加入其他种类的接口电路及支持在线编程；在基础的定时器/计数器、中断源及数据指针上增加其数量。尽管 51 单片机呈现百花齐放、百家争鸣的特点，但所有的 51 单片机都是以 MCS-51 系列的 8051 单片机为基础研发的，各公司的 51 单片机在引脚及指令上都兼容 MCS-51 的 8051 单片机。

2.1.1　8051 单片机的硬件结构

如图 2-1 所示为经典的 MCS-51 系列的 8051 单片机的内部结构，而 STC 系列 8051 采用高性能、高速的 8 位 CPU，兼容所有工业标准的 8051 单片机，其中也包括 MCS-51 单片机。外围包括：内部数据 RAM、外部数据空间、特殊功能寄存器。此外，STC 系列 51 单片机与工业标准 8051 指令集 100%兼容，大多数指令使用 1 个或 2 个时钟周期执行，提高了工作效率。

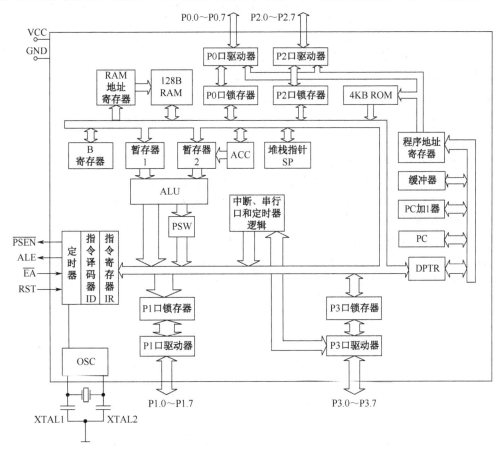

图 2-1　8051 单片机的内部结构

1．微处理器

微处理器（CPU）：8051 单片机内部有一个 8 位的 CPU。CPU 是单片机内部的核心部件，是单片机的指挥和控制中心。从功能上看，CPU 可分为运算器和控制器两大部分。

（1）运算器。

运算器的功能是：对数据进行算术运算和逻辑运算。

运算器由算术逻辑运算部件 ALU、累加器 ACC、程序状态字寄存器 PSW 和两个暂存器等组成。各部分主要功能如下。

① 算术逻辑运算部件 ALU。ALU 由加法器和其他逻辑电路组成。ALU 主要用于对数据进行算术和逻辑运算，运算的结果一般送回累加器 ACC，而运算结果的状态信息送至程序状态字寄存器 PSW。

② 累加器 ACC。ACC 是一个 8 位寄存器，指令助记符可简写为"A"，它是 CPU 工作时最繁忙、最活跃的一个寄存器。CPU 的大多数指令都要通过累加器"A"与其他部件交换信息。ACC 常用于存放使用次数高的操作数或中间结果。累加器的进位位 Cy（位于程序状态字寄存器 PSW 中）是特殊的，因为它同时又是位处理器的位累加器。

③ 程序状态字寄存器 PSW。PSW 是一个 8 位寄存器，用于寄存当前指令执行后的某些状态信息，即反映指令执行结果的一些特征，供某些指令（如控制类指令）查询和判断，不同的特征用不同的状态标志来表示。PSW 各位的定义如表 2-3 所示。

表2-3　PSW 各位的定义

位	D7	D6	D5	D4	D3	D2	D1	D0
位 地 址	D7H	D6H	D5H	D4H	D3H	D2H	D1H	D0H
位 名	Cy	Ac	F0	RS1	RS0	OV	F1	P

Cy（PSW.7）：即 PSW 的 D7 位，进位/借位标志。在进行加、减运算时，如果运算结果的最高位 D7 有进位或借位，Cy 置"1"，否则 Cy 置"0"。在进行位操作时，Cy 又是位运算中的累加器。Cy 的指令助记符用"C"表示。

Ac（PSW.6）：即 PSW 的 D6 位，辅助进位标志。在进行加、减法运算时，如果运算结果的低 4 位（低半字节）向高 4 位（高半字节）产生进位或借位，Ac 置"1"，否则 Ac 置"0"。

F0（PSW.5）：即 PSW 的 D5 位，用户标志位。可由用户根据需要置位、复位，作为用户自行定义的状态标志。

F1（PSW.1）：即 PSW 的 D1 位，保留位，未使用。

RS1 及 RS0（PSW.4 及 PSW.3）：即 PSW 的 D4 位、D3 位，寄存器组选择控制位。用于选择当前工作的寄存器组，可由用户通过指令设置 RS1、RS0，以确定当前程序中选用的寄存器组。当前寄存器组的指令助记符为 R0～R7，它们占用 RAM 地址空间。其对应关系如表 2-4 所示。

表2-4　RS0、RS1 与 4 组工作寄存器区的对应关系

RS1　RS0		寄存器组	片内 RAM 地址	助 记 符
0	0	0 组	00H～07H	R0～R7
0	1	1 组	08H～0FH	R0～R7
1	0	2 组	10H～17H	R0～R7
1	1	3 组	18H～1FH	R0～R7

注意，单片机上电或复位后，RS1 和 RS0 均为 0，CPU 会自动选中 0 组，片内 RAM 地址为 00H～07H 的 8 个单元为当前工作寄存器，即 R0～R7。

OV（PSW.2）：即 PSW 的 D2 位，溢出标志。在进行算术运算时，如果运算结果超出一个字长所能表示的数据范围即产生溢出，该位由硬件置"1"，若无溢出，则置"0"。例如，单片机的 CPU 在运算时的字长为 8 位，对于有符号数来说，其表示范围为-128～+127，运算结果超出此范围即产生溢出。

P（PSW.0）：即 PSW 的 D0 位，奇偶校验位。该标志表示指令执行完成时，累加器 A 中的"1"的个数为奇数还是偶数。若 P=0，则累加器 A 中 1 的个数为偶数；若 P=1，则累加器 A 中 1 的个数为奇数。

（2）控制器。

控制器的主要任务是识别指令，并根据指令的性质控制单片机各功能部件，从而保证单片机各部分能自动、协调地工作。

控制器由程序计数器 PC、堆栈指针 SP、数据指针 DPTR、指令寄存器 IR、指令译码器 ID、定时控制逻辑和振荡器 OSA 等组成。其功能是控制指令读入、译码和执行，从而对单片机的各功能部件进行定时和逻辑控制。

程序计数器 PC 是一个 16 位的寄存器，用来存放 CPU 将要执行的存放在程序存储器中的下一条指令的地址。其基本的工作过程是：当 CPU 要读取指令时，PC 将其中的数作为所取指令的地址输出给程序存储器，然后程序存储器按照此地址输出指令字节，同时程序计数器 PC 本身自动加 1，读完本条指令，PC 指向下一条指令在程序存储器中的地址。程序计数器 PC 中内容的变化决定程序的流程，程序计数器 PC 的位数决定了单片机对程序存储器可以直接寻址的范围。8051 单片机中的 PC 是一个 16 位的计数器，故可对 64KB 即 2^{16}B 的程序存储器空间进行寻址。

程序计数器 PC 的基本工作方式有如下几种。

① 最基本的工作方式：程序计数器自动加 1。

② 执行转移指令时，程序计数器将被置入新的数值，从而使程序的流向发生变化。

③ 在执行调用子程序指令或响应中断时，单片机自动完成如下操作：

● 将 PC 的现行值即断点地址送入堆栈。

● 将子程序的入口地址或中断向量的地址送入 PC，程序流向子程序或中断程序，CPU 开始执行子程序或中断子程序。子程序或中断子程序执行完，当遇到子程序调用返回或中断函数返回时，将堆栈的断点值弹回到程序计数器 PC 中，程序的流程又返回原来的地方，继续执行主程序。

2.1.2　8051 单片机存储器的结构

STC 系列 8051 单片机存储器结构为哈佛结构，其程序存储器空间和数据存储器空间是相互独立的。

1. 程序存储器

程序存储器主要用于存放程序指令代码和表格常数，属于只读存储器（ROM）。程序存储器可以分为片内和片外两部分。

STC 系列 8051 单片机的内部程序存储器空间远大于 MCS-51 系列 8051 单片机的 4KB 的 Flash 存储器，编程和擦除完全由电气实现，且速度快，还支持在线编程。当单片机的内部程序存储器不够用时，用户可以外扩程序存储器，最多扩至 64KB，扩展上限由单片机的地址总线数（8051 单片机有 16 条地址总线）决定。由于 STC 的新型 8051 单片机的片内程序存储器容量远大于 4KB，如 STC15 系列 8051 单片机，6KB / 32KB / 40KB / 48KB / 56KB / 58KB / 61KB / 63.5KB 片内 Flash 程序存储器，选择合适容量的单片机，可以减少外部存储器的设计，简化电路。

经典的 MCS-51 系列 8051 单片机的 4KB Flash 程序存储器地址范围为 0000H～0FFFH，扩展至 64KB 时地址范围为 0000H～FFFFH。

程序存储器分为片内和片外两部分，CPU 访问片内和片外存储器由引脚 $\overline{\text{EA}}$ 上的高低电平决定。

（1）当 $\overline{\text{EA}}$ 上为高电平时，CPU 会先读取片内程序存储器中的程序代码（地址为 0000H～0FFFH 的片内存储器空间），直到 PC 值超过 0FFFH，CPU 会访问片外程序存储器（最大地址范围为 10000H～FFFFH 的外扩存储器空间）。如果单片机系统没有外扩程序存储器，则 $\overline{\text{EA}}$ 必须接高电平。

（2）当 $\overline{\text{EA}}$ 上为低电平时，CPU 只访问片外程序存储器空间（最大地址范围为 0000H～FFFFH）中的程序代码，不再访问片内 4KB 的程序存储器空间。

2. 数据存储器

数据存储器空间分为片内和片外两部分。

MCS-51 系列 8051 单片机内部有 128B 的 RAM（其增强型的 52 系列为 256B），STC 系列如 STC89S51 则有 512B 的 RAM，可用来存储变量、中间结果、数据暂存和缓冲、标志位等。

当单片机的片内 RAM 不够用时，可在片外扩展最多 64KB 的 RAM。由于片内和片外 RAM 访问时使用不同的指令，所以不会发生数据冲突。

经典 8051 单片机 128B 片内数据存储器的字节地址为 00H～7FH。虽然增强型的 8052 单片机拥有 256B 的片内数据存储器，其他型号的 51 单片机也或多或少地扩大了片内数据存储器空间，但是，在数据存储器空间字节地址为 00H～7FH（前 128B）的区域依旧兼容经典 8051 单片机的片内数据存储器。8051 单片机内部 RAM 结构如图 2-2 所示

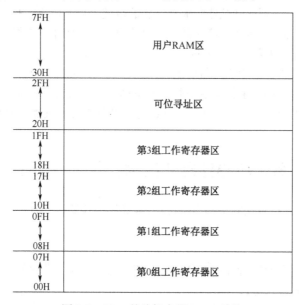

图 2-2　8051 单片机内部 RAM 结构

4 个通用工作寄存器区地址为 00H～1FH 的 32 个连续单元，每个寄存器区包含 8B 的工作寄存器，编号为 R0～R7。工作寄存器区的选择由 PSW 中的 RS0、RS1 确定。

地址为 20H～2FH 的 16 个 RAM（字节）单元，既可以像普通 RAM 单元按字节地址进行存取，又可以按位进行存取，这 16 字节共有 128（16×8）位，每一位都分配 1 个位地址，编址为 00H～7FH。

地址为 30H～7FH 的单元为用户 RAM 区，只能进行字节地址寻址，用于数据的存放及堆栈的使用。

3. 特殊功能寄存器

经典的 MCS-51 系列 8051 单片机共有 21 个特殊功能寄存器（Special Function Register，SFR），而 AT89S51 及其增强型单片机则增加了 5 个：DP1L、DP1H、AUXR、AUXR1 和 WDTRST。其余增强型的 8051 单片机也相应地增加了特殊功能寄存器的数量，但通用的 21 个特殊功能寄存器在片内 RAM 上的位置分布都没有发生变化。

21 个特殊功能寄存器被离散地分布在单片机内部 RAM 的 80H～F0H 地址单元中，共占据 128 个存储单元。如果特殊功能寄存器的单元地址能被 8 整除则该单元也能进行位寻址，其字节地址末位只能是 0H 或 8H。SFR 不能被用户修改，其分布如表 2-5 所示。

表 2-5　特殊功能寄存器分布

序　号	特殊功能寄存器	功 能 名 称	字 节 地 址	位 地 址	复 位 值
1	P0	P0 口数据寄存器	80H	87H～80H	0FFH
2	SP	堆栈指针	81H	—	07H
3	DPL	数据指针寄存器低 8 位	82H	—	00H
4	DPH	数据指针寄存器高 8 位	83H	—	00H
5	PCON	电源控制寄存器	87H	—	0xxx0000B
6	TCON	定时器/计数器控制寄存器	88H	8FH～88H	00H
7	TMOD	定时器/计数器模式控制寄存器	89H	—	00H
8	TL0	定时器/计数器 0 低 8 位寄存器	8AH	—	00H
9	TL1	定时器/计数器 1 低 8 位寄存器	8BH	—	00H
10	TH0	定时器/计数器 0 高 8 位寄存器	8CH	—	00H
11	TH1	定时器/计数器 1 高 8 位寄存器	8DH	—	00H
12	P1	P1 口数据寄存器	90H	97H～90H	0FFH
13	SCON	串行口控制寄存器	98H	9FH～98H	00H
14	SBUF	串行收/发数据缓冲寄存器	99H	—	xxxxxxxxB
15	P2	P2 口数据寄存器	A0H	A7H～A0H	0FFH
16	IE	中断允许控制寄存器	A8H	AFH～A8H	0xx00000B
17	P3	P3 口数据寄存器	B0H	B7H～B8H	0FFH
18	IP	中断优先级控制寄存器	B8H	BFH～B8H	xx000000B
19	PSW	程序状态字寄存器	8CH	—	00H
20	A(ACC)	累加器	E0H	E7H～E0H	00H
21	B	寄存器	F0H	F7H～F0H	00H

特殊功能寄存器中程序状态字寄存器在前面已经介绍过，下面简要介绍余下的部分 SFR。

1）累加器 A

累加器 A 是 CPU 中使用频率最高的一个 8 位专用寄存器，又记作 ACC，在算术/逻辑运算中用于存放操作数或结果、CPU 通过累加器与外部存储器、I/O 口交换信息，其主要作用如下。

（1）作为 ALU 的输入数据源之一，也存放 ALU 的运算结果。

（2）大部分的数据操作都会通过累加器进行，累加器相当于数据的中转站。

2）寄存器 B

寄存器 B 是专门用作乘除法指令的 8 位寄存器。

进行乘法运算时，两个乘数分别存放在 A、B 中，执行乘法指令后，乘积存放在 BA 寄存器对中，B 中存放高 8 位乘积结果，A 中存放低 8 位乘积结果。

3）数据指针 DPTR

MCS-51 单片机只有一个数据指针寄存器，而大部分新型 8051 单片机有两个数据指针寄存器（原有的 DPTR0 和新增的 DPTR1），方便访问数据存储器。数据指针寄存器是 16 位专用寄存器，由低 8 位 DPH 和高 8 位 DPL 组成，用于寄存片外 RAM 及拓展 I/O 口数据存放的地址。

DPTR 主要用来保存 16 位地址。当对 64KB 外部 RAM 寻址时，可作为寄存器间接寻址用，有关寻址方式的具体内容，后续章节会详细讲解。

4）堆栈指针 SP

堆栈是一种数据结构，是内部 RAM 的一段区域。堆栈的起始地址为栈底，堆栈的入口称为栈顶。堆栈遵循"后进先出"的原则。

堆栈指针 SP 指定栈顶在内部 RAM 块中的位置，范围为 00H～7FH 中的任何单元。8051 单片机的堆栈结构属于增长型，即 SP 设定好栈底地址后，栈底便固定不变，直至重新设置堆栈，每往堆栈中压入 1 字节数据，SP 就先自动加 1，然后向堆栈中写入 1 字节的数据；反之，当数据出栈时，先从堆栈中弹出 1 字节的数据，然后 SP 自动减 1。

注意，单片机复位后，SP 指向 07H，则堆栈从 08H 开始，而 08H 单元属于工作寄存器组区，因此在应用中，常把 SP 值设置在 60H～7FH 区域中。

堆栈的作用有两个：保护断点和现场保护。设立堆栈主要用于中断、子程序调用时断点和现场的保护与恢复。

5）I/O 口专用寄存器 P0、P1、P2 和 P3

8051 单片机的 4 个 I/O 口 P0、P1、P2 和 P3 内部各有一个 8 位数据输出锁存器和一个 8 位数据缓冲器，4 个数据输出锁存器与 I/O 口同名，8051 单片机没有用于 I/O 口的操作指令，而是将其视为寄存器来使用，使 4 个 I/O 口用作寄存器直接寻址。

6）定时器/计数器 T0 和 T1

MCS-51 系列 8051 单片机有两个 16 位的定时器/计数器 T0 和 T1，每个定时器/计数器由 2 个 8 位寄存器组成（即 TL0 和 TH0 组成 T0，TL1 和 TH1 组成 T1），T0 和 T1 完全独立。

7）串行收/发数据缓冲寄存器 SBUF

串行收/发数据缓冲寄存器 SBUF 用于存放需要收发的串行数据。SBUF 由一个发送缓冲器和一个接收缓冲器构成，两个缓冲器相互独立。

8）看门狗定时器 WDT

部分 51 单片机有看门狗（如 STC89C52），其看门狗定时器由一个 14 位计数器和看门狗复位寄存器构成，给看门狗计数器设置一个计数初值，程序运行后看门狗开始计数。如果程序运行正常，则过一段时间 CPU 应发出指令让看门狗的计数值清零，重新开始计数。如果看门狗的计数值增加到设定值就认为程序没有正常工作，强制将整个系统复位，看门狗在工程项目的应用中有着重大的意义。

4. 位地址空间

8051 单片机片内共有 211 个可寻址位，构成了位地址空间。可位寻址区位于 RAM 地址 20H～2FH（共 128 位，其分布如表 2-6 所示）和特殊功能寄存器区（片内 RAM 区字节地址 80H～F7H，可用的共计 83 位，其分布如表 2-7 所示）。

位寻址区 20H～2FH 单元既可以用作字节寻址，也可以使用位进行寻址。对于可寻址位，CPU 能对其进行置 1、清 0、求"反"、转移、传送及逻辑运算等操作。字节地址和位地址主要通过指令的类型来区分。

表 2-6　8051 单片机片内 RAM 中可寻址位

单元地址	位 地 址							
	D7	D6	D5	D4	D3	D2	D1	D0
2FH	7FH	7EH	7DH	7CH	7BH	7AH	79H	78H
2EH	77H	76H	75H	74H	73H	72H	71H	70H
2DH	6FH	6EH	6DH	6CH	6BH	6AH	69H	68H
2CH	67H	66H	65H	64H	63H	62H	61H	60H
2BH	5FH	5EH	5DH	5CH	5BH	5AH	59H	58H
2AH	57H	56H	55H	54H	53H	52H	51H	50H
29H	4FH	4EH	4DH	4CH	4BH	4AH	49H	48H
28H	47H	46H	45H	44H	43H	42H	41H	40H
27H	3FH	3EH	3DH	3CH	3BH	3AH	39H	38H
26H	37H	36H	35H	34H	33H	32H	31H	30H
25H	2FH	2EH	2DH	2CH	2BH	2AH	29H	28H
24H	27H	26H	25H	24H	23H	22H	21H	20H
23H	1FH	1EH	1DH	1CH	1BH	1AH	19H	18H
22H	17H	16H	15H	14H	13H	12H	11H	10H
21H	0FH	0EH	0DH	0CH	0BH	0AH	09H	08H
20H	07H	06H	05H	04H	03H	02H	01H	00H

表 2-7　特殊功能寄存器中位地址分布

SFR	位 地 址								字节地址
	D7	D6	D5	D4	D3	D2	D1	D0	
B	F7H	F6H	F5H	F4H	F3H	F2H	F1H	F0H	F0H
ACC	E7H	E6H	E5H	E4H	E3H	E2H	E1H	E0H	E0H
PSW	D7H	D6H	D5H	D4H	D3H	D2H	D1H	D0H	D0H
IP	—	—	—	BCH	BBH	BAH	B9H	B8H	B8H
P2	B7H	B6H	B5H	B4H	B3H	B2H	B1H	B0H	B0H
IE	AFH	—	—	ACH	ABH	AAH	A9H	A8H	A8H
P2	A7H	A6H	A5H	A4H	A3H	A2H	A1H	A0H	A0H
SCON	9FH	9EH	9DH	9CH	9BH	9AH	99H	98H	98H
P1	97H	96H	95H	94H	93H	92H	91H	90H	90H
TCON	8FH	8EH	8DH	8CH	8BH	8AH	89H	88H	88H
P0	87H	86H	85H	84H	83H	82H	81H	80H	80H

　　由于位寻址的存在，8051 单片机既可以进行 8 位的字节操作，运行 8 位 CPU 的功能，也可以进行位操作，运行 1 位 CPU 的功能。

2.1.3　8051 单片机引脚功能

　　STC 系列 8051 单片机与其他系列 8051 单片机是相互兼容的，只在引脚的特殊功能上略有差异。图 2-3 所示为经典 8051 单片机：DIP 封装的 MCS-51 单片机引脚图。

　　8051 单片机共 40 个引脚，可分为电源引脚、端口引脚和控制引脚。

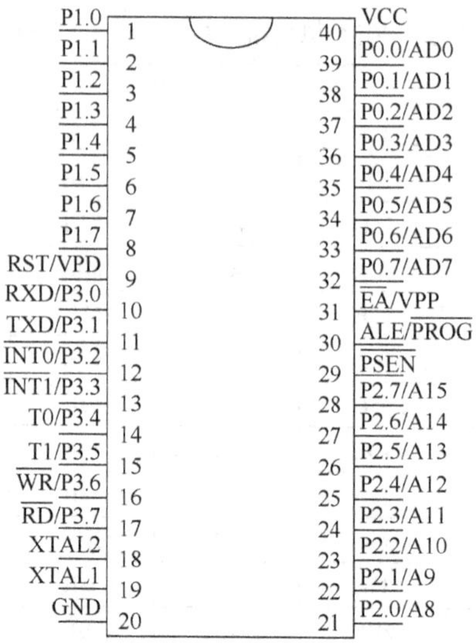

图 2-3 DIP 封装的 MCS-51 单片机引脚图

其中 "1" 号引脚位置的确定如下。

① 半圆形的凹坑向上，左上角第一个引脚即为 "1" 引脚；

② 按照芯片表面文字标注方向，左上角即为 "1" 引脚。

1. 电源引脚

（1）VCC：40 号引脚，正常工作时接 +5V 电源。

（2）GND：20 号引脚，电源接地端。

2. 端口引脚

8051 单片机有 4 个 8 位并行 I/O 口，其中 P0 口为双向口，P1、P2、P3 为准双向口。4 个口除按字节输入/输出外，还可以按位寻址。

（1）P0 口。

P0 口是一个 8 位双向三态 I/O 口，字节地址为 80H，位地址为 80H～87H。P0 是数据总线和低 8 位地址总线的分时复用口，分时向外部存储器提供低 8 位地址信号和传送 8 位双向数据信号。

当 P0 口用作地址/数据总线端口时，它是一个真正的双向口，与外部存储器或 I/O 口连接，输出 8 位的数据或 16 位地址的低 8 位。

当 P0 口用作通用 I/O 口时，它需要在片外连接上拉电阻，变为准双向口，端口将不存在高阻抗的悬浮状态。

（2）P1 口。

P1 口是一个内部带上拉电阻的 8 位准双向 I/O 口，字节地址为 90H，位地址为 90H～97H。P1 只能用作通用 I/O 口。由于内部带有上拉电阻，没有高阻抗输入状态。P1 口 "读引脚" 输入时，必须先向锁存器 P1 写入 1。

（3）P2 口。

P2 口也是一个内部带上拉电阻的 8 位准双向 I/O 口，也作为高 8 位地址总线使用。与 P0 口的低 8 位地址总线构成了系统的片外 16 位地址总线。

P2 口作为高 8 位地址输出时，输出锁存器内容保持不变。

（4）P3 口。

P3 口是一个内部带上拉电阻的 8 位多功能双向 I/O 口，字节地址为 B0H，位地址为 B0H～

B7H。P3 口各位都具有第二功能，如表 2-8 所示。

表 2-8　P3 口的第二功能

P3 口引脚	第 二 功 能	信 号 名 称
P3.0	RXD	串行数据输入口
P3.1	TXD	串行数据输出口
P3.2	$\overline{INT0}$	外部中断 0 请求，低电平有效
P3.3	$\overline{INT1}$	外部中断 1 请求，低电平有效
P3.4	T0	定时器/计数器 0 外部计数输入
P3.5	T1	定时器/计数器 1 外部计数输入
P3.6	$\overline{WR}$	外部 RAM 的"写"选通控制信号，低电平有效
P3.7	$\overline{RD}$	外部 RAM 的"读"选通控制信号，低电平有效

由于 P3 口内部带有上拉电阻，不存在高阻抗输入状态，所以同样是准双向口。P3 口引脚的功能切换由指令控制，不需要用户设置。

3. 控制引脚

（1）复位引脚 RST/VPD。

复位引脚，单片机上电后，在该引脚上出现两个机器周期（12T 的单片机需要 24 个时钟周期）宽度以上的高电平，就会使单片机复位。单片机在启动运行时需要复位，使 CPU 以及其他功能部件处于一个确定的初始状态；在单片机工作过程中，如果出现故障，则必须对单片机进行复位，使其重新开始工作。

注意：

① 8051 单片机复位后，ALE、$\overline{PSEN}$、P0～P3 口输出高电平；RST 引脚恢复低电平时复位状态结束；

② 复位后，PC 会初始化为 0000H，从程序存储器的 0000H 开始执行程序。

8051 单片机各寄存器复位后的初值如表 2-5 所示。

常用的复位电路如下。

● 上电复位：如图 2-4 所示，上电瞬时 RST 端与 VCC 等电位，RST 为高电平，随着电容器充电电流的减小，RST 的电位不断下降，其充电时间常数为：

$$10\times10^{-6}\times8.2\times10^{3}s=82\times10^{-3}s=82ms$$

此时间常数足以使 RST 保持为高电平的时间完成复位操作。

● 按键复位：如图 2-5 所示，手动按下复位按键，电容充电，RST 端的电位逐渐升高为高电平，实现复位操作；按键释放后，电容器的电荷经电阻放电，RST 端恢复低电平。

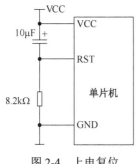

图 2-4　上电复位

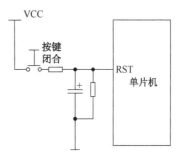

图 2-5　按键复位

此外，对于有特殊需求的复位电路，可以采用可再触发单稳态多谐振荡器 74LS122 芯片构建，此类复位电路抗干扰能力较强，且能输出高电平和低电平两种电压信号，满足不同芯片对于复位信号的需求。

（2）ALE/$\overline{\text{PROG}}$（30 号引脚）。

低 8 位地址锁存使能输出引脚/编程引脚。当单片机访问外部存储器时，外部存储器的 16 位地址信号由 P0 口输出低 8 位，P2 口输出高 8 位，ALE 可用作锁存低 8 位地址信号，方便 P0 口分时复用。如果 CPU 不访问外部程序存储器，则 ALE 将发出一个 1/6 振荡频率的脉冲，此脉冲可以用于识别单片机是否正常运行或作为外部定时及触发信号使用。

此外，$\overline{\text{PROG}}$ 是 30 号引脚的第二功能，在对有片内程序存储器的 51 单片机进行编程时，30 号引脚作为编程脉冲的输入。

（3）$\overline{\text{EA}}$/VPP（31 号引脚）。

内外程序存储器选择控制 $\overline{\text{EA}}$ 是 31 号引脚的第一个功能。

当 $\overline{\text{EA}}$=1 时，CPU 从片内程序存储器开始读取指令。当程序计数器 PC 的值超过 0FFFH 时（8051 片内程序存储器为 4KB），将自动转向执行片外程序存储器的指令。

当 $\overline{\text{EA}}$=0 时，CPU 仅访问片外程序存储器。

该引脚第二个功能 VPP 是对片内程序存储器编程时，外接编程电压。

（4）$\overline{\text{PSEN}}$（29 号引脚）。

外部程序存储器读选通控制引脚 $\overline{\text{PSEN}}$，低电平有效。29 号引脚及 31 号引脚与片外程序存储器有关，对于新型 STC 系列的 51 单片机，由于内部程序存储器空间非常大，无须外扩程序存储器，只需要将 31 号引脚 $\overline{\text{EA}}$ 接入高电平即可。

（5）时钟引脚 XTAL1、XTAL2。

时钟引脚 XTAL1 和 XTAL2 分别接入 51 单片机片内时钟振荡器的输入端和输出端，51 单片机有两种时钟模式，具体在分析后面时钟电路部分进行详细说明。

2.1.4 单片机内部时序

1. 时钟电路

单片机的时钟电路是确保单片机内部电路按照统一时钟信号控制下有序运行的重要电路，时钟的产生方法有两种：内部时钟模式和外部时钟模式。

（1）内部时钟模式。

单片机的内部时钟模式是通过 XTAL1 和 XTAL2 引脚接入的晶体振荡器和微调电容及片内构成振荡器的高增益反相放大器构成一个稳定的自激振荡器，如图 2-6 所示。

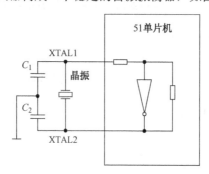

图 2-6 内部时钟模式

电容器的选择如下。

晶体振荡器：$C_1=C_2=(30\pm10)\text{pF}$。

陶瓷振荡器：$C_1=C_2=(40\pm10)\text{pF}$。

（2）外部时钟模式。

外部时钟模式常用于多片 51 单片机同时工作，所有单片机采用统一时钟信号，以便于工作同步。外部时钟信号直接接入 XTAL1 引脚，而 XTAL2 引脚悬空。

2. 时钟周期、机器周期、指令周期及指令时序

（1）振荡周期与状态。

振荡周期又称时钟周期，是单片机提供定时的时钟源周期。时钟周期是单片机中最基本、最小的时间单位，等于振荡频率 f_{osc} 的倒数。时钟脉冲经过二分频后得到单片机的状态周期（记作 S），每个状态周期分为两个节拍 P_1 和 P_2。

（2）机器周期。

执行一条指令的过程可分为若干个阶段，每个阶段完成一个规定的操作，完成一个基本操作所需要的时间称为一个机器周期。

机器周期是单片机的基本操作周期，每个机器周期包含 6 个状态周期，用 S_1、S_2、S_3、S_4、S_5、S_6 表示，每个状态周期又包含两个节拍 P_1、P_2，每个节拍持续一个时钟周期，因此，一个机器周期包含 12 个时钟周期，分别表示为 $S_1P_1,S_1P_2,S_2P_1,S_2P_2,\cdots,S_6P_1,S_6P_2$。

对于经典的 8051 单片机，机器周期=时钟周期×12。假设采用 12MHz 的振荡频率，则时钟周期等于 $1/12^6$ s，状态周期等于 $1/6^6$ s，机器周期为 1μs。

（3）指令周期。

指令周期定义为执行一条指令所用的时间。如图 2-7 所示，一个指令周期含有 1～4 个机器周期。按指令周期所占机器周期的个数，可以将指令分为单周期指令、双周期指令和四周期指令。指令周期的长短决定了单片机执行该指令的速度，所含周期越少，指令的执行速度越快。

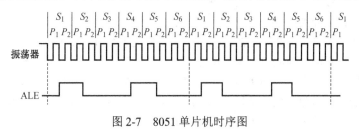

图 2-7　8051 单片机时序图

2.2　常用电子元器件

2.2.1　电阻

电阻器（Resistance），在工作生活中一般简称为电阻，是一类限流元件，与物理量的电阻为两个不同的概念。物理学中电阻表示导体对电流阻碍作用的大小，是导体本身的一种固有属性。为了区分二者，下文的电阻指电阻器，阻值或电阻值则代表物理量中的电阻。

1. 电阻的工作原理

电阻由电阻体、骨架和引出端三部分构成（实心电阻器的电阻体与骨架合二为一），而决定

其阻值的只有图 2-8 所示的电阻体部分。

图 2-8　电阻结构图

阻值是描述导体导电性能的物理量，用 R 表示，单位为欧姆（Ω）。阻值由导体两端的电压 U 与通过导体的电流 I 的比值来定义，即：

$$R = \frac{U}{I}$$

所以，当导体两端的电压一定时，阻值越大，通过的电流就越小；反之，阻值越小，通过的电流就越大。因此，阻值的大小可以用来衡量导体对电流阻碍作用的强弱，即导电性能的好坏。电阻的阻值与导体的材料、形状、体积及周围环境等因素有关。

电阻率是描述导体导电性能的参数。对于由某种材料制成的柱形均匀导体，其阻值 R 与长度 L 成正比，与横截面积 S 成反比，即：

$$R = \rho \frac{L}{S}$$

式中，ρ 为比例系数，由导体的材料和周围温度所决定，称为电阻率。它的国际单位制（SI）是欧姆·米（Ω·m）。常温下一般金属的电阻率与温度的关系为：

$$\rho = \rho_0 (1 + \alpha t)$$

式中，ρ_0 为金属电阻 0℃时的电阻率；α 为电阻的温度系数；温度 t 的单位为℃。半导体和绝缘体的电阻率与金属不同，它们与温度之间不是按线性规律变化的。当温度升高时，半导体的电阻率通常会急剧减小，呈现出非线性变化的性质。利用电阻率随温度变化的特性，可以设计出各式各样的电阻式温度传感器。

2. 电阻的分类

（1）按伏安特性分类。

对于大多数导体来说，在一定的温度下，其阻值几乎维持不变而为一定值，这类电阻称为线性电阻。有些材料的阻值明显地随着电流（或电压）而变化，其伏安特性是一条曲线，这类电阻称为非线性电阻。非线性电阻在某一给定的电压（或电流）作用下，电压与电流的比值为在该工作点下的静态电阻，伏安特性曲线上的斜率为动态电阻。表达非线性电阻特性的方式比较复杂，但这些非线性关系在电子电路中得到了广泛的应用。

（2）按材料分类，各式电阻如图 2-9 所示。

① 绕线电阻由电阻线绕成，用高阻合金线绕在绝缘骨架上制成，外面涂有耐热的釉绝缘层或绝缘漆。绕线电阻具有较低的温度系数，阻值精度高，稳定性好，耐热、耐腐蚀，主要做精密大功率电阻使用；缺点是高频性能差，时间常数大。

② 碳合成电阻由碳及合成塑胶压制而成。

③ 碳膜电阻在瓷管上镀上一层碳，将结晶碳沉积在陶瓷棒骨架上制成。碳膜电阻成本低、性能稳定、阻值范围宽、温度系数和电压系数低，是目前应用最广泛的电阻。

④ 金属膜电阻在瓷管上镀上一层金属而制成，用真空蒸发的方法将合金材料蒸镀于陶瓷棒骨架表面。金属膜电阻比碳膜电阻的精度高，稳定性好，噪声和温度系数小。在仪器仪表及通信设备中大量采用。

⑤ 金属氧化膜电阻在瓷管上镀上一层氧化锡而制成，在绝缘棒上沉积一层金属氧化物。由于其本身就是氧化物，所以高温下稳定，耐热冲击，负载能力强。

（3）按用途分类，有通用、精密、高频、高压、高阻、大功率和电阻网络等。

（a）绕线电阻　　　　（b）碳合成电阻　　　　（c）碳膜电阻　　　　（d）金属膜电阻　　　（e）金属氧化膜电阻

图 2-9　各式电阻（按材料分类）

（4）特殊功能电阻。

① 保险电阻：又叫熔断电阻，在正常情况下起着电阻和熔断器的双重作用，当电路出现故障而使其功率超过额定功率时，它会像熔断器一样熔断使连接电路断开。熔断电阻一般阻值都较小（$0.33\Omega \sim 10\mathrm{k}\Omega$），功率也较小。熔断电阻常用型号有：RF10 型、RF111-5 型、RRD0910 型、RRD0911 型等。

② 敏感电阻：其阻值对于某种物理量（如温度、湿度、光照、电压、机械力及气体浓度等）具有敏感特性，当这些物理量发生变化时，敏感电阻的阻值就会随物理量变化而发生改变，呈现不同的阻值。根据物理量不同，敏感电阻可分为热敏、湿敏、光敏、压敏、力敏、磁敏和气敏等类型敏感电阻。敏感电阻所用的材料几乎都是半导体材料，这类电阻也称为半导体电阻。

（5）按封装分类，有直插电阻、贴片电阻等。贴片电阻体积相对较小，已成为主流。

2.2.2　电容

电容器（Capacitor）是一种储存电量和电能（电势能）的元件，一般简称电容。两个相互靠近的导体，中间夹一层不导电的绝缘介质，就构成了电容。当电容的两个极板之间加上电压时，电容就会储存电荷。电容的电容量在数值上等于一个导电极板上的电荷量与两个极板之间的电压之比。电容量的基本单位是法（F），在电路图中通常用字母 C 表示电容。各式电容如图 2-10 所示。

图 2-10　各式电容

1. 电容的应用

在直流电路中，电容相当于断路；在交流电路中，因为电流的方向是随时间成一定的函数关系变化的，而电容充放电的过程是有时间的，所以这时在极板间形成变化的电场，而这个电场也是随时间变化的函数。

（1）电容应用于电源电路时的常用功能如下。

① 旁路（bypass）：旁路电容是指可将混有高频电流和低频电流的交流电中的高频成分旁路滤除的电容。旁路电容属于储能元件，能使稳压器的输出均匀化，降低负载的需求。旁路电容的主要功能是产生一个交流分路，从而消去进入易感区的那些不需要的能量，即当混有高频和低频的信号经过放大器放大，要求通过某一级时只允许低频信号输入到下一级，而不需要高频信号进入，则在该级的输入端加一个适当大小的接地电容，使较高频率的信号很容易通过此电容被旁路滤除（这是因为电容对高频阻抗小），而低频信号由于电容对它的阻抗较大而被输送到下一级放大。

② 去耦（decoupling）：去耦又称解耦，去耦电容是电路中装设在元件电源端的电容，此电容可以提供较稳定的电源，同时也可以降低元件耦合到电源端的噪声，间接可以减小其他元件

受此元件噪声的影响。在电子电路中，去耦电容和旁路电容都是起到抗干扰的作用，电容所处的位置不同，称呼也不一样。对于同一个电路来说，旁路电容把输入信号中的高频噪声作为滤除对象，把前级携带的高频杂波滤除，而去耦电容把输出信号的干扰作为滤除对象，用在放大电路中不需要交流的地方，用来消除自激，使放大器稳定工作。

③ 滤波：用在滤波电路中的电容称为滤波电容，在电源滤波和各种滤波器电路中使用这种电容，滤波电容将一定频段内的信号从总信号中去除。滤波电容并联在整流电源电路输出端，是用以降低交流脉动波纹系数、平滑直流输出的一种储能元件。在将交流转换为直流供电的电子电路中，滤波电容不仅使电源直流输出平滑稳定，降低交变脉动电流对电子电路的影响，同时还可吸收电子电路工作过程中产生的电流波动和经由交流电源串入的干扰，使得电子电路的工作性能更加稳定。为了获得良好的滤波效果，电容放电必须慢，电容放电越慢，输出电压就越平滑，滤波效果就越好。而电容放电的快慢和电容值 C、负载 R 有关，C 和 R 越大，电容放电就越慢。

④ 储能：储能电容通过整流器收集电荷，并将存储的能量通过变换器引线传送至电源的输出端。根据实际的电路要求，电容常常采用串并联及其他组合方式来获取需要的电容值。

（2）电容在信号电路中的应用。

① 耦合：用在耦合电路中的电容称为耦合电容，在阻容耦合放大器和其他电容耦合电路中大量使用这种电容电路，起到隔直流通交流的作用。

② 振荡/同步：常见于 RC、LC 振荡电路。

③ 修改时间常数：常见于微分、积分电路中时间常数的修改。

④ 负载：是指与石英晶体谐振器一起决定负载谐振频率的有效外界电容。负载电容常用的标准值有 16pF、20pF、30pF、50pF 和 100pF。负载电容可以根据具体情况进行适当调整，通过调整一般可以将谐振器的工作频率调到标称值。

⑤ 分频：在分频电路中的电容称为分频电容，在音箱的扬声器分频电路中，使用分频电容电路，以使高频扬声器工作在高频段，中频扬声器工作在中频段，低频扬声器工作在低频段。

2. 电容的分类及选择

（1）电容的分类。

电容由两个金属极中间夹有绝缘材料（介质）构成。由于绝缘材料不同，所构成的电容种类也有所不同。

① 按结构可分为固定电容、可变电容、微调电容。

② 按介质材料可分为气体介质电容、液体介质电容、无机固体介质电容、有机固体介质电容、电解电容。

③ 按极性分为有极性电容和无极性电容。

④ 按用途分为高频旁路、低频旁路、滤波、调谐、高频耦合、低频耦合、小型电容。

⑤ 按制造材料的不同可以分为瓷介电容、涤纶电容、电解电容、钽电容，还有先进的聚丙烯电容等。

⑥ 按封装分为直插电容、贴片电容。贴片电容体积相对较小，分布参数也相对较小，常用于对体积有要求与抗干扰的场合。

（2）电容的选择。

选择电容时要考虑的因素：① 电容值；② 额定耐压；③ 电容值误差；④ 直流偏压下的电容量变化量；⑤ 噪声等级；⑥ 电容的类型；⑦ 电容的规格。

2.2.3　电感

电感器（Inductor）是能够把电能转化为磁能而存储起来的元件，一般简称电感。电感的结构类似于变压器，但只有一个绕组。电感具有一定的电感量，它只阻碍电流的变化。如果电感在没有电流通过的状态下，电路接通时它将试图阻碍电流流过它；如果电感在有电流通过的状态下，电路断开时它将试图维持电流不变。电感又称扼流器、电抗器、动态电抗器。各式电感如图 2-11 所示。

图 2-11　各式电感

1．电感的应用

电感在电路中主要起到滤波、振荡、延迟、陷波等作用，还有筛选信号、过滤噪声、稳定电流及抑制电磁波干扰等作用。电感在电路中最常见的作用就是与电容一起，组成 LC 滤波电路。电容具有"阻直流，通交流"的特性，而电感则有"通直流，阻交流"的功能。如果把伴有许多干扰信号的直流电通过 LC 滤波电路，那么交流干扰信号将被电感变成热能消耗掉；变得比较纯净的直流电流通过电感时，其中的交流干扰信号也被变成磁感和热能，频率较高的最容易被电感阻抗，从而可以抑制较高频率的干扰信号。

电感具有阻止交流电通过而让直流电顺利通过的特性，频率越高，线圈阻抗越大。因此，电感的主要功能是对交流信号进行隔离、滤波或与电容、电阻等组成谐振电路。

2．电感的分类

自感器：当线圈中有电流通过时，线圈的周围就会产生磁场。当线圈中电流发生变化时，其周围的磁场也会产生相应的变化，此变化的磁场可使线圈自身产生感应电动势（感生电动势）（电动势用以表示有源器件理想电源的端电压），这就是自感。由单一线圈组成的电感称为自感器，它的自感量又称为自感系数。

互感器：两个电感线圈相互靠近时，一个电感线圈的磁场变化将影响另一个电感线圈，这种影响就是互感。互感的大小取决于电感线圈的自感与两个电感线圈耦合的程度，利用此原理制成的元件叫作互感器。

为增大电感量，提高品质因数，缩小体积，常在电感中加入铁磁物质制成的铁芯或磁芯。电感的基本参数有电感量、品质因数、固有电容量、通过的电流和使用频率等。

2.2.4　二极管

二极管（Diode）是一种双电极元件，只允许电流由单一方向流过，它在各种电子电路中都有应用。各式二极管如图 2-12 所示。

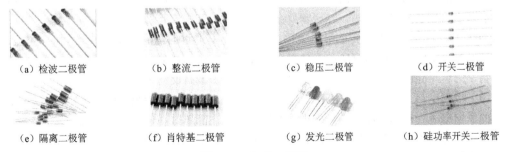

（a）检波二极管　　　　（b）整流二极管　　　　（c）稳压二极管　　　　（d）开关二极管

（e）隔离二极管　　　　（f）肖特基二极管　　　　（g）发光二极管　　　　（h）硅功率开关二极管

图 2-12　各式二极管

1. 二极管的工作原理

二极管最常用的功能是只允许电流由单一方向通过（称为顺向偏压）和电压反向时阻断（称为逆向偏压），即电流只可以从二极管的一个方向流过，整流电路、检波电路、稳压电路及各种调制电路都是基于此原理。二极管单向导电的核心是 PN 结，通常晶体二极管是一个由 P 型半导体和 N 型半导体烧结形成的 PN 结界面。在其界面的两侧形成空间电荷层，构成自建电场。当外加电压为零时，由于 PN 结两边载流子的浓度差引起扩散电流和由自建电场引起的漂移电流相等而处于电平衡状态。外加正向电压时，在正向特性的起始部分，当正向电压很小，不足以克服 PN 结内电场的阻挡作用时，正向电流几乎为零，这一段称为死区，这个不能使二极管导通的正向电压最大值称为死区电压。当正向电压大于死区电压时，PN 结内电场被克服，二极管正向导通，电流随电压增大而迅速上升。在正常使用的电流范围内，导通时二极管的端电压几乎维持不变，这个电压称为二极管的正向电压。当二极管两端外加反向电压不超过一定范围时，通过二极管的电流是少数载流子漂移运动所形成的反向电流，由于反向电流很小，所以二极管处于截止状态。这个反向电流又称为反向饱和电流或漏电流，二极管的反向饱和电流受温度的影响很大。外加反向电压超过某一数值时，反向电流会突然增大，这种现象称为电击穿。引起电击穿的临界电压称为二极管反向击穿电压。电击穿时二极管失去单向导电性。

2. 二极管的分类

按材料划分，二极管可分为锗（Ge）二极管和硅（Si）二极管。

按用途划分，二极管可分为检波二极管、整流二极管、稳压二极管、开关二极管、隔离二极管、肖特基二极管、发光二极管、硅功率开关二极管等。

按照管芯结构，二极管可分为点接触型二极管、面接触型二极管及平面型二极管。其中，点接触型二极管的 PN 结面积较小，只允许较小的电流（几十毫安）通过，适用于高频小电流电路。面接触型二极管的 PN 结面积较大，允许通过较大的电流（几安到几十安），主要用于把交流电变换成直流电的"整流"电路中。平面型二极管是一种特制的硅二极管，它不仅能通过较大的电流，而且性能稳定可靠，多用于开关、脉冲及高频电路中。

此外，不同材质的二极管的压降也有差异，硅二极管（不发光类型）正向管压降为 0.7V，锗二极管正向管压降为 0.3V。发光二极管正向管压降与发光颜色有关。主要颜色有三种，具体压降参考值如下：红色发光二极管的压降为 2.0～2.2V，黄色发光二极管的压降为 1.8～2.0V，绿色发光二极管的压降为 3.0～3.2V，正常发光时的额定电流约为 20mA。

3. 二极管的主要参数

二极管的参数是用来衡量二极管的性能好坏和适用范围的技术指标，使用者必须掌握以下几种基本参数。

（1）最大整流电流 I_F：最大整流电流是二极管长期连续工作时，允许通过的正向平均电流最大值，其数值与 PN 结的面积及外部的散热条件有关。电流通过二极管时会使管芯产生热量，当温度升高超过了规定界限时，二极管就会过热损坏，其中硅管的温度界限为 141℃左右，锗管为 90℃左右。二极管在规定的散热条件下工作时，其通过的电流不能超过最大整流电流。

（2）最高反向工作电压 U_{dm}：当二极管两端的反向电压高到一定值时，会将二极管击穿，二极管失去单向导电能力。为了保证使用安全，规定了最高反向工作电压。

（3）反向电流 I_{drm}：反向电流是指二极管在常温（25℃）和最高反向电压作用下，流过二极管的反向电流。反向电流越小，二极管的单向导电性能越好。值得注意的是，反向电流与温度有着密切的关系，大约温度每升高 10℃，反向电流增大一倍。例如，2AP1 型锗二极管在 25℃时反向电流若为 250μA，则温度升高到 35℃时，反向电流将上升到 500μA。以此类推，在 75℃

时，它的反向电流已达 8mA，不仅失去了单向导电特性，还会使管子过热而损坏。又如，2CP10 型硅二极管 25℃时反向电流仅为 5μA，温度升高到 75℃时，反向电流也不过 160μA。故硅二极管比锗二极管在高温下具有较好的稳定性。

（4）动态电阻 R_d：二极管特性曲线静态工作点附近电压的变化与相应电流的变化量之比。

（5）最高工作频率 f_{max}：最高工作频率是二极管工作频率的上限。其值主要取决于 PN 结电容的大小。若二极管工作频率超过最大值，则二极管的单向导电性将受影响。

（6）电压温度系数 α_{uz}：电压温度系数是指温度每升高 1℃时的稳定电压的相对变化量。电压温度系数为 6V/℃左右时，稳压二极管的温度稳定性较好。

2.2.5　三极管

三极管（Bipolar Junction Transistor）全称为半导体三极管，也称双极型晶体管、晶体三极管，是一种控制电流的半导体器件。其作用是把微弱信号放大成幅值较大的电信号，也用作无触点开关。各式三极管如图 2-13 所示。

图 2-13　各式三极管

1. 三极管的分类

三极管按材料分有两种：锗管和硅管。晶体三极管是在一块半导体基片上制作两个相距很近的 PN 结，两个 PN 结把半导体分成三部分，中间是基区，两侧是发射区和集电区。如图 2-14 所示，三极管有 NPN 和 PNP 两种类型。

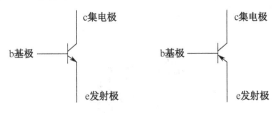

图 2-14　NPN 型三极管（左）和 PNP 型三极管（右）

从三个区引出相应的电极，分别为基极 b、发射极 e 和集电极 c。

发射区和基区之间的 PN 结叫发射结，集电区和基区之间的 PN 结叫集电结。PNP 型三极管发射区"发射"的是空穴，其移动方向与电流方向一致，故发射极箭头向里；NPN 型三极管发射区"发射"的是自由电子，其移动方向与电流方向相反，故发射极箭头向外。发射极箭头指向也是 PN 结在正向电压下的导通方向。

发射区、基区、集电区的特点如下。

（1）发射区掺杂浓度远大于基区，有利于多子向基区发射。

（2）基区很薄，掺杂少，有利于载流子通过基区。

（3）集电区的几何尺寸比发射区大，浓度低，有利于收集载流子。

需要注意的是，发射区和集电区不能互换。

2. 三极管的功能

三极管的电流放大作用实际上是利用基极电流的微小变化去控制集电极电流的巨大变化，但在实际使用中常常通过电阻将三极管的电流放大作用转变为电压放大作用或开关作用。

以 NPN 型三极管为例分析电压放大作用，如图 2-15 所示。我们把从基极 b 流至发射极 e 的电流叫作基极电流 i_b，从集电极 c 流至发射极 e 的电流叫作集电极电流 i_c。

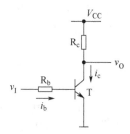

图 2-15　NPN 型三极管放大电路

三极管的放大作用可描述为：集电极电流 i_c 受基极电流 i_b 的控制，并且基极电流很小的变化会引起集电极电流很大的变化，且变化满足一定的比例关系——集电极电流的变化量是基极电流变化量的 β 倍，即电流变化被放大了 β 倍，一般把 β 称为三极管的放大倍数（β 一般远大于 1，如几十、几百）。将一个变化的小信号加到基极和发射极之间，就会引起基极电流 i_b 的变化，i_b 的变化被放大后，导致了 i_c 很大的变化。如果集电极电流 i_c 是流过一个电阻 R_c 的，那么将这个电阻上的电压取出，即得到放大后的电压信号。

2.2.6　场效应管

场效应晶体管（Field Effect Transistor，FET）简称场效应管。主要有两种类型：结型场效应管（Junction FET，JFET）和金属-氧化物半导体场效应管（Metal-Oxide Semiconductor FET，MOSFET）。如图 2-16 所示为常见的场效应管。

图 2-16　常见的场效应管

1. 场效应管的特点

（1）场效应管是电压控制型器件，可以通过栅极电压来控制漏极电流，使得驱动电路十分简单。

（2）场效应管的控制输入端电流极小，因此它的输入电阻（$10^7\sim10^{12}\Omega$）很大。

（3）它是利用多数载流子导电的，因此其温度稳定性较好。

（4）它组成的放大电路的电压放大系数要小于三极管组成的放大电路的电压放大系数。

（5）场效应管的抗辐射能力强。

（6）由于它不存在杂乱运动的电子扩散引起的散粒噪声，所以噪声低。

（7）驱动功率小，开关速度快，工作频率高。

2. MOSFET 的种类和结构

MOSFET 被称为金属-氧化物半导体场效应管，主要有增强型和耗尽型，两者又可分为 NPN（N 沟道）型和 PNP（P 沟道）型，如图 2-17 所示。对于 N 沟道 MOSFET，其源极和漏极接在 N 型半导体上，同样，对于 P 沟道 MOSFET，其源极和漏极则接在 P 型半导体上。场效应管的输出电流由输入的电压（或称电场）控制，可以认为输入电流极小或没有输入电流，这使得该器件有很高的输入阻抗。

N 沟道场效应管的导通电阻极小且容易制造，因此，增强型场效应管中 N 沟道型的应用更广泛。

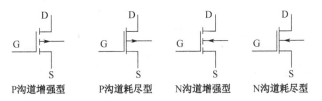

P沟道增强型　　　P沟道耗尽型　　　N沟道增强型　　　N沟道耗尽型

图 2-17　MOSFET 的种类及其符号

3. 场效应管与晶体管的选择

场效应管利用多数载流子导电，所以称之为单极型器件，而晶体管既有多数载流子，又利用少数载流子导电，所以称之为双极型器件。

场效应管是电压控制电流型元件，而晶体管是电流控制电压型元件。在只允许从信号源获取较少电流的情况下，应选用场效应管；而在信号电压较低，又允许从信号源获取较多电流的条件下，应选用晶体管。

部分场效应管的源极和漏极可以互换使用，栅极电压也可正可负，灵活性比三极管好。

场效应管能在很小电流和很低电压的条件下工作，而且它的制造工艺可以很方便地把很多场效应管集成在一块硅片上，因此场效应管在大规模集成电路中得到了广泛的应用。

2.2.7　光电耦合器

光电耦合器（Optical Coupler，OC）也称光电隔离器，简称光耦。光电耦合器以光为媒介传输电信号。常见的光电耦合器如图 2-18 所示，它是一种把发光器件和光敏器件封装在同一壳体内，中间通过电→光→电的转换来传输电信号的半导体光电子器件。光电耦合器对输入、输出电信号有良好的隔离作用，使得它在各种电路中得到广泛的应用，目前已成为种类最多、用途最广的光电器件之一。

图 2-18　常见的光电耦合器

1. 光电耦合器的工作原理

光电耦合器主要由光的发射、光的接收及信号放大三部分组成。其中，发光器件一般都是发光二极管。而光敏器件的种类较多，除光电二极管外，还有光敏三极管、光敏电阻、光电晶闸管等。光电耦合器可根据不同要求，由不同种类的发光器件和光敏器件组合成许多系列。工作时光电耦合器把电信号加到输入端，使发光器件的芯体发光，而光敏器件受光照后产生光电流并经电子电路放大后输出，实现电→光→电的转换，从而实现输入和输出电路的电气隔离。由于光电耦合器输入和输出间互相隔离，电信号传输具有单向性等特点，所以其具有良好的电绝缘能力和抗电磁波干扰能力，无触点且输入与输出在电气上完全隔离等优点。光电耦合器的输入端属于电流型的低阻元件，具有很强的共模抑制能力，在远距离通信中用光电耦合器作为终端隔离元件可以极大地提高信噪比。

注意：

（1）在光电耦合器的输入部分和输出部分必须分别采用独立的电源，若两端共同使用一个电源，则光电耦合器的隔离作用将失去意义。

（2）当用光电耦合器来隔离输入和输出通道时，必须对所有的信号（包括数位量信号、控制量信号、状态信号）全部隔离，使得被隔离的两边没有任何电气上的联系，否则隔离是无意义的。

2. 光电耦合器的选用

在设计光电耦合、光电隔离电路时必须正确选择光电耦合器的型号及参数，选取原则如下。

（1）光电耦合器是单向的传输器件，而电路中数据的传输是双向的，电路板的尺寸要求一定，结合电路设计的实际要求，就要选择单芯片集成多路光电耦合器的器件。

（2）光电耦合器的电流传输比（CTR）的允许范围是不小于 500%。因为当 CTR<500% 时，光电耦合器中的 LED 就需要较大的工作电流（大于 5.0 mA），才能保证信号在长线传输中不发生错误，这会导致功耗的增大。

（3）光电耦合器的传输速度也是选取必须遵循的原则之一，如果光电耦合开关速度过慢，无法对输入电平做出正确反应，就会影响电路的正常工作。

（4）优先选用线性光电耦合器。其 CTR 能够在一定范围内做线性调整。设计中由于电路输入和输出均是高低电平信号，故电路工作在非线性状态。而在线性应用中，因为信号不失真传输，所以应根据动态工作的要求，设置合适的静态工作点，使电路工作在线性状态。

2.2.8 蜂鸣器

蜂鸣器是一种一体化结构的电子讯响器，采用直流电压供电，主要用作发声器件。蜂鸣器主要分为电磁式蜂鸣器和压电式蜂鸣器两种类型。蜂鸣器在电路中用字母"H"或"HA"表示。如图 2-19 所示为常用的蜂鸣器。

（1）蜂鸣器主要有电磁式和压电式两种。

电磁式蜂鸣器由振荡器、电磁线圈、磁铁、振动膜片及外壳等组成，接通电源后，振荡器产生的音频信号电流通过电磁线圈，使电磁线圈产生磁场，振动膜片在电磁线圈和磁铁的相互作用下，周期性振动发声。电磁式蜂鸣器广泛应用于计算机、打印机、复印机、报警器、电子玩具、汽车电子设备、电话机、定时器等电子产品中。

图 2-19　常用的蜂鸣器

压电式蜂鸣器主要由多谐振荡器、压电蜂鸣片、阻抗匹配器及共鸣箱、外壳等组成。多谐振荡器由晶体管或集成电路构成。

当接通电源后（1.5～15V 直流工作电压），多谐振荡器起振，输出 1.5～2.5kHz 的音频信号，阻抗匹配器促使压电蜂鸣片发声。压电蜂鸣片由锆钛酸铅或铌镁酸铅压电陶瓷材料制成。在陶瓷片的两面镀上银电极，经极化和老化处理后，再与黄铜片或不锈钢片粘在一起。压电式蜂鸣器具有体积小、灵敏度高、低功耗、可靠性好、造价低廉的特点和良好的频率特性，因此它广泛应用于各种电气产品的报警中。

（2）蜂鸣器的发声部位由振动装置和谐振装置两部分构成，因而蜂鸣器按照驱动方式又可分为无源型与有源型。

无源型蜂鸣器的发声工作原理：无源型蜂鸣器内部不带振荡源，用直流信号则无法令其鸣叫。必须用 2～5kHz 的方波信号输入谐振装置转换为声音信号输出。

有源型蜂鸣器的发声工作原理：有源型蜂鸣器内部带振荡源，直流电源输入经过振荡系统的放大取样电路，在谐振装置作用下产生声音信号。

2.2.9　继电器

继电器是一种电控制器件，是输入量（又称激励量，如电流、电压、功率、阻抗、频率、温度、压力、速度、光等）的变化量达到规定值时，在电气输出电路中使被控量发生预定的阶跃变化的一种电器。它具有控制系统（又称输入回路）和被控制系统（又称输出回路）之间的互动关系，通常应用于自动化的控制电路中。它实际上是用小电流去控制大电流运作的一种"自动开关"，故在电路中起着自动调节、安全保护、转换电路等作用。

继电器是具有隔离功能的自动开关器件，广泛应用于遥控、遥测、通信、自动控制、机电一体化及电力电子设备中，是最重要的控制器件之一。

1. 继电器的触点形式

继电器的触点有三种基本形式。

（1）常开型：线圈不通电时两个触点是断开的，通电后，两个触点闭合。

（2）常闭型：线圈不通电时两个触点是闭合的，通电后，两个触点断开。

（3）转换型：这种触点组共有三个触点，中间是动触点，上下各有一个静触点。线圈不通电时，动触点和其中一个静触点断开，和另一个静触点闭合；线圈通电后，动触点移动，使原来断开的变成闭合状态，原来闭合的变成断开状态，达到转换的目的。

2. 继电器的分类

（1）各式继电器如图 2-20 所示，按照继电器的工作原理可以将继电器分为电磁继电器、固态继电器、温度继电器、光继电器、时间继电器、高频继电器和极化继电器等。

　（a）电磁继电器　　　　（b）固态继电器　　　　（c）温度继电器　　　　（d）光继电器

　（e）时间继电器　　　　　（f）高频继电器　　　　　（g）极化继电器

图 2-20　继电器

① 电磁继电器。电磁继电器一般由铁芯、线圈、衔铁、触点簧片等组成。只要在线圈两端加上一定的电压，线圈中就会流过一定的电流，从而产生电磁效应。衔铁就会在电磁力吸引的作用下克服返回弹簧的拉力吸向铁芯，从而带动衔铁的动触点与静触点（常开触点）吸合。当线圈断电后，电磁的吸力也随之消失，衔铁就会在弹簧的反作用力下返回原来的位置，使动触点与原来的静触点（常闭触点）释放。这样吸合、释放，从而达到在电路中的导通、切断的目

的。电磁继电器实质是由电磁铁控制的开关，在电路中起着类似于开关的作用：用低电压、弱电流控制高电压、强电流；实现远距离操纵和自动控制。

此外，按照控制电流类型，又可以将电磁继电器分为直流电磁继电器和交流电磁继电器。

② 固态继电器。固态继电器是一种全部由固态电子元件组成的新型无触点开关器件，固态继电器由三部分组成：输入电路、隔离（耦合）和输出电路。它利用电子元件（如开关三极管、双向晶闸管等半导体器件）的开关特性，可达到无触点、无火花地接通和断开电路的目的，因此又被称为"无触点开关"。固态继电器是一种四端有源器件，其中两端为输入控制端，另外两端为输出受控端。它既有放大驱动作用，又有隔离作用，很适合驱动大功率开关式执行机构，比电磁继电器可靠性更高，且无触点、寿命长、速度快，无线圈使得它对外界的电磁干扰极小。固态继电器已广泛应用于计算机外围接口设备、恒温系统、调温、电炉加温控制、电机控制、数控机械、遥控系统、工业自动化装置；信号灯、调光、闪烁器、照明舞台灯光控制系统；仪器仪表、医疗器械、复印机、自动洗衣机；自动消防、保安系统，以及作为电网功率因素补偿的电力电容的切换开关等，另外在化工、煤矿等需防爆、防潮、防腐蚀场合中都有大量应用。

固态继电器按负载电源类型可分为交流型和直流型。按开关类型可分为常开型和常闭型。按隔离类型可分为混合型、变压器隔离型和光电隔离型，以光电隔离型为最多。

③ 温度继电器。温度继电器是当外界温度达到给定值时而动作的继电器。

④ 光继电器。光继电器为 AC/DC 并用的半导体继电器，指发光器件和受光器件一体化的器件。输入侧和输出侧电气性绝缘，但信号可以通过光信号传输。

⑤ 时间继电器。时间继电器是指当加入（或去掉）输入的动作信号后，其输出电路需经过规定的准确时间才产生跳跃式变化（或触点动作）的一种继电器。按工作原理可分为空气阻尼式时间继电器、电动式时间继电器、电磁式时间继电器、电子式时间继电器等。另外，根据其延时方式的不同，时间继电器又可分为通电延时型和断电延时型两种。

⑥ 高频继电器。高频继电器是用以切换高频电路的继电器，切换频率在 100MHz 以下的高频信号继电器称为高频继电器。高频继电器是用于切换高频、射频线路的最小损耗的继电器。

⑦ 极化继电器。极化继电器是由极化磁场与控制电流通过控制线圈所产生的磁场的综合作用而动作的继电器。其极化磁场一般由磁钢或通直流的极化线圈产生，继电器衔铁的移动方向取决于控制绕组中流过的电流方向。

此外，还有声继电器、热继电器、舌簧继电器、霍尔继电器、差动继电器和磁簧继电器等。

2.2.10　晶闸管

晶闸管是晶体闸流管的简称，又可称作可控硅、可控硅整流器。晶闸管是压控元件，常用作整流元件及无触点开关。如图 2-21 所示，晶闸管是 PNPN 4 层半导体结构，内部有 3 个 PN 结，它有 3 个极：阳极 A、阴极 K 和控制极 G。如图 2-22 所示，晶闸管相当于 PNP 和 NPN 两种晶体管的组合。

晶体管的导通条件：

（1）晶闸管的阳极与阴极间施加正向电压；

（2）晶闸管的控制极加正向的触发信号。

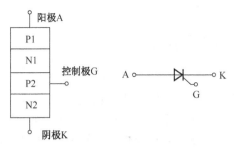
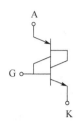

图 2-21　晶闸管结构（左）及符号（右）　　　　图 2-22　晶闸管的等效原理图

晶闸管的关断条件：

（1）必须使晶闸管的阳极电流减小至正反馈效应无法维持；

（2）将阳极电源断开或在晶闸管的阳极和阴极间加上反向电压。

晶闸管工作时，具有以下特点：

（1）晶闸管承受反向阳极电压时，不管控制极承受何种电压，晶闸管都处于关断状态；

（2）晶闸管承受正向阳极电压时，仅在控制极承受正向电压的情况下晶闸管才导通；

（3）晶闸管在导通情况下，只要有一定的正向阳极电压，不论控制极电压如何，晶闸管均保持导通，即晶闸管导通后，控制极失去作用；

（4）晶闸管在导通情况下，当主回路电压（或电流）减小到接近于零时，晶闸管关断。

2.2.11　常用保护元件

1. 自恢复熔断器

自恢复熔断器是一种过流电子保护元件，具有过流过热保护，自动恢复双重功能。自恢复熔断器由经过特殊处理的聚合树脂及分布在里面的纳米导电粒子加工而成。在正常工作状态，聚合树脂紧密地将导电粒子束缚在结晶状的结构外，构成链状导电通路，此时的自恢复熔断器为低阻状态，线路上流经自恢复熔断器的电流所产生的热能小，不会改变晶体结构。当线路发生短路或过载时，流经自恢复熔断器的大电流产生的热量使聚合树脂熔化，体积迅速增长，形成高阻状态，工作电流迅速减小，从而对电路进行限制和保护。当故障排除后，自恢复熔断器重新冷却结晶，体积收缩，导电粒子重新形成导电通路，自恢复熔断器恢复为低阻状态，从而完成对电路的保护，无须人工更换。图 2-23 所示为自恢复熔断器的外观。

2. 瞬态电压抑制二极管

瞬态电压抑制二极管（TVS）是一种保护用的电子零件，可以保护电气设备不受导线引入的电压尖峰破坏。当 TVS 两端承受瞬态高能量冲击时，TVS 能快速将两极间的高阻抗状态转变为低阻抗状态，使两极间的电压钳位在一个预定数值内，防止电路中的精密元件受到浪涌脉冲的损坏。当过电压消失时，TVS 会自动复归。图 2-24 所示为瞬态电压抑制二极管的外观。

图 2-23　自恢复熔断器的外观　　　　　图 2-24　瞬态电压抑制二极管的外观

2.3　逻辑门电路

把反映"条件"和"结果"之间的关系称为逻辑关系。如果以电路的输入信号反映"条件"，以输出信号反映"结果"，此时电路输入、输出之间也就存在确定的逻辑关系。数字电路就是实现特定逻辑关系的电路，又称逻辑电路。在数字电路中，所谓"门"就是只能实现基本逻辑关系的电路。逻辑门是集成电路的基本组件，简单的逻辑门可由晶体管组成。这些晶体管的组合可以产生高电平或低电平的信号，分别代表逻辑上的"真"与"假"或二进制中的 1 和 0，从而实现逻辑运算。

2.3.1　基本逻辑门电路

数字电路中最基本的逻辑关系是与、或、非，对应的最基本的逻辑门是与门、或门和非门。

1."与"逻辑

"与"逻辑：只有当决定某一事件的全部条件都具备之后，事件才会发生，否则事件就不发生的一种因果关系。如图 2-25 所示，若两个开关串联控制同一个灯的亮灭，假设开关闭合用"1"表示，开关断开用"0"表示，灯亮用"1"表示，反之为"0"。只有当所有开关都闭合（处于状态"1"）时才能使灯点亮，这种因果关系就是"与"逻辑。

"与"逻辑运算常用"·"表示。如上述例子，开关共两个，分别用 A、B 表示开关的状态，灯的亮灭状态用 Y 表示，则 Y 与 A 和 B 的逻辑关系可以用逻辑式（2-1）表示。

$$Y=A \cdot B \qquad (2-1)$$

"与"逻辑运算真值表如表 2-9 所示。

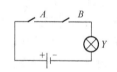

图 2-25　"与"逻辑电路示例

表 2-9　"与"逻辑运算真值表

A	B	Y
0	0	0
0	1	0
1	0	0
1	1	1

"与"逻辑符号如图 2-26 所示。

常用的"与"门逻辑器件如 2 输入端 4 与门 74LS08，其结构如图 2-27 所示。一片 74LS08 芯片内共集成了 4 路 2 个输入端的与门，其中 7 号引脚接地，14 号引脚接+5V 电源。74LS08 芯片使用时不能插反，可通过豁口来确定正确的方向。

除 2 输入端的 74LS08 外，还有 3 输入端 3 与门 74LS11、4 输入端双与门 74LS21 等不同类型的与门。

2."或"逻辑

"或"逻辑：决定某事件的诸条件里，只要有一个或一个以上的条件满足，该事件就会发生；只有当所有条件都不满足时，该事件才不发生的一种因果关系。

同样以电路为例，如图 2-28 所示，只要两个开关任意一个处于闭合状态，灯就会亮；只有两个开关同时断开，灯才会熄灭。灯与两个开关的关系为"或"逻辑。

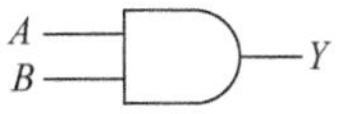

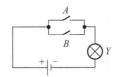

图 2-26 "与"逻辑符号

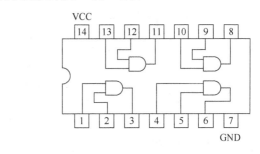

图 2-27 74LS08 结构

图 2-28 "或"逻辑电路示例

"或"逻辑运算常用符号"+"表示，Y 与 A 和 B 的逻辑关系可以用逻辑式（2-2）表示。

$$Y=A+B \tag{2-2}$$

"或"逻辑运算真值表如表 2-10 所示。

"或"逻辑符号如图 2-29 所示。

表 2-10 "或"逻辑运算真值表

A	B	Y
0	0	0
0	1	1
1	0	1
1	1	1

图 2-29 "或"逻辑符号

常用的"或"门逻辑器件如 2 输入端 4 或门 74LS32，其结构如图 2-30 所示。一片 74LS32 芯片内共集成了 4 路 2 个输入端的或门，其中 7 号引脚接地，14 号引脚接+5V 电源。

3. "非"逻辑

"非"逻辑：决定某事件的唯一条件不满足时，事件就会发生；而条件满足时，该事件反而不发生的一种因果关系。

如图 2-31 所示，当开关处于闭合状态时，灯被短路而处于熄灭状态；当开关断开时，灯被点亮。灯与开关的关系为"非"逻辑。

"非"逻辑运算常用符号"¬"表示，Y 与 A 的逻辑关系可以用逻辑式（2-3）表示。

$$Y=\neg A \tag{2-3}$$

"非"逻辑运算真值表如表 2-11 所示。

"非"逻辑符号如图 2-32 所示。

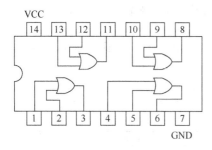

图 2-30　74LS32 结构

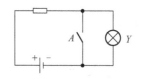

图 2-31　"非"逻辑电路示例

表 2-11　"非"逻辑运算真值表

A	Y
0	1
1	0

图 2-32　"非"逻辑符号

常用的"非"门逻辑器件如六反相器 74LS04，其结构如图 2-33 所示，一片 74LS04 芯片内集成 6 个反相器。

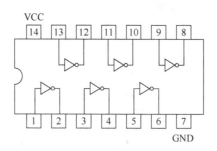

图 2-33　74LS04 结构

反相器除将信号取反外，还具有一定的带负载能力，集电极开路输出的六反相器 74LS05、六高压输出反相缓冲器/驱动器 74LS06。

2.3.2　组合逻辑电路

如果将基本逻辑门电路"与""或""非"进行组合，可以得到复合逻辑门电路。常用的复合逻辑门主要包括"与非"门、"或非"门、"异或"门和"与或非"门。

1. "与非"门

以 3 端输入"与非"门为例，如图 2-34 所示，将一个 3 端输入的"与"门和一个"非"门组合，即可构成一个"与非"门。3 端输入的"与非"门逻辑符号如图 2-35 所示。

图 2-34　3 端输入"与非"门逻辑

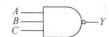

图 2-35　3 端输入的"与非"门逻辑符号

"与非"门逻辑表达式用式（2-4）表示，运算真值表如表 2-12 所示。

$$Y = \neg (A \cdot B \cdot C) \tag{2-4}$$

表 2-12　"与非"门逻辑运算真值表

A	B	C	Y
0	0	0	1
0	0	1	1
0	1	0	1
0	1	1	1
1	0	0	1
1	0	1	1
1	1	0	1
1	1	1	0

由真值表可得"与非"门的逻辑功能：当输入全为 1 时，输出为 0；当输入有 0 时，输出为 1。

常用的 3 输入端 3 "与非"门 74LS10 结构如图 2-36 所示，74LS10 内部共集成了 3 个 "与非"门。

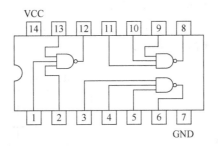

图 2-36　74LS10 结构

2. "或非"门

以 2 端输入"或非"门为例，如图 2-37 所示，将一个 2 端输入的"或"门与一个"非"门进行组合，即可构成一个"或非"门。2 端输入的"或非"门逻辑符号如图 2-38 所示。

图 2-37　2 端输入"或非"门逻辑

图 2-38　2 端输入的"或非"门逻辑符号

"或非"门逻辑表达式用式（2-5）表示，运算真值表如表 2-13 所示。

$$Y = \neg (A + B) \tag{2-5}$$

表 2-13　"或非"门逻辑运算真值表

A	B	Y
0	0	1
0	1	0
1	0	0
1	1	0

由真值表可得"或非"门的逻辑功能：当输入全为 0 时，输出为 1；当输入有 1 时，输出为 0。

常用的 2 输入端 4 "或非" 门 74LS27 结构如图 2-39 所示，74LS27 内部共集成了 4 个 2 输入端的 "或非" 门。

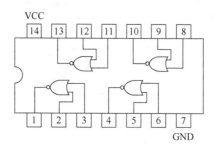

图 2-39　74LS27 结构

3. "异或" 门

当 2 个输入变量的取值相同时，输出变量取值为 0；当 2 个输入变量的取值相异时，输出变量取值为 1。这种逻辑关系称为 "异或" 逻辑。能够实现 "异或" 逻辑关系的逻辑门叫 "异或" 门，"异或" 门只有 2 个输入端和 1 个输出端。"异或" 门的逻辑符号如图 2-40 所示。

"异或" 常用符号 "⊕" 表示，"异或" 的逻辑表达式如式（2-6）所示。

$$Y=A\cdot(\neg B)+(\neg A)\cdot B=A\oplus B \tag{2-6}$$

"异或" 门逻辑运算真值表如表 2-14 所示。

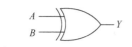

图 2-40　"异或" 门的逻辑符号

表 2-14　"异或" 门逻辑运算真值表

A	B	Y
0	0	0
0	1	1
1	0	1
1	1	0

由真值表可得 "异或" 门的逻辑功能：当 2 输入相异时，输出为 1；当 2 输出相同时，输出为 0。

常用的 2 输入端 4 "异或" 门 74LS86 结构如图 2-41 所示。74LS86 片内集成 4 个 "异或" 门。

4. "与或非" 门

如图 2-42 所示，将 2 个 "与" 门、1 个 "或" 门和 1 个 "非" 门进行组合，就构成了 "与或非" 门。它有多个输入端、1 个输出端，其逻辑表达式如式（2-7）所示。

$$Y=\neg(A\cdot B+C\cdot D)=AB+CD \tag{2-7}$$

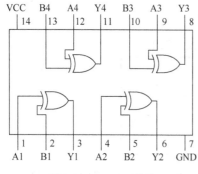

图 2-41　74LS86 结构

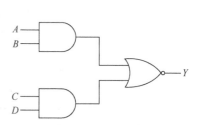

图 2-42　"与或非" 门逻辑符号

"与或非"门的逻辑符号如图 2-42 所示，运算真值表如表 2-15 所示。

表 2-15　"与或非"门逻辑运算真值表

A	B	C	D	Y
0	0	0	0	1
0	0	0	1	1
0	0	1	0	1
0	0	1	1	0
0	1	0	0	1
0	1	0	1	1
0	1	1	0	1
0	1	1	1	0
1	0	0	0	1
1	0	0	1	1
1	0	1	0	1
1	0	1	1	0
1	1	0	0	0
1	1	0	1	0
1	1	1	0	0
1	1	1	1	0

由真值表可得"与或非"门的逻辑功能：当任一组与输入端全部为 1 或所有输入端全为 1 时，输出为 0；当任一组"与"门输入端有 0 或所有输入端全为 0 时，输出为 0。

常用的"与或非"门逻辑器件 74LS51 及 74LS54 结构如图 2-43 和图 2-44 所示。其中 74LS51 内部含一个 2-2 输入端"与或非"门和一个 2-3 输入端"与或非"门；74LS54 内部含一个 4 路输入"与或非"门。

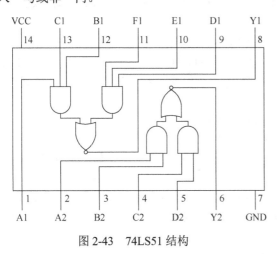

图 2-43　74LS51 结构　　　　　　　　　　图 2-44　74LS54 结构

第3章 C语言基础知识

本章主要介绍数进制转换、C51的格式与特点、数据类型与表达、语句结构、函数与预处理及模块化编程思想等，帮助读者更好地了解单片机开发的重要部分——程序代码的组成。

3.1 数进制转换

人们最为熟悉的莫过于十进制，即"逢十进一"，在现实世界中，我们的日常生活离不开十进制，如学习时做四则运算、生活中购买商品时使用现金进行交易等。而在数字世界中，用到更多的则是二进制与十六进制。

3.1.1 数进制介绍

1. 十进制

十进制数的后缀为D（Decimal），可省略不写。基本符号为0～9这10个数字，计算规则：进位规则为"逢十进一"，借位规则为"借一当十"。十进制数可按权展开，例如：

$$5678=5\times10^3+6\times10^2+7\times10^1+8\times10^0$$
$$10123=1\times10^4+0\times10^3+1\times10^2+2\times10^1+3\times10^0$$

n位数的通式为：$D=d_{n-1}\times10^{n-1}+d_{n-2}\times10^{n-2}+\cdots+d_1\times10^1+d_0\times10^0$ （d_0为末位数字）

2. 二进制

我们知道可以把单片机看成一个集成的数字电路，而在数字电路中只有高电平（用1表示）和低电平（用0表示），这就决定了二进制数的基本符号为0和1。二进制数的后缀为B（Binary），不可省略不写。计算规则：进位规则为"逢二进一"，借位规则为"借一当二"。二进制数可按权展开，例如：

$$1011B=1\times2^3+0\times2^2+1\times2^1+1\times2^0$$
$$1110B=1\times2^3+1\times2^2+1\times2^1+0\times2^0$$

n位数的通式为：$B=b_{n-1}\times2^{n-1}+b_{n-2}\times2^{n-2}+\cdots+b_1\times2^1+b_0\times2^0$ （b_0为末位数字）

3. 十六进制

十六进制数的后缀为H（Hexadecimal），不可省略不写。基本符号为0～9、A～F这16个数字和字母，需要注意的是十六进制不区分字母大小写，ABH与abH是一样的。计算规则：进位规则为"逢十六进一"，借位规则为"借一当十六"。十六进制数可按权展开，例如：

$$ABC6H=10\times16^3+11\times16^2+12\times16^1+6\times16^0$$
$$12EFH=1\times16^3+2\times16^2+14\times16^1+15\times16^0$$

n位数的通式为：$H=h_{n-1}\times16^{n-1}+h_{n-2}\times16^{n-2}+\cdots+h_1\times16^1+h_0\times16^0$ （h_0为末位数字）

在C51编程中，我们经常会看到0x00、0xFF这样的形式，表示的就是十六进制数，上面的ABC6H在C51编程语言中为0xabc6，12EFH在C51编程语言中为0x12ef。例如，想让单片机的 P1 口的 8 个引脚全部输出高电平，即 P1=1111 1111，则在 C51 编程语言中应写为 P1=0xff，具体进制转换关系见 3.1.2 节的内容。这里可以看出，C51 编程中通常使用小写字母来表示十六进制数。

3.1.2 数进制之间的转换

1. 二进制数、十六进制数转换为十进制数

转换关系：将二进制数、十六进制数按权展开，然后加法求和，得到对应的十进制数。例如：

$$1110B=1\times2^3+1\times2^2+1\times2^1+0\times2^0=14$$
$$1111B=1\times2^3+1\times2^2+1\times2^1+1\times2^0=15$$
$$ABC6H=10\times16^3+11\times16^2+12\times16^1+6\times16^0=43974$$
$$12EFH=1\times16^3+2\times16^2+14\times16^1+15\times16^0=4847$$

2. 十进制数转换为二进制数、十六进制数

转换关系：将十进制数不断除以转换进制基数（二进制基数为 2，十六进制基数为 16），直到商为 0，然后将余数从低到高排列即可。

总结为：除基得商倒取余。示例如表 3-1 所示。

表 3-1 十进制数转换为二进制数、十六进制数

25 转换为二进制数	25 转换为十六进制数	108 转换为二进制数	108 转换为十六进制数
2|25 1 ↑	16|25 9 ↑	2|108 0 ↑	16|108 12=C ↑
2|12 0	16|1 1	2|54 0	16|6 6
2|6 0	0	2|27 1	0
2|3 1	25=19H	2|13 1	108=6CH
2|1 1		2|6 0	
0		2|3 1	
25=11001B		2|1 1	
		0	
		108=1101100B	

3. 二进制数与十六进制数之间的转换

（1）二进制数转换为十六进制数。

转换关系：从低位起，即由右向左，每 4 位二进制数对应 1 位十六进制数。注意，最高位即最左边一组不够 4 位的情况下，在左侧补 0 凑够 4 位。

总结为：四合一。例如：

$$10111101B = \underline{1011}\ \underline{1101} = BDH$$
$$\qquad\qquad\qquad B\qquad D$$
$$1010011B = \underline{0101}\ \underline{0011} = 53H$$
左侧补0   5   3

（2）十六进制数转换为二进制数。

转换关系：每位十六进制数对应 4 位二进制数。

总结为：一分四。例如：

$$EAH = \underline{E}\quad \underline{A} = 1110\ 1010B$$
$$\qquad\quad 1110\ \ 1010$$

$$ABC3H = \underline{\quad A \quad} \underline{\quad B \quad} \underline{\quad C \quad} \underline{\quad 3 \quad} = 1010\ 1011\ 1100\ 0011B$$
$$\quad\quad\quad 1010 \quad 1011 \quad 1100 \quad 0011$$

值得指出的是：在计算机中，所有的数据在存储和运算时都要使用二进制数表示，像字母、数字、符号（如*、#、@等）在存储和运算时也要使用二进制数表示。为了让人们使用相同的编码规则，于是美国有关的标准化组织出台了 ASCII 编码。

ASCII（American Standard Code for Information Interchange），美国标准信息交换代码，使用 7 位二进制数来表示 128 个字符，如表 3-2 所示。

表 3-2 ASCII 码表

ASCII 值	控 制 字 符	ASCII 值	控 制 字 符	ASCII 值	控 制 字 符	ASCII 值	控 制 字 符
0	NUT	32	（space）	64	@	96	、
1	SOH	33	!	65	A	97	a
2	STX	34	"	66	B	98	b
3	ETX	35	#	67	C	99	c
4	EOT	36	$	68	D	100	d
5	ENQ	37	%	69	E	101	e
6	ACK	38	&	70	F	102	f
7	BEL	39	,	71	G	103	g
8	BS	40	(	72	H	104	h
9	HT	41	)	73	I	105	i
10	LF	42	*	74	J	106	j
11	VT	43	+	75	K	107	k
12	FF	44	,	76	L	108	l
13	CR	45	−	77	M	109	m
14	SO	46	.	78	N	110	n
15	SI	47	/	79	O	111	o
16	DLE	48	0	80	P	112	p
17	DCI	49	1	81	Q	113	q
18	DC2	50	2	82	R	114	r
19	DC3	51	3	83	S	115	s
20	DC4	52	4	84	T	116	t
21	NAK	53	5	85	U	117	u
22	SYN	54	6	86	V	118	v
23	TB	55	7	87	W	119	w
24	CAN	56	8	88	X	120	x
25	EM	57	9	89	Y	121	y
26	SUB	58	:	90	Z	122	z
27	ESC	59	;	91	[	123	{
28	FS	60	<	92	/	124		
29	GS	61	=	93	]	125	}
30	RS	62	>	94	^	126	`
31	US	63	?	95	_	127	DEL

3.2　C51 语言的格式与特点

3.2.1　C51 语言简介与特点

单片机的编程语言有两种：汇编语言与 C 语言。

汇编语言是一种面向机器的低级语言，通常是为特定的计算机专门设计的，需要熟知计算机内部的寄存器类型，程序可读性差，不同平台之间移植困难。

C 语言是一种面向过程的通用程序设计语言，不需要任何运行环境支持便能运行，由于其不依赖硬件系统，不同平台之间移植简单，很多硬件开发都用 C 语言编程。

单片机开发所使用的是 C51 语言，那么它与 C 语言有什么区别呢？C51 是 C 语言的子集，是建立在 C 语言基础之上的，专门为 51 单片机设计的一种语言。C51 与标准 C 语言相比，在程序结构、语法规则、编程方法上一致，仅在数据类型、函数使用等方面不同。读者如果有一定的 C 语言基础，那么学习 C51 语言就会很容易。作为 C 语言与单片机结合产生的语言，C51 继承了 C 语言开发的优点，其特点如下。

① 不用了解单片机的指令系统，直接使用 C51 语言进行编程操作，学习人员容易掌握。

② 减少了底层硬件寄存器的操作，提供了完备的数据类型、运算符，编译器可自动进行管理。

③ 采用结构化程序设计，将程序分成不同的函数，结构规范，增加了程序的可读性。

④ 采用模块化编程，移植容易。对于一个较大的程序，可将整个程序按功能分成若干个模块，不同的模块完成不同的功能，可维护性强，开发效率高，极大缩短开发时间。

⑤ 库中包含很多标准子程序，具有较强的数据处理能力。

⑥ 头文件中可定义宏与复杂数据类型，当需要修改某个数据时，只需修改对应的头文件中的宏定义，减少了工作量，有利于文件的更新与维护。

3.2.2　C51 语言的格式

C51 语言的基本单位是函数，通常一个单片机 C51 语言中至少含有一个主函数，另外也可以增加一些其他功能函数。

我们通过第 1 章举例拓展中的 LED 循环亮灭的例子，对 C51 语言的格式进行介绍，程序代码如下。

```
#include <reg51.h>              //51单片机头文件
#define uint unsigned int       //对数据类型进行宏定义
sbit led=P1^0;
void delay(uint i)              //延时函数
{
 while(i--);
}

void main()                     //主函数
{
 while(1)
```

```
    {
        led=0;                          //点亮LED
        delay(50000);                   //延时
        led=1;                          //熄灭LED
        delay(50000);                   //延时
    }
}
```

（1）程序的开始使用了预处理命令#include，是在进行编译的第一遍扫描（词法扫描和语法分析）之前所做的工作。里面包含一个头文件 reg51.h，两者结合起来就是在正式读入程序前先对头文件进行读入编译。常见的预处理命令还有宏定义#define。

（2）#define 为 C 语言的宏定义，用一个标识符来表示一个字符串，在编译预处理时，对程序中所有出现的宏名，都用宏定义中的字符串去代换。此句的含义为用标识符 uint 表示 unsigned int。

（3）sbit 是定义特殊功能寄存器的位变量。sbit led=P1^0 是全局变量定义，将单片机的 P1^0 定义为变量 led，在后面的所有赋值操作中，对 led 的操作就是对 P1^0 口的操作。

（4）void delay(uint i)是一个自定义的延时函数，无返回值（void），参数名为 delay，参数为 uint 类型。

（5）main()是主函数。单片机里的程序是从 main()开始执行的；一个程序，无论复杂还是简单，总体上都是一个"函数"；这个函数就称为"main()"，也就是"主函数"。

（6）while(i--)是循环语句，实现循环功能。

（7）led=0 与 led=1 是一个赋值操作，将 0、1 值赋给变量 led。

（8）delay(50000)是对上面定义的延时函数的调用。

（9）语句中含有花括号{}，表示一个代码块，显示出程序的结构，增加可读性。编写程序时需要注意：{}不可省略，且一一对应，否则程序在编译时会报错。另外，语句后的分号";"也不可省略。

从上面的例子中可看出，C51 语言的程序结构与 C 语言的大致一样，包含一个主函数和若干个其他函数，在主函数中可以调用其他函数。另外，需要知道其他函数之间也可以相互调用。

C51 语言程序的一般结构如下。

```
#include<头文件>
全局变量定义
功能函数说明
main()主函数
{
    局部变量定义;
    执行语句;
    函数调用;
}
Func功能函数
{
    局部变量定义;
    执行语句;
    函数调用;
}
```

在实际应用中，一个项目的程序可能由很多个 C 文件组成，当源程序文件要使用其他 C 文件时，需要使用#include 命令，将其他 C 文件当作头文件进行文件包含处理。文件包含的格式为：

> #include<头文件>或#include"头文件"

※ 知识补充

C51 语言中常用的头文件有 reg51.h、reg52.h、math.h、intrins.h，除此之外还有 stdio.h、stdlib.h、absacc.h、string.h。

reg51.h、reg52.h 是定义单片机特殊功能寄存器和位寄存器的文件，reg52.h 比 reg51.h 多了对 T2 定时器的说明，所以在使用 51 单片机时，使用头文件 reg52.h 也是可以的。

math.h 是数学函数库，里面包含了一些数学运算，如三角函数、指数与对数、绝对值、乘方与开方等。当程序中含有数学运算时，需要加上 math.h 头文件，否则程序运行可能会出错。

intrins.h 一般在程序中需要空指令_nop_()和字符循环移位指令_crol_时使用，如_crol_为字符循环左移，_cror_为字符循环右移。

stdio.h 为标准输入、输出函数头文件。C51 语言本身不提供输入/输出语句，输入/输出由函数实现，由函数 stdio.h 通过串行口或用户自定义的 I/O 口读写数据。

stdlib.h 为包含类型转换和存储器分配函数的头文件。

absacc.h 为绝对地址包含文件，文件中包含 8 个宏定义，允许用户直接访问 51 单片机的不同存储区，以确定各存储空间的绝对地址。

string.h 为缓冲区处理函数包含文件，声明了字符串移动、复制、比较等函数。

3.3　C51 语言的数据类型与表达

3.3.1　C51 语言的变量

在介绍 C51 语言的变量前，我们先来看下数学中的一个简单例子，即求和运算。例如，设 a=5，b=x，c=a+b，求 c 的值。这是一道简单的数学运算题，可用文字语言描述为将 5 和 x 赋值给 a 和 b，再将 a+b 的和赋值给 c，求 c 的值。我们都知道答案为 5+x，并没有一个确定的数值。将 5 赋给了 a，a 的值就被固定成了 5，永远保持不变，我们称 a 为常量。而将一个不确定的数 x 赋给了 b，b 随着 x 的变化而变化，c 也就随着 x 的变化而变化，我们称 b、c 为变量。

在单片机 C51 语言中，我们称变量是在程序运行过程中其值可以改变的量。在 LED 亮灭的程序中我们定义了 i，i 在程序中的状态为 i--，即 i 一直在递减 1，在程序运行中不断变化，i 可称作变量。

在 C51 语言中使用变量前必须对变量进行定义，指出变量的数据类型和存储模式，以便编译系统为它分配相应的存储单元。定义变量的一般格式为：

> ［存储种类］　　数据类型　　［存储器类型］　　变量名；

其中存储种类、存储器类型在有些情况下可省略，而数据类型、变量名、英文分号不能省略。

※ 知识补充

（1）存储种类。

存储种类是指变量在程序执行过程中的作用范围。C51 语言变量的存储种类有四种，分别是自动（auto）、外部（extern）、静态（static）和寄存器（register）。如果定义变量时省略了存储种类，则该变量默认为自动（auto）变量。四种存储种类如表 3-3 所示。

表 3-3　C51 语言中的四种存储种类

类　型	定　义	作 用 范 围
自动变量	用说明符 auto 定义的变量	仅在定义它的函数体或复合语句内部有效
外部变量	用说明符 extern 定义的变量	在整个程序中均有效
静态变量	用说明符 static 定义的变量	分为内部静态变量和外部静态变量，内部静态变量仅在定义的函数体内有效，外部静态变量仅在定义它的文件内部有效
寄存器变量	用说明符 register 定义的变量	C51 编译器能自动识别程序中使用频率最高的变量，并将其作为寄存器变量，一般不使用

程序举例如下。

(1) 自动 (auto) 变量

```c
#include <stdio.h>
int main()
{
    char ch='a';
    {
    char ch='b';
    printf("%c\n",ch);
    }
printf("%c\n",ch);
}
```

程序运行结果

```
b
a
```

(3) 静态 (static) 变量

```c
#include <stdio.h>
int main()
{
    char i;
    for(i=0;i<4;i++)
    {
    static int a=1;
    int b=1;
    printf("a=%d ",a);
    printf("b=%d",b);
    printf("\n");
    a=a+1;
    b=b+1;
    }
}
```

程序运行结果

```
a=1 b=1
a=2 b=1
a=3 b=1
a=4 b=1
```

(2) 外部 (extern) 变量

```c
#include <stdio.h>
char ch_1='d';
int main()
{
    extern char ch_2;
    printf("%c\n",ch_1);
    printf("%c\n",ch_2);
}
char ch_2='e';
```

程序运行结果

```
d
e
```

(4) 寄存器 (register) 变量

无，一般不使用

（2）存储类型。

存储类型是指变量在单片机硬件系统中所使用的存储区域，能够在编译时对变量准确定位。在逻辑上（即从用户的角度上）51 单片机具有 3 个存储空间：片内外统一编址的 64KB 的程序存储器（ROM）地址空间、256B 的片内数据存储器（片内 RAM）的地址空间及 64KB 片外数据存储器（片外 RAM）的地址空间。为了便于使用，这些存储空间又分为 6 种存储类型，包括 data、bdata、idata、pdata、xdata、code。存储空间与存储类型的对应关系如表 3-4 和图 3-1 所示。

表 3-4 存储空间与存储类型的对应关系表

存储类型	长度	字节地址	与存储空间的对应关系	功能说明
data	8 位	00H～7FH	片内低 128B 存储区	访问速度快，用于存放常用变量或临时变量
bdata	1 位	20H～2FH	片内 16B 位寻址区	允许位与字节混合访问
idata	8 位	80H～FFH	片内高 128B 存储区	52 单片机才有
pdata	8 位	00H～FFH	片外页 256B RAM	用于外部设备访问
xdata	8 位	0000H～FFFFH	片外 64KB RAM	用于存放不常用的变量或待处理的表格
code	8 位	0000H～FFFFH	程序 ROM	存放固定的数据表格

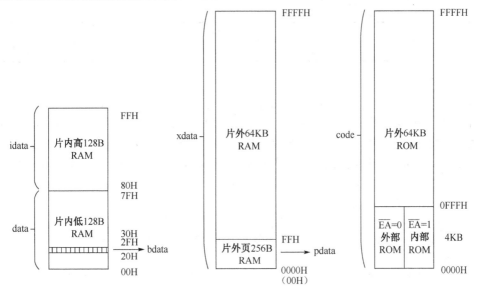

图 3-1 存储空间与存储类型的对应关系图

在定义变量时，如果没有使用存储类型说明符，则 C51 编译器会在三种编译模式下自动设置存储类型，分别为：

① 小编译模式（Small），变量存储区域为片内低 128B RAM，默认存储类型为 data。例如，char i;等价于 char data i;。

② 紧凑编译模式（Compact），变量存储区域为片外 256B RAM，默认存储类型为 pdata。例如，char j;等价于 char pdata j;。

③ 大编译模式（Large），变量存储区域为片外 64KB RAM，默认存储类型为 xdata。例如，char k;等价于 char xdata k;。

3.3.2　C51 语言的数据类型

数据类型是指数据的格式，通俗地讲就是数据的取值范围。在编程中必须对变量定义数据类型，因为不同的数据类型代表了数据的取值范围不同，在单片机内存中占据的空间也就不同，定义一个合适的数据类型能够优化内存空间的使用，减少不必要的资源消耗。C51 语言中的数据类型分为基本数据类型和扩充数据类型，具体内容如下。

1. 基本数据类型

C51 语言中的基本数据类型如表 3-5 所示。

表 3-5　C51 语言中的基本数据类型

数 据 类 型	关 键 字	所 占 位 数	字　　节	值　　域
字符型	unsigned char	8	单字节	0～255
（char）	char	8	单字节	-128～+127
整型	unsigned int	16	双字节	0～65535
（int）	int	16	双字节	-32768～+32767
长整型	unsigned long	32	4 字节	0～4294967259
（long）	long	32	4 字节	-2147483648～+2147483647
浮点型（float）	float	64	4 字节	10^{-38}～10^{38}
	double	64	8 字节	10^{-308}～10^{308}

（1）字符型。

字符型分为无符号字符型 unsigned char 和有符号字符型 char，它们的长度均为 1 字节，常用来定义单字节字符数据常量或变量。对于 char，用于定义带符号字符数据，其字节的最高位为符号位，"0" 表示正数，"1" 表示负数，负数用补码表示，表示的数值范围为-128～+127。对于 unsigned char，用于定义无符号字符数据，表示的数值范围为 0～255，常用于处理小于或等于 255 的整型数，另外也可以用于存放西文字符，一个西文字符占 1 字节，在计算机内部用 ASCII 码存放。字符型数据的定义如下。

```
char s1;                 //定义s1为有符号字符型变量
unsigned char s2;        //定义s2为无符号字符型变量
```

（2）整型。

整型分为无符号整型数 unsigned int 和有符号整型数 int，它们的长度均为 2 字节，用于存放一个双字节数据。对于 int，表示双字节符号整型数据，其字节的最高位为符号位，"0" 表示正数，"1" 表示负数，表示的数值范围为-32768～+32767。对于 unsigned int，表示双字节无符号整型数据，表示的数值范围为 0～65535。整型数据的定义如下。

```
int i,j;                 //定义i、j为整型变量
unsigned int k;          //定义k为无符号整型变量
```

（3）长整型。

长整型分为无符号长整型 unsigned long 和有符号长整型 long，它们的长度均为 4 字节，用于存放一个 4 字节数据。对于 long，表示 4 字节符号长整型数据，其字节的最高位为符号位，"0"表示正数，"1"表示负数，表示的数值范围为-2147483648～+2147483647。对于 unsigned long，表示 4 字节无符号长整型数据，表示的数值范围为 0～4294967259。长整型数据的定义如下。

```
long a;                    //定义a为长整型变量
unsigned long b,c;         //定义b、c为无符号长整型变量
```

（4）浮点型。

浮点型分为单精度浮点型 float 和双精度浮点型 double。浮点数表示法利用科学计数法来表达实数，当计算的表达式有精度要求时被使用。例如，计算平方根，或者超出人类经验的计算如正弦和余弦，它们的计算结果的精度要求使用浮点型。float 浮点型占用 4 字节，表示的数值范围为 $10^{-38} \sim 10^{38}$，在十进制数中具有 7 位有效数字。double 浮点型占用 8 字节，表示的数值范围为 $10^{-308} \sim 10^{308}$，在十进制数中具有 $15 \sim 16$ 位有效数字。浮点型数据的定义如下。

```
float a;                   //定义a为单精度浮点型变量
double b;                  //定义b为双精度浮点型变量
a=98.3456789;
b=123.12345678987654321;
输出结果：
a=98.34568
(float型变量有效位数为7位，后面的位要四舍五入后删掉)
b=123.123456789877
(double型变量有效位数为15～16位，后面的位要四舍五入后删掉)
```

2. 扩充数据类型

单片机内部有很多特殊功能寄存器，每个寄存器都有唯一的地址。为了能够直接访问 51 单片机中的这些特殊功能寄存器，C51 语言中提供了 4 个扩充数据类型，分别为 bit、sbit、sfr、sfr16，如表 3-6 所示。

表 3-6　扩充数据类型

关 键 词	长 度	值 域	说 明
bit	1 位	0 或 1	位变量声明
sbit	1 位	0 或 1	特殊功能位声明
sfr	8 位=1 字节	0～255	特殊功能寄存器声明
sfr16	16 位=2 字节	0～65535	16 位特殊功能寄存器声明

（1）bit：位变量声明，可以定义一个位变量，bit 与 int char 类似，只不过 int 为 16 位，char 为 8 位，而 bit 为 1 位，取值只有 0 或 1。例如：

```
bit a;          //定义了一个名为a的位变量
bit b=0;        //定义了一个名为b且初值为0的位变量
bit c=1;        //定义了一个名为c且初值为1的位变量
```

（2）sfr：特殊功能寄存器声明。51 单片机片内 RAM 的高 128 字节为特殊功能寄存器区，地址为 80H～FFH，为了能直接访问这些特殊功能寄存器，需要对其进行定义，格式为：

```
sfr 特殊功能寄存器声明 = 寄存器地址;
```

例如：

```
sfr P0=0x80;            //定义P0的I/O口，其字节地址为80H
sfr ACC=0xE0;           //定义累加器的字节地址为E0H
sfr TMOD = 0x89;        //定时器/计数器模式控制寄存器的字节地址为89H
```

注意，定义的寄存器地址必须位于片内 RAM 的高 128 字节范围内，即 0x80～0xFF 之间。

实际上，在 C51 语言的头文件"reg51.h"中已经包含了常用的特殊功能寄存器和特殊位的定义，用户无须再次声明，只需在程序的开头使用#include 命令添加头文件即可。

（3）sfr16：16 位特殊功能寄存器声明，其功能和使用与 sfr 一样，区别在于 51 单片机的寄存器基本上都是 8 位的，用 sfr 声明，而 sfr16 用来声明 16 位特殊功能寄存器，如数据指针寄存器 DPTR，使用如下：

```
sfr16 DPTR=0x82;  //定义16位特殊功能寄存器DPTR，其中DPL=82H，DPH=83H
```

定时器 T0 与 T1 也是 16 位的特殊功能寄存器，但不能这样定义，T0 与 T1 的高、低位地址不连续，需使用 sfr 分别来定义其高、低位寄存器地址。另外，相比 51 单片机，在 52 单片机中多了定时器 T2，T2 可用 sfr16 来定义。

（4）sbit：特殊功能位声明，可用于定义特殊功能寄存器中的某一位，所有可位寻址的位都可由 sbit 指定，这包括可位寻址区和特殊功能寄存器（SFR）中的位。例如：

```
sbit led=P0^0;       //定义led为P0口的第1位，以便进行位操作
sbit led1=0x81;      //将位的地址0x81赋给变量led1
sbit M0=TMOD^0;      //TMOD为8位寄存器，将此寄存器的最低位定义为M0
sbit M1=TMOD^1;      //TMOD为8位寄存器，将此寄存器的次低位定义为M1
```

SFR 位变量的定义通常有以下 3 种用法。

① 使用 SFR 的位地址，格式为：

```
sbit 位变量名 = 位地址;
```

② 使用 SFR 的单元名称，格式为：

```
sbit 位变量名 = SFR单元名称^变量位序号;
```

③ 使用 SFR 的单元地址，格式为：

```
sbit 位变量名 = SFR单元地址^变量位序号;
```

例如，下列 3 种方式均可以定义 P0 口的 P0.3 引脚。

```
sbit P0_3= 0x83 ;  // 0x83是P0.3的位地址值
sbit P0_3= P0^3 ;  // P0.3的位序号为3
sbit P0_3= 0x80^3 ; // 0x80 是P0的单元地址
```

C51 语言中 bit 与 sbit 均为位声明，它们有什么区别呢？

bit 位类型符用于定义一般的位变量。存储器类型只能是 bdata、data、idata，只能是片内 RAM 的可位寻址区，严格来说只能是 bdata。sbit 位类型符用于定义可位寻址字节或特殊功能寄存器中的位，定义时需指明其位地址，可以是位直接地址，也可以是可位寻址变量带位号，还可以是特殊功能寄存器名带位号。

3.3.3　C51 语言的变量名

在上述内容中，我们定义了很多变量，为了能够区分它们，使用了不同的变量名，变量名是用户可以定义的。C51 语言中规定变量名可由字母、数字和下画线三种字符组成，但不是随意的组合，需要遵守以下规则。

（1）变量名的开头必须是字母或下画线，不能是数字。在实际编程中命名变量一般以字母开头。

（2）变量名中的字母区分大小写。如 A 和 a 是不同的变量名，Num 和 num 也是不同的变量名。

（3）变量名中不能含有空格。

（4）变量名除不能使用标准 C 语言的 32 个关键字外，还应不要使用 C51 语言中扩展的 21 个关键字，如表 3-7 所示。

（5）变量名的长度虽无规定，但在 Keil 中经测试当变量名长度超过 255 后，编译会出错，

具体情况应随编译系统而定，变量名的长度要合理。

表 3-7　变量名命名应避免的关键字

标准 C 语言的 32 个关键字	
关　键　字	说　　明
auto	声明自动变量
char	数据类型声明 字符型
short	数据类型声明 短整型
int	数据类型声明 整型
long	数据类型声明 长整型
float	数据类型声明 单精度浮点型
double	数据类型声明 双精度浮点型
struct	声明结构体变量
union	声明共用数据类型
enum	声明枚举类型
typedef	声明定义数据为简单的别名
const	声明只读变量或常量
unsigned	声明无符号类型变量或函数
signed	声明有符号类型变量或函数
extern	声明全局变量或函数的作用范围
register	声明寄存器变量
static	声明静态变量
volatile	说明变量在程序执行中可被隐含地改变
void	声明函数无返回值或无参数，声明无类型指针
if	条件语句
else	条件语句
switch	用于开关语句
case	用于开关语句
default	用于开关语句
for	循环语句
do	循环语句的循环体
while	循环语句的循环条件
goto	无条件跳转语句
continue	结束当前循环，开始下一轮循环
break	跳出当前循环
return	子程序返回语句
sizeof	计算数据类型长度
C51 语言中扩展的 21 个关键字	
bit	位声明 声明一个位标量或位类型的函数
sbit	位声明 声明一个可位寻址变量
sfr	特殊功能寄存器声明 声明一个特殊功能寄存器
sfr16	特殊功能寄存器声明 声明一个 16 位的特殊功能寄存器
data	存储器类型说明 直接寻址的内部数据存储器

关 键 字	说 明
bdata	存储器类型说明 可位寻址的内部数据存储器
idata	存储器类型说明 间接寻址的内部数据存储器
pdata	存储器类型说明 分页寻址的外部数据存储器
xdata	存储器类型说明 外部数据存储器
code	存储器类型说明 程序存储器
small	存储模式声明 小编译模式
compact	存储模式声明 紧凑编译模式
large	存储模式声明 大编译模式
interrupt	定义一个中断函数
reentrant	定义一个再入函数
using	定义 51 单片机的工作寄存器组
_at_	绝对空间地址定位
alien	函数特性声明
far	远变量声明
task	定义实时多任务函数
priority	多任务优先声明

3.3.4　C51 语言的数组

1. 数组的定义

在 C51 语言中，将具有相同类型的若干数据按有序的形式组成一个集合，我们称这样的集合为数组。数组中的数据叫作数组元素。

2. 数组的分类

数组分为一维、二维、三维和多维数组，在 C51 语言中常用的数组有一维数组、二维数组和字符数组。

（1）一维数组。

只有一个下标的数组称为一维数组，一维数组的格式为：

　　　类型说明符 数组名 [常量表达式]；

其中，类型说明符指数组中元素的数据类型，数组中的所有元素的数据类型应相同。数组名由用户自定义，命名方法与变量命名相同。常量表达式表示数组中数据元素的个数，可以为空。

例如：

```
int a[3];          //数组名为a，数组中包含3个整型元素
int b[];           //数组名为b，没有说明数组中所含元素的个数
```

当数组中常量表达式为空时，单片机会自动为这种数组分配地址，数组中有几个元素，单片机就自动为数组分配几个存储单元。这种写法很常见，扩展性比较强。

另外，为了使程序简洁，我们可以对一维数组进行整体初始化赋值，将数组各元素的初值顺序放在一对花括号内，元素间用逗号隔开，例如：

```
int a[3]={15,20,25};    //给所有元素赋值，a[0]=15, a[1]=20, a[2]=25
int b[2]={1,2};         //给所有元素赋值，b[0]=1, b[1]=2
```

在 C51 语言中，数组中各元素的顺序用下标表示，可以用不同的下标区分数组中的元素，形式为"数组名[n]"，下标 n 从 0 开始。如上例中 a[0]表示数组中的第一个元素 15，a[1]表示数组中的第二个元素 20，a[2]表示数组中的第三个元素 25。

又如：

```
int a[8]={1,2,3}; //只给前三个元素a[0]、a[1]、a[2]赋初值，其他元素C51编译器自
                  //动赋值为0
```

（2）二维数组。

具有两个下标的数组称为二维数组，二维数组的格式为：

类型说明符　数组名　[常量表达式1]　[常量表达式2]；

其中常量表达式 1 代表二维数组的行数，常量表达式 2 代表二维数组的列数。

例如：

```
int a1[2][3];              //数组名为a1，数组中有2行3列个整型元素
float a2[5][2];            //数组名为a2，数组中有5行2列个浮点型元素
```

另外，我们可以对二维数组进行整体初始化赋值（分行赋值），例如：

```
int a1[2][3]={1,3,5},{2,4,6};
float a2[5][3]={1.1,2.1,3.1},{4.2,5.2,6.3},{7.1,8.2,9.5},
               {10.2,11.2,12.1},{13.1,14.5,15.7};
int a3[3][3]={2,3,5},{1,4,7},{};
```

二维数组 a1[2][3]说明了一个 2 行×3 列的数组，数组名为 a1，其数组元素的类型为整型。该数组的数组元素共有 2×3 个，即：

```
a[0][0], a[0][1], a[0][2]  ──────▶   1, 3, 5
a[1][0], a[1][1], a[1][2]            2, 4, 6
```

注意，二维数组 a3 最后一个花括号中为空，代表此行的元素均为 0，即 a[2][0]=0，a[2][1]=0，a[2][2]=0。该数组的数组元素共有 3×3 个，即：

```
a[0][0], a[0][1], a[0][2]            2, 3, 5
a[1][0], a[1][1], a[1][2]  ──────▶   1, 4, 7
a[2][0], a[2][1], a[2][2]            0, 0, 0
```

（3）字符数组。

若数组中的元素是字符型的，则称该数组为字符数组。字符数组用来存放字符，定义类型为 char 型，例如：

```
char a[13]={'h','e','l','l','o','','w','o','r','l','d','\0'};
```

此例定义了一个字符数组，数组名为 a，里面共有 13 个元素，其中 a[5]为空，a[11]为字符串结束标志\0，而 a[12]没有被赋值，被自动赋予空格字符。

此例中的数组元素均用单引号括起来，说明里面的字符为字符的 ASCII 值，而不是字符串，例如，'h'表示 h 的 ASCII 码值 68H。而双引号括起来的"h"，代表由两个字符 h 和\0 组成。

又如：

```
char a[13]={"hello world"};
```

此例中使用了双引号，代表里面的 hello world 字符串常量，C51 编译器会自动在字符串末尾加上结束标志\0。所以这里需要注意一点，当数组中的元素为字符串时，定义时方括号[]中的常量要比所含字符数目大 1。

在单片机中，数组的应用十分广泛，如使用数组让 P1 口 8 个 LED 每隔 1s 全亮或全灭一次，程序代码如下。

```
#include<reg51.h>
```

```
#define uint unsigned int
void delay()
{
  uint x,y;
  for(x=1000;x>0;x--)
    for(y=110;y>0;y--);
}

void main()
{
 uint i,a[2]={0x00,0xff};      //定义变量与整型数组含两个元素
 for(i=0;i<2;i++)              //利用for循环语句给P1口变换赋值使LED亮灭变换
 {
    P1=a[i];                  //数组的引用
    delay();
 }
}
```

如在数码管应用中，将共阴极数码管段选编码用数组表示为：

```
unsigned char table[16]={0x3f,0x06,0x5b,0x4f,0x66,0x6d,0x7d,0x07,
                         0x7f,0x6f,0x77,0x7c,0x39,0x5e,0x79,0x71};
```

共阳极数码管段选编码用数组表示为：

```
unsigned char table[16]={0xc0,0xf9,0xa4,0xb0,0x99,0x92,0x82,0xf8,
                         0x80,0x90,0x88,0x83,0xc6,0xa1,0x86,0x8e};
```

3.4　C51 语言的运算符与表达式

C51 语言的语句都是由表达式构成的，而表达式是由运算符和运算对象构成的。一般把参加运算的数据（常量、变量、库函数和自定义函数的返回值）用运算符连接起来的有意义的算式称为表达式。

运算符根据表达式中运算对象的多少可分为：当只有一个运算对象时，称为单目运算符；当运算对象为两个时，称为双目运算符；当运算对象为 3 个时，称为三目运算符。

一般根据运算符的功能不同可分为：赋值运算符、算数运算符、关系运算符、逻辑运算符和位操作运算符，表达式相应地分为：赋值表达式、算术表达式、关系表达式、逻辑表达式和位操作表达式。

3.4.1　赋值运算符及赋值表达式

1. 简单赋值运算符

简单赋值运算符（为双目运算符）记为"="，用赋值运算符"="把参加运算的数据连接起来的算式称为赋值表达式。在赋值表达式的后面加上英文分号";"，就组成了赋值语句，格式为：

变量=表达式;

执行的功能为把右边表达式的值赋给左边的变量。例如：

```
a = 0xA1;              //将常数十六进制数A1赋给变量a
i = j = 15;            //同时将15赋值给变量i,j
b = a;                 //将变量a的值赋给变量b
c = a+b;               //将变量a+b的值赋给变量c
```

需要注意 "=" 与 "==" 的区别，两者不同，"==" 为关系运算符，后面会进行介绍。

2．复合赋值运算符

复合赋值运算符（为双目运算符）是由简单赋值运算符 "=" 与其他双目运算符组合而成的，包括+=、-=、*=、/=、<<=、>>=、%=、&=、^=、|=，复合赋值表达式语句格式为：

变量　双目运算符=表达式；

执行的功能为把右边表达式的值与左边变量一起运算后的值赋给左边变量。

例如：

```
int a=3,b=5;           //定义整型变量a=3和b=5
a+=b;                  //加法赋值，等同于a=a+b,运算后的结果a=8
```

其他还有：

```
a-=b;                  //减法赋值，等同于a=a-b
a*=b;                  //乘法赋值，等同于a=a*b
a/=b;                  //除法赋值，等同于a=a/b
a<<=b;                 //左移赋值，等同于a=a<<b
a>>=b;                 //右移赋值，等同于a=a>>b
a%=b;                  //模运算赋值，等同于a=a%b
a&=b;                  //位逻辑与赋值，等同于a=a&b
a^=b;                  //位逻辑异或赋值，等同于a=a^b
a|=b;                  //位逻辑或赋值，等同于a=a|b
```

3.4.2　算术运算符及算术表达式

C51 语言中的算术运算符有：+、-、*、/、%、++、--，前三个进行简单的运算，其中 "+" 可为正数或加法运算，"-" 可为负数或减法运算，我们重点介绍/（除）、%（模运算，求余数）、++（自增）、--（自减）。

算术表达式的语句格式为：

表达式1　算术运算符　表达式2

如 a+b*(2+a),(x+1)/(y-1)。

（1）在 C51 语言中，进行除运算时要考虑数据的类型，两个浮点数相除的结果也为浮点数，两个整数相除的结果也为整数。例如，2/4，数学中的运算结果为 0.5，但在 C51 语言中的运算结果为整数 0，即取整；2.0/4 与 2.0/4.0 在 C51 语言中的运算结果均为 0.5，即只要两数中至少有一个为浮点数则结果就为浮点数。

（2）C51 语言中的模（求余）运算要求参加运算的两数均应为整数。如 i=9%4，则 i 的值为 1。若 8%2.5 则语法错误。

（3）C51 语言中自增运算包括变量++与++变量这两种格式，变量++如 i++是 i 先计算，然后再自加 1；++变量如++i 是 i 先自加 1，然后再计算。同理，自减运算包括变量--与--变量这两种格式，变量--如 i--是 i 先计算，然后再自减 1；--变量如--i 是 i 先自减 1，然后再计算。

算术运算具有优先级顺序，规定为：先乘除、取余，后加减，若有括号则括号中的内容优先级最高。其中乘、除、取余运算的优先级相同，按照从左到右的顺序计算。

3.4.3　关系运算符及关系表达式

所谓关系运算，实际上是"比较运算"，即将两个数进行比较，判断比较的结果是否符合指定的条件。C51 语言中有 6 种关系运算符：小于（<）、小于或等于（<=）、大于（>）、大于或等于（>=）、等于（==）和不等于（!=）。注意，由两个字符组成的运算符之间不能加空格。

用关系运算符将两个表达式连接起来的式子称为关系表达式，其一般形式为：

表达式1　关系运算符　表达式2

执行的功能就是将表达式 1 与表达式 2 相比较，可以用于判断某个条件是否满足，运算的结果只有 0（假）和 1（真）两种，其中表达式可以是 C51 语言中任意合法的表达式。例如：

```
int a=3,b=4,c=5;
```

（1）求关系表达式"a>b"的值：结果为"假"，表达式的值为 0。

（2）求关系表达式"(a<b)==c"的值：结果为"假"，表达式的值为 0。

（3）求关系表达式"a+b>c"的值：结果为"真"，表达式的值为 1。

关系运算符都是双目运算符，优先级规定为：先<、>、<=、>=，后==、!=，若有括号则括号中的内容优先级最高。其中<、>、<=和>=的优先级相同，==和!=的优先级相同，相同优先级之间按从左到右的顺序计算。

3.4.4　逻辑运算符及逻辑表达式

C51 语言中有 3 种逻辑运算符：逻辑与（&&）、逻辑或（||）和逻辑非（!）。用逻辑运算符将关系表达式或其他运算对象连接起来的式子称为逻辑表达式。数学中常用的逻辑关系 $x \leqslant a \leqslant y$，在 C51 语言中的正确写法为(x<=a)&&(a<=y)或 x<=a&&a<=y。逻辑表达式语句的格式为：

表达式1　逻辑运算符　表达式2

执行的功能是用于求条件式的逻辑值，进而执行相应的程序。

逻辑运算规则如表 3-8 所示。

表 3-8　逻辑运算规则

逻辑运算符	含　义	运　算　规　则	说　明
&&	逻辑与运算	0&&0=0，0&&1=0，1&&0=0，1&&1=1	全真则真
||	逻辑或运算	0||0=0，0||1=1， 1||0=1，1||1=1	一真则真
!	逻辑非运算	!0=1，!1=0	非假则真，非真即假

逻辑运算的结果不是数值，而是一种逻辑概念，若成立则用真或 1 表示，不成立则用假或 0 表示。逻辑运算符的优先级规定为：逻辑非"!"的优先级最高，然后是逻辑与"&&"，最后为逻辑或"||"。例如：

```
int a=2,b=3;
```

!a：由于 a 非零，其值为真，则!a 为假，其值为 0。

a&&b：由于 a 和 b 均非零，其值均为真，故逻辑与的结果为真，其值为 1。

a||b：由于 a 和 b 均非零，其值均为真，故逻辑或的结果为真，其值为 1。

!a||b&&5：由于逻辑非!优先级最高，首先与 a 结合，而&&优先级高于||，相当于(!a)||(b&&5)，即 0||1，为真，其值为 1。

!a&&b||0：由于逻辑非!优先级最高，首先与 a 结合，!a 为 0，而&&优先级高于||，则先计

算!a&&b，其值为 0，然后 0||0，其值为 0。

3.4.5　位操作运算符及位操作表达式

我们知道，程序中的所有数据在计算机或单片机内存中都是以二进制数的形式存储的，数据的位是可以操作的最小数据单位，位操作就是直接对整数在内存中的二进制位进行操作。因此，在理论上，我们可以通过"位运算"来完成所有的运算和操作，从而有效地提高程序运行的效率。

汇编对位的处理能力是很强的，但是单片机 C 语言也能对运算对象进行按位操作，从而具有一定的对硬件直接进行操作的能力。C51 语言中有 6 种位操作运算符，如表 3-9 所示。

表 3-9　C51 语言中的 6 种位操作运算符

运　算　符	含　　义	运　算　符	含　　义
&	按位与	~	按位取反
|	按位或	<<	位左移
^	按位异或	>>	位右移

需要注意位操作的运算对象只能是整型或字符型数据，不能是浮点型数据。位操作表达式语句的格式为：

表达式1 位操作运算符 表达式2

（1）按位与（&）：将运算符两侧的数据按二进制位进行"与"运算。以二进制数 0、1 为例：0&0=0，0&1=0，1&0=0，1&1=1。

现举例如下。

c=7&9：7 的二进制数为 0111，9 的二进制数为 1001，将两数按二进制位进行与运算为 c=(0111)&(1001)=0001=1。

d=25&18：25 的二进制数为 11001，18 的二进制数为 10010，将两数按二进制位进行与运算为 d=(11001)&(10010)=10000=16。

e=0x18&0x23：0x18 的二进制数为 00011000，0x23 的二进制数为 00100011，将两数按二进制位进行与运算为 e=(00011000)&(00100011)=00000000=0x00。

"&"运算总结为：将两数转为二进制数，每一位进行"全 1 为 1，有 0 为 0"的运算。在实际的应用中"与"操作经常被用于实现如下特定的功能。

① 清零。

"按位与"通常被用来使变量中的某一位清零。例如：

```
a=0xef;      //转换为二进制a=11101111
a=a&0xe0;    //使a的后4位清零，a=11100000
```

② 检测位。

要知道一个变量中某一位是 1 还是 0，可以使用"与"操作来实现。

```
a=0xdf;      //转换为二进制数a=11101111
b=a&0x01;    //检测a的第0位（最低位），b=00000001，可知a最后一位为1
```

③ 保留变量的某一位。

要屏蔽一个变量的其他位，而保留某些位，也可以使用与操作来实现。

```
a=0x76;      //转换为二进制数a=01110110
a=a&0x0f;    //将高4位清零，而保留低4位a=0x06
```

（2）按位或（|）：将运算符两侧的数据按二进制位进行"或"运算。以二进制数 0、1 为例：0|0=0，0|1=1，1|0=1，1|1=1。

现举例如下。

c=4|8：4 的二进制数为 0100，8 的二进制数为 1000，将两数按二进制位进行或运算为 c=(0100)|(1000)=1100=12。

d=13|15：13 的二进制数为 1101，15 的二进制数为 1111，将两数按二进制位进行或运算为 d=(1101)|(1111)=1111=15。

e=0x06|0xAD：0x06 的二进制数为 00000110，0xAD 的二进制数为 10101101，将两数按二进制位进行或运算为 e=(00000110)|(10101101)=10101111=0xAF。

"|"运算总结为：将两数转为二进制数，每一位进行"有 1 为 1，全 0 为 0"的运算。按位或运算最普遍的应用就是对变量的某些位置 1。例如：

```
a=0x00;        //转换为二进制数a=00000000
a=a|0x3f;      //将a的低6位置为1,a=0x3f
```

（3）按位异或（^）：将运算符两侧的数据按二进制位进行"异或"运算。以二进制数 0、1 为例：0^0=0，0^1=1，1^0=1，1^1=0。

现举例如下。

c=2^6：2 的二进制数为 0010，6 的二进制数为 0110，将两数按二进制位进行异或运算为 c=(0010)^(0110)=0100=4。

d=11^13：11 的二进制数为 1011，13 的二进制数为 1101，将两数按二进制位进行异或运算为 d=(1011)^(1101)=0110=6。

e=0x32^0xcd：0x32 的二进制数为 00110010，0xcd 的二进制数为 11001101，将两数按二进制位进行异或运算 e=(00110010)^(11001101)=11111111=0xFF。

"^"运算总结为：将两数转为二进制数，每一位进行"相同为 0，不同为 1"的运算。异或运算主要有以下几种应用。

① 翻转某一位。

当一个位与"1"进行异或运算时，结果就为此位翻转后的值。例如：

```
a=0x1a;        //转换为二进制数a=00011010
a=a^0x0f;      //a=00010101，a的低4位翻转
```

② 保留原值。

当一个位与"0"进行异或运算时，结果就为此位的值。例如：

```
a=0xff;        //转换为二进制数a=11111111
a=a^0xf0;      //a=00001111，低4位不变，高4位翻转
```

③ 交换两个变量的值。

传统方法需要使用中间变量，例如：

```
void main(unsigned char a,unsigned char b)
{
    unsigned char temp;   //定义中间变量
    temp=a;
    a=b;
    b=temp;
}
```

使用异或运算的方法，可以不用中间变量，例如：

```
void main(unsigned char a,unsigned char b)
```

```
    {
        a=a^b;
        b=a^b;
        a=a^b;
    }
```

上面为采用异或实现变量交换的例子，读者可自己将变量 a、b 代入具体数值进行验证，这里不做介绍。

（4）按位取反（～）：将数据转为二进制数，对其进行按位取反操作。以二进制数 0、1 为例：～1=0，～0=1。

现举例如下。

c=0x25，c 的二进制数为 00100101，则～c=11011010=0xda。

d=0xef，d 的二进制数为 11101111，则～d=00010000=0x10。

e=0xac，e 的二进制数为 10111100，则～e=01000011=0x43。

"～"运算总结为：将两数转为二进制数，每一位进行"是 1 得 0，是 0 得 1"的运算。

（5）位左移（<<）：将数据的各二进制位全部左移 n 位，高位左移溢出时舍弃该高位，其右边空出的位填补 0。

现举例如下。

00110001<<1，即将 00110001 左移 1 位，00110001<<1=01100010。

00110001<<2，即将 00110001 左移 2 位，00110001<<2=11000100。

00110001<<3，即将 00110001 左移 3 位，00110001<<3=10001000。

注意，例子均为无符号数，这里的 00110001 转换为十进制数为 49，左移 1 位变为 01100010，转换为十进制数为 98，数值增加了 2 倍；左移 2 位变为 11000100，转换为十进制数为 196，数值增加了 4 倍。这里可以发现规律：左移 n 位，就等于乘以 2^n。但这一结论只适用于左移时被溢出的高位中不包含 1 的情况，如当左移 3 位时变为 10001000，此时高位有 1 溢出，转换为十进制数为 136，不符合上面的规律。

在做乘以 2^n 这种操作时，如果使用位左移，将比用乘法运算速度快，可以提高程序的运行效率。

（6）位右移（>>）：将数据的各二进制位全部右移 n 位，低位右移溢出时舍弃该低位，对于无符号数，高位补 0。

现举例如下。

10110100>>1，即将 10110100 右移 1 位，10110100>>1=01011010。

10110100>>2，即将 10110100 右移 2 位，10110100>>2=00101101。

10110100>>3，即将 10110100 右移 3 位，10110100>>3=00010110。

同位左移类似，这里的 10110100 转换为十进制数为 180，右移 1 位变为 01011010，转换为十进制数为 90，数值减小了一半；右移 2 位变为 00101101，转换为十进制数为 45，数值减小了 1/4。这里可以发现规律：右移 n 位，就等于除以 2^n。但这一结论只适用于右移时被溢出的低位中不包含 1 的情况，如当右移 3 位时变为 00010110，此时低位有 1 溢出，转换为十进制数为 22，不符合上面的规律。

在做除以 2^n 这种操作时，如果使用位右移，将比用除法运算速度快，可以提高程序的运行效率。

在单片机程序中可使用位左移、位右移来实现流水灯效果，程序如下。

```
#include <reg51.h>
#include <intrins.h>
```

```
#define uint unsigned int
#define uchar unsigned char
#define led P0
void delay(uint i)
{
  while(i--);
}

void main()
{
  uchar i;
  led=0x01;
  delay(50000);
  while(1)
  {
     for(i=0;i<8;i++)
     {
        P0=(0x01<<i);   //将1左移i位，然后将结果赋值到P0口
        delay(50000);
     }
  }
}
```

上面我们对运算符介绍完毕了，现对运算符的应用进行总结，运算符的优先级规定为："!"运算符优先级最高，然后是算术运算符，接着是关系运算符，再接着是位操作运算符，之后是逻辑"&&"和逻辑"||"，最后是赋值运算符。

3.5　C51 语言的语句结构

语句是程序运行时执行的命令，C51 语言源程序就是由一系列语句组成的，这些语句可用于声明、赋值、输入/输出等，用于使单片机完成相应的功能。C51 语言的语句结构分为顺序结构、选择结构和循环结构。顺序结构就是按照顺序执行的语句；选择结构为通过判断条件决定程序走向的语句；循环结构就是重复执行的语句。C51 语言中常用的基本语句包括：变量声明语句、表达式语句、if 选择语句、for 循环语句、while 循环语句、do…while 循环语句和 switch 开关语句，前两种语句在 3.4 节中进行了介绍，本节主要介绍其他几种语句，其中 if 选择语句、switch 开关语句为选择结构语句，for 循环语句、while 循环语句、do…while 循环语句为循环结构语句。

3.5.1　if 选择语句

选择语句又叫"条件语句"或"分支语句"，关键字为 if，if 语句常用于判断是否满足给定的条件，然后根据判断的结果决定执行哪种操作。C51 语言提供了 3 种形式的选择语句，下面分别介绍。

1. 单分支结构选择语句

单分支结构选择语句中只含有一个语句分支，其形式为：

```
if (表达式) 语句;
```

注意语句中的圆括号()与分号;均为英文状态下的形式，且不可省略。

语句的含义为：执行 if 语句时，先计算括号内表达式的值，如果表达式的值为真，则执行后面的语句，否则就不执行语句。

其流程图如图 3-2 所示。

例如：

```
if (i==8)
P1=0xff; //执行的功能为当i等于8时，P1口输出全为1
```

在 if 语句中还会存在复合语句，当判断完表达式后，要处理两条或多条指令语句，这时的语句就是复合语句，格式为：

```
if (表达式) {   多条语句   };
```

例如：

```
if (i<255)
{
  a++;
  b=0;
}
```

复合语句是用花括号{}将一组语句组合在一起的，以每行一个语句的形式列出。程序运行时，复合语句中的各行单语句按顺序依次执行。在 C51 语言中，复合语句允许嵌套使用，花括号{}中含有其他{}也是复合语句，另外不仅在选择语句中会出现复合语句，在循环或开关语句中也会出现。注意，复合语句中可以定义变量，此时的变量为局部变量，它的有效范围只在该复合语句内。

2. 双分支结构选择语句

双分支结构选择语句包含两个语句分支，其形式为：

```
if(表达式)
  语句1;
else
  语句2;
```

语句的含义为：如果表达式的值为真，则执行语句 1；否则执行语句 2。

其流程图如图 3-3 所示。

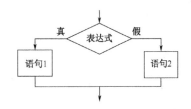

图 3-2　单分支结构选择语句流程图　　　　图 3-3　双分支结构选择语句流程图

例如：

```
if(i>j)
    a=3;
else
    a=5;   //当i>j时，将3赋值给a，否则将5赋值给a
```

3. 多分支结构选择语句

多分支结构选择语句包含多个语句分支，其形式为：

```
if(表达式1)
语句1;
else if(表达式2)
语句2;
else if(表达式3)
语句3;
else if(表达式m)
语句m;
else
    语句n;
```

语句的含义为：这是由 if…else 组成的嵌套，可以实现多方向条件分支。首先判断表达式 1，如果其值为真，则执行语句 1；若为假，则跳过语句 1，继续判断表达式 2。如果表达式 2 的值为真，则执行语句 2；若为假，则跳过语句 2，继续判断表达式 3。依次进行判断，直到判断最后一个表达式。若以上表达式 1~m 均为假，则执行 else 后面的语句 n。

其流程图如图 3-4 所示。

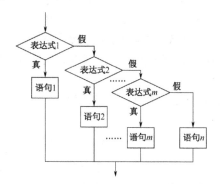

图 3-4　多分支结构选择语句流程图

例如：

```
if (i<5)
a=2;
else if (i<10)
a=3;
else if (i<100)
a=4;
else if (i<200)
a=5;
else
a=6;
//如果i小于5，则将2赋值给a；如果i大于或等于5且小于10，则将3赋值给a；如果i大于或
//等于10且小于100，则将4赋值给a；如果i大于或等于100且小于200，则将5赋值给a；否则
//将6赋值给a
```

3.5.2　switch 开关语句

switch 开关语句是一种多分支结构选择语句，主要用于在程序中实现多个语句分支的处理。前面我们学过 if…else 多分支结构选择语句，也可以用于实现多个语句分支的处理，但当分支太多时，if…else 语句的嵌套也会增加，这就使得程序的结构混乱且冗长，这时应该使用 switch 开关语句直接处理多分支结构选择，使程序结构清晰。

在 C51 程序中，开关语句的关键字为 switch 和 case，开关语句的格式为：

```
switch(表达式)
{
case   常量表达式1:
    语句1;   break;
case   常量表达式2:
    语句2;   break;
case   常量表达式3:
    语句3;   break;
    ……
case   常量表达式n:
    语句n;   break;
default:
    语句n+1;
}
```

switch 开关语句的含义为：将 switch 后面括号中表达式的值与 case 后面常量表达式的值进行比较，当 switch 后面的表达式的值与某一 case 后面的常量表达式的值相等时，就执行该 case 后面的语句，然后遇到 break 语句就退出该 switch 语句。若所有 case 中常量表达式的值没有与 switch 中表达式的值相匹配，就执行 default 后面的语句 n+1，然后退出 switch 语句，转而继续执行后续其他语句。其流程图如图 3-5 所示。例如：

```
switch(i)
{
case 1:
    P0=0x00;   break;
case 2:
    P0=0x01;   break;
case 3:
    P0=0x02;   break;
default:
    P0=0xff;
}
```

执行的功能为：当 i 的值不同时，并行口 P0 口的引脚输出的电平不同。

需要注意如下问题。

（1）假如 case 语句的最后没有 break 这个关键字，则流程控制转移到下一个 case 继续执行，因此，在执行一个 case 分支后，如果不需要继续执行 switch 语句，则要用一个 break 语句来结束。

（2）每一个 case 常量表达式的值必须不同，否则就会出现自相矛盾的现象。

（3）default 语句不是必须有的，当前面所有 case 均不满足且无 default 语句时，则直接退出

switch 开关语句。

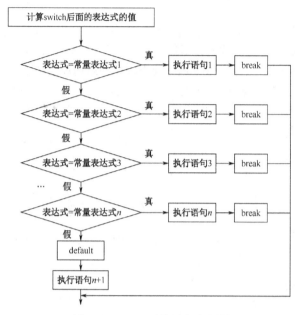

图 3-5   switch 开关语句流程图

switch 开关语句实现每按键 1 次点亮一个 LED，电路图如图 3-6 所示。

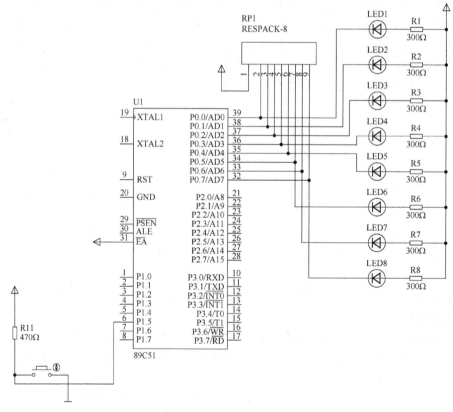

图 3-6   按键点亮 LED 电路图

程序代码如下。

```c
#include <reg51.h>
#define uint unsigned int
#define uchar unsigned char
#define led P0
sbit k1=P1^5;                    //定义按键控制引脚为P1^5

void delay(uint i)
{
 while(i--);
}

void main(void)
{
    uchar i;
    i=0;                         //i初值为0
 while(1)
  {
        if(k1==0)                //如果按键按下
        {
                delay(20000);    //延时一段时间，按键消抖
                if(k1==0)        //如果再次检测到按键按下
                  i++;           //i自增1
                if(i==9)         //如果i=9，重新将其置为1
                  i=1;
        }
        switch(i)                //使用多分支选择语句
        {
        case 1:led=0xfe;         //第1个LED亮
                break;
        case 2:led=0xfd;         //第2个LED亮
                break;
        case 3:led=0xfb;         //第3个LED亮
                break;
        case 4:led=0xf7;         //第4个LED亮
                break;
        case 5:led=0xef;         //第5个LED亮
                break;
        case 6:led=0xdf;         //第6个LED亮
                break;
        case 7:led=0xbf;         //第7个LED亮
                break;
        case 8:led=0x7f;         //第8个LED亮
                break;
        default:                 //默认值，所有LED均灭
                led=0xff;
        }
  }
}
```

3.5.3　for 循环语句

循环是重复执行其他语句（循环体）的一种语句，经常用于需要反复多次执行的操作。for 循环语句是 C51 语言中功能最强大的一种循环，尤其是在使用计数变量的循环中，另外也能够用于其他类型的循环中。

for 循环语句的一般格式为：

```
for(表达式1;表达式2;表达式3)
{
    循环体;
}
```

该语句的含义可分 4 步：（1）为表达式 1 赋初值；（2）判断表达式 2 是否满足给定条件，若满足条件，则执行循环体内的语句，执行完循环体内的语句，接着执行表达式 3，准备进入第 2 次循环；（3）再次判断表达式 2，若依然满足条件，则继续执行循环体内的语句，然后接着执行表达式 3，准备进入下次循环；（4）直到循环条件表达式的值为假，即条件不满足时，终止 for 循环，转而去执行循环体外的语句。

其流程图如图 3-7 所示。

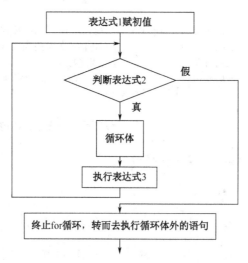

图 3-7　for 循环语句流程图

一般我们称表达式 1 为初值设定表达式，表达式 2 为循环条件表达式，表达式 3 为条件更新表达式。

for 循环常用示例如下。

```
for(i=0;i<10;i++)
{
    num++;
}
```

语句执行的功能：循环 10 次，每次循环变量 num 自增 1。

又如在 3.4.5 节流水灯代码中使用的 for 循环，使 0x01 依次向左移 1 位，8 个 LED 就会出现流水灯的效果。

```
for(i=0;i<8;i++)
{
  P0=(0x01<<i);
```

```
        delay(50000);
    }
```

这里给出使用 for 循环和循环字符移位指令：_crol_为字符循环左移，_cror_为字符循环右移，用它们来控制流水灯的程序代码。

```
#include <reg51.h>
#include<intrins.h>
#define uint unsigned int
#define uchar unsigned char
#define led P0

void delay(uint i)
{
  while(i--);
}

void main()
{
  uchar i;
  led=0x01;
  delay(50000);
  while(1)
  {
      for(i=0;i<7;i++)
      {
          led=_crol_(led,1); //将led循环左移1位
          delay(50000);
      }
      for(i=0;i<7;i++)
      {
          led=_cror_(led,1); //将led循环右移1位
          delay(50000);
      }
  }
}
```

除上述应用外，for 循环语句还常作为延时语句使用，例如：

```
unsigned char i,j;
for(i=50;i>0;i--)
    for(j=20;j>0;j--);
```

此例为 for 语句的两层嵌套，第一个 for 后面没有英文分号“;”，则 C51 编译器会默认第二个 for 语句是第一个 for 语句内部的循环体，且第二个 for 语句内部无循环体。程序在执行时，第一个 for 语句中的 i 每自减 1，第二个 for 语句便执行 20 次。由于每次执行 for 语句是需要时间的，此例执行了 50×20 次 for 语句，所以就形成了一个较长时间的延时语句。当然若想实现更长时间的延时，可使用多级嵌套或改变初值的形式，改变初值时要注意定义的变量的数据类型，初值大小不能超过其值域。

例如，使用 for 延时语句使 P1.0 口 LED 间隔 1s 亮灭，程序代码如下所示，电路图如图 3-8 所示。

程序代码如下。

```
#include <reg51.h>
```

```
#define uint unsigned int
sbit led1=P1^0;
uint i,j;

void main()
{
 while(1)
 {
   led1=0;
   for(i=1000;i>0;i--)
    for(j=110;j>0;j--);  //延时1s
   led1=1;
   for(i=1000;i>0;i--)
    for(j=110;j>0;j--);  //延时1s
 }
}
```

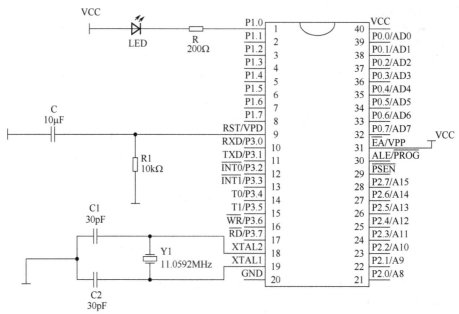

图 3-8　LED 间隔 1s 亮灭电路图

对于使用的晶振频率为 11.0592MHz 的单片机最小系统，程序中使用了 for 循环嵌套语句实现延时 1s。for 语句中的变量 i 和 j 均为 unsigned int 数据类型，当内层 for 循环语句 for(j=110;j>0;j--)变量 j 恒定值为 110 时，外层 for 循环语句 for(i=1000;i>0;i--)变量 i 是多少，此 for 循环嵌套语句就延时多少毫秒，具体可通过 Keil 软件进行测试。

3.5.4　while 循环语句

while 循环语句是 C51 语言中极常见的循环语句，while 语句的格式为：

```
while(表达式)
{
```

```
    循环体;
    }
```

语句的含义为: 当表达式的值为真时, 执行循环体中的语句, 循环体中的语句执行完成后, 再次判断表达式的值, 如果为真, 则继续执行循环体中的语句, 直到表达式的值为假时才退出循环。若一开始时表达式的值为假, 则直接跳过整个 while 语句。while 语句的特点是先判断条件, 再执行循环体语句。

在以上我们所介绍的单片机实例中均用到了 while(1)循环语句, 由于括号里面的表达式是 1, 一直为真, 所以程序会一直执行循环体中的语句, 这样的循环叫作无限循环。

其流程图如图 3-9 所示。

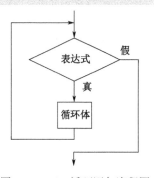

图 3-9　while 循环语句流程图

例如:

```
    int i=1;            //定义整型变量i的初值为1
    while(i<5)          //执行循环的判断条件为i小于5
    {
       P1=0x00;        //P1口的8个引脚输出均为低电平"0"
       delay(1000);    //延时
       i++;            //i自增1
    }
    P1=0xff;           //P1口的8个引脚输出均为高电平"1"
```

该语句的功能为: 当 i 的值小于 5 时, 将 P1 口的引脚输出低电平, 延时, 此时 i 自增 1, 然后继续判断条件 i 的值是否小于 5, 若为真, 则继续执行循环体, 直到经历 4 个延时后 i 的值为 5, 退出循环体, 执行 P1=0xff, P1 口的 8 个引脚输出均为高电平"1"。

3.5.5　do…while 循环语句

do…while 语句的格式为:

```
    do
    {
       循环体;
    }
    while(表达式);
```

该语句的含义为: 先执行一次 do 后面的循环体, 然后再判断 while 后面的表达式是否为真, 如果表达式为真, 则返回继续执行 do 后面的循环体, 直到表达式为假时才结束循环。注意 while 后面要加英文状态下的分号";"。

do…while 语句的特点是先执行循环体语句, 再判断条件。其特点与 while 循环语句恰好相反。do…while 的循环体语句保证会被执行一次(表达式的值在每次循环结束后才进行检查), 而 while 语句若在开始时表达式为假, 则直接结束循环, 不会执行循环体语句。

其流程图如图 3-10 所示。

例如:

```
    int i=5;
    do
    {
      i--;
```

```
    }
    while(i>0);
```

执行的功能为从 5 开始倒计时，首先定义变量 i 初值为 5，执行循环 i 自减 1，然后判断 i 是否大于 0，若大于 0，则继续执行 i 自减 1，否则就退出循环。

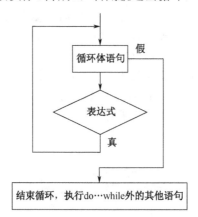

图 3-10　do…while 循环语句流程图

3.6　C51 语言的函数与预处理

函数是 C51 语言的基本组成部分，在程序中通过对函数的调用实现特定的功能，所以可以说程序的全部工作是由各式各样的函数完成的，C51 语言中的函数相当于其他高级语言的子程序。本节我们对 C51 语言中的函数及预处理命令进行介绍。

3.6.1　函数的定义

C51 语言不仅提供了极为丰富的库函数，还允许用户建立自己定义的函数，用户可把自己的算法编成一个个相对独立的函数模块，然后用调用的方法来使用函数。

C51 语言中的函数分类如图 3-11 所示。

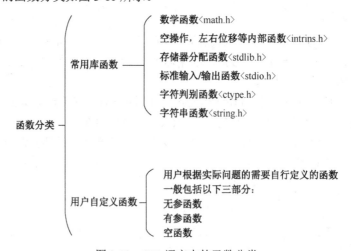

图 3-11　C51 语言中的函数分类

从用户的角度看，函数可分为：标准函数（常用库函数），由系统提供；用户自定义函数。另外，从函数的返回值角度看，函数可分为：有返回值函数，调用该函数后可以得到返回值；无返回值函数，调用该函数后没有返回值。

C51 语言中所有函数与变量一样，在使用之前必须定义，所谓定义，是指说明函数为什么类型的函数，执行什么样的功能。

一般库函数的定义都包含在相应的头文件<*.h>中，用户无须定义它们，直接在程序的开头用#include <*.h>或#include "*.h"说明，就可以进行使用，如#include <reg51.h>和#include <math.h>等。在之前的内容中对库函数已做过介绍，这里不再赘述。

下面对用户自定义函数进行介绍，用户自定义函数分为无参函数、有参函数和空函数。

1. 无参函数

无参函数的定义格式为：

```
类型标识符 函数名()
{
    函数语句;
}
```

类型标识符是该函数返回值的数据类型，可以是以前介绍的整型（int）、字符型（char）、单浮点型（float）、双浮点型（double）等，也可以是指针类型。当函数没有返回值时，使用标识符 void 声明数据类型。类型标识符默认为 int 类型。

函数名由用户自己定义，只要是合法的函数名均可使用，命名方式可参照变量的命名。函数名后面的括号中无内容，所以叫无参函数。

函数语句即为函数体，包括一些声明语句和循环语句等基本语句。

例如：

```
void delay()
{
    int i,j;
for(i=200;i>0;i--)
    for(j=110;j>0;j--);
}
```

此例为用户自定义的无参延时函数，无返回值，函数名为 delay，函数体中包括变量声明语句和循环嵌套语句。像这种没有返回值的无参函数，可以不写类型标识符。

又如：

```
void main()
{
P1=0xff;
while(1);
}
```

此例是 main 函数，无返回值且无参数，函数名为 main。main 函数为主函数，是程序执行的入口，一个 C51 程序中只能含有一个 main 函数，但用户自定义的函数可以有多个。

2. 有参函数

有参函数的定义格式为：

```
类型标识符 函数名(形式参数列表)
{
    函数语句;
}
```

　　含有形式参数列表是有参函数与无参函数的区别，形式参数列表是对变量的声明，格式为数据类型变量名，一般情况下，形式参数列表中含有多个参数，每个参数之间使用逗号隔开。

　　单形式参数为：

```
void delay(int i)
{
 while(i--);
}
```

　　函数功能：定义了一个无返回值（void）的有参函数，函数名称为 delay，形式参数为整型变量 i，函数语句为 while(i--)，为一个延时函数。

　　多形式参数为：

```
char maxvalue(char a,char b)
{
  char c;
  if(a>b)
    c=a;
  else
    c=b;
  return c;
}
```

　　函数功能：定义了一个返回值类型为字符型的有参函数，函数名为 maxvalue，形式参数为字符变量 a 和 b，函数语句包含变量声明语句、双分支结构选择语句和 return 语句，功能实现：如果 a 大于 b，那么将 a 的值赋给 c，否则将 b 的值赋给 c，然后 c 作为函数的返回值。

　　3. 空函数

　　空函数是指定义的函数既无参数也无执行语句，定义空函数是为了程序功能的扩充，先将程序中一些基本的功能函数定义为空函数，占好位置，并写好注释，以后再用一个编写好的函数补充它，方便为程序扩充新功能，格式为：

```
类型标识符 函数名()
{ }
```

　　例如：

```
int display()
{ }
```

　　注意，函数在定义时是相互独立的，一个函数并不从属于另一个函数，即函数不能嵌套定义。

3.6.2　函数的调用

　　函数被定义之后，需要被调用来执行函数的功能。一个 C51 程序可由一个主函数和若干个其他函数组成，由主函数调用其他函数，其他函数之间也可以互相调用，同一个函数可以被一个或多个函数调用多次。如函数 a 中调用了函数 b，我们称 a 为主调用函数，b 为被调用函数。

　　函数调用的格式为：

```
函数名();
```

　　或

```
函数名(实际参数列表);
```

　　为什么会有两种调用方式呢？这两种调用方式的差别在于有无实际参数，我们通过一个延时函数的例子来感受一下。程序代码如下，让蜂鸣器间断地响起。

```
#include<reg51.h>                    #include<reg51.h>
#define uint unsigned int            #define uint unsigned int
#define uchar unsigned char          #define uchar unsigned char
sbit beep=P1^2;                      sbit beep=P1^2;

void delay()                         void delay(uint i)
{                                    {
   uint i,j;                           while(i--);
for(i=200;i>0;i--)                   }
   for(j=110;j>0;j--);
}                                    void main()
void main()                          {
{                                      while(1)
  while(1)                           {
{                                    beep=0;
beep=0;                              delay(20000);
delay();                             beep=1;
beep=1;                              delay(20000);
delay();                             }
}                                    }
}
```

左边程序中定义了一个无返回值无参延时函数，主函数在调用时括号中无参数，函数调用为 delay()；右边程序中定义了一个无返回值有参延时函数，在调用时括号中有参数，函数调用为 delay(20000)，此时的值 20000 传递给了变量 i。

1. 函数的参数

在调用函数时，多数情况下，主调用函数和被调用函数之间有数据传递关系，如上面提到的 delay(uint i)这个有参函数，在后面被调用时有值 20000 传递给了 i。根据有参函数的定义格式与函数调用的格式可以看出，函数之间的参数传递，是由调用函数的实际参数与被调用函数的形式参数之间进行数据传递来实现的。

所以函数的参数可分为形式参数和实际参数。

（1）形式参数：简称"形参"，在定义函数时，函数名后面括号中的内容为形参。

（2）实际参数：简称"实参"，在调用函数时，函数名后面括号中的内容为实参。实参可以为常量、变量或表达式。

如上例中函数定义为 void delay(uint i)，函数调用为 delay(20000)，其中 i 为形参，20000 为实参。函数被调用后将值 20000 传递给了变量 i，接着执行语句 while(i--)，此后变量 i 的值就以 20000 开始递减。

C51 语言规定，函数调用时，数据只能由实参传递给形参，而不能反过来进行，即函数中数据的传递是单向的。这里应该注意形参与实参的数据类型、数量和顺序上应保持一致。

参数传值举例如下。

```
void swap(int a,int b)          //定义swap交换函数, a、b为形参
{
    int temp;                   //定义中间变量
    temp=a;
    a=b;
```

```
      b=temp;
   }
   void main()
   {
      int x=5,y=3;
      swap(x,y);                    //x、y为实参
   }
```

此例中值的传递为：实参 x 的值 5 传递给了形参 a，实参 y 的值 3 传递给了形参 b。

2. 函数调用的方式

主调用函数对被调用函数的调用方式有 3 种。

① 函数调用语句把被调用的函数名作为主调用函数的一个语句，如上例中的 delay();和 delay(20000);。

② 函数结果作为表达式的一个运算对象，如：

```
S = maxvalue(a,b);          //maxvalue()函数为上面提到的求最大值函数，将最大值的
                            //结果赋给S，这种情况要求被调用函数带有return语句也可以为
S = 5*maxvalue(a,b);        //将最大值的结果乘以5再赋给S
```

③ 被调用函数作为另一个函数的实际参数，如：

```
M= max(c,maxvalue(a,b));     //将maxvalue()作为max()函数的一个参数,与c
                             //比较后,将最大值赋给M
```

在调用函数时，给形参分配存储单元，并将实参的值传递给形参，调用结束后，形参单元被释放，实参单元仍保留并维持原值。

在 C51 语言中，一般情况下，被调用的函数的定义均在 main 函数前面，但如果被调用函数定义在了 main 函数后面，则需提前在 main 函数前面做好声明。例如：

```
   #include<reg51.h>
   #define uint unsigned int
   #define led P1
   void delay(uint);           //先对被调用函数声明

   void main()
   {
      while(1)
      {
       led=0xff;
       delay(20000);
       led=0x00;
       delay(20000);
      }
   }

    void delay(uint i)          //后对被调用函数定义
   {
      while(i--);
   }
```

3. 函数的返回值

函数的返回值通过 return 语句得到，一个函数中可以有 1 个以上的 return 语句，但被调用

语句只返回一个变量，如 maxvalue()只返回变量 c。

函数返回值的类型由定义函数时的类型标识符指定，如上面例子中的 char maxvalue()，函数返回值类型为 char。并不是所有函数都有返回语句，如上面的 void delay()，里面没有 return 语句。像这种没有返回值的函数，定义时的类型标识符就用 void。

注意，定义时没有指定函数的类型标识符与没有返回值不是一个概念，前者是指默认标识符，为 int 类型，而后者为 void 类型，定义时需要加上"void"。

3.6.3　变量的作用域

在 C51 语言中，按照作用域即作用范围，变量可分为局部变量与全局变量。

1. 局部变量

我们把在函数体内声明的变量称为局部变量，它的作用域仅限于函数内部，离开该函数后就是无效的，再使用就会报错。局部变量举例如下。

```
int fun1(int x)              //定义函数fun1
{
  int y,z;
  ……
}

char fun2(char a,char b)
{
  char c;
  ……
}                            //定义函数fun2

void main()
{
  int y,z,n;
  ……
  fun1(i);
  fun2(j,k);
  ……
}                            //主函数
```

在函数 fun1 中，形参 x 与变量 y、z 为此函数的局部变量，即 x、y、z 的作用域限于函数 fun1 内，超出函数 fun1 外的区域无法使用变量 x、y、z。在函数 fun2 中，形参 a、b 与变量 c 为此函数的局部变量，即 a、b、c 的作用域限于函数 fun2 内，超出函数 fun2 外的区域无法使用变量 a、b、c。

主函数中定义的变量也只能在主函数中使用，不能在其他函数中使用，同时，主函数中也不能使用其他函数中定义的变量。因为函数之间的关系是平行的，主函数也不例外。所以这里的变量 y、z、n 的作用域仅限于 main 函数。

读者可能会注意到，我们在 fun1 函数中定义了变量 y 和 z，然后又在 main 函数中定义了一次 y 和 z，这不是重复了吗？单片机怎么知道我们用的是哪个函数中的 y 和 z 呢？这里做个说明，C51 语言中允许在不同的函数中使用相同的变量名，它们代表不同的对象，分配不同的单元，互不干扰且不混淆。

另外，在 main 函数中发生了函数 fun1 与 fun2 的调用。在函数 fun1 的定义中，定义了形参 x，而在函数 fun1 的调用中使用了实参 i，那么 i 的值要传递给 x，i 的作用域是属于函数 fun1 还是 main 函数呢？答案是实参变量 i 属于 main 函数。在 C51 语言中规定：形参变量属于被调用函数的局部变量，实参变量属于主调用函数的局部变量。同理，变量 j、k 属于 main 主调用函数的局部变量。

另外还需注意一种情况，即在复合语句中的变量的作用域。例如：

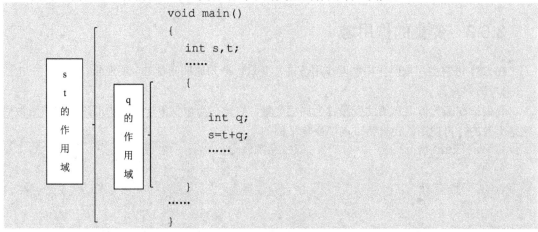

```
void main()
{
    int s,t;
    ......
    {

        int q;
        s=t+q;
        ......

    }
    ......
}
```

此例在复合语句中定义了变量 q，它的作用域仅限于此复合语句内，超出该复合语句范围便无效。而变量 s、t 定义在了 main 函数中，且在复合语句外，作为 main 函数的局部变量，其作用域为整个 main 函数。

2. 全局变量

全局变量是指在函数外部定义的变量，有时也称为外部变量。全局变量不属于哪一个函数，而属于整个源程序文件，它的作用域为从定义该变量的位置到源文件结束。全局变量的示例如下。

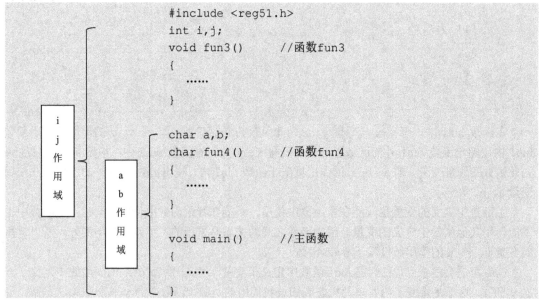

```
#include <reg51.h>
int i,j;
void fun3()        //函数fun3
{
    ......
}

char a,b;
char fun4()        //函数fun4
{
    ......
}

void main()        //主函数
{
    ......
```

此例中的 i、j、a、b 均为在函数外部定义的全局变量，但 a、b 定义在了函数 fun3 之后，所以 a、b 在函数 fun3 内无效。i、j 均定义在源文件最前面，在 fun3、fun4 及 main 函数中均有效。i、j、a、b 的作用域为从定义位置到源文件结束。

那么有的读者可能会想，有没有办法使得 a、b 能在函数 fun3 中起作用呢？

答案是肯定的，之前我们学过的关键字 extern，它的作用就是声明全局变量或函数的作用范围，格式为：

```
extern 数据类型 全局变量;
```

所以本例中可以在函数 fun3 中加入语句 extern char a,b; 即可。

需要注意，全局变量加强了函数之间的联系，但是由于函数依赖这些共同的变量，使得函数的独立性降低，从模块化设计来看是不利的，因此在不必要时尽量不使用全局变量。

另外，在同一源文件中，全局变量与局部变量可以同名，但是在局部变量的作用范围内，全局变量不起作用。

3.6.4　C51 程序的预处理

预处理（或称预编译）是指在进行编译的第一遍扫描（词法扫描和语法分析）之前所做的工作。C51 语言中提供了各种预处理命令，其作用类似于汇编语言中的伪指令。一般情况下，在对 C51 源程序进行编译前，编译器需要先对程序中的预处理命令进行处理，然后将预处理的结果和源代码一并进行编译，最后产生目标代码。

预处理命令要加一个 "#"，其不属于 C51 语句，因此在行末不用加分号，预处理命令通常要放在程序的最前面。在 C51 程序中加入预处理命令可以改善程序结构，提高编译效率。

C51 语言中的预处理命令包括文件包含指令、宏定义指令和条件编译指令。我们重点介绍前两种预处理命令。预处理命令如表 3-10 所示。

表 3-10　预处理命令

指 令 类 型	预处理命令	说　　明
文件包含	#include	用于文件包含
宏定义	#define	用于宏定义
条件编译	#if	用于条件编译
	#else	用于条件编译
	#elif	用于多种条件编译选择
	#endif	用于条件编译
	#ifdef	用于条件编译
	#ifndef	用于条件编译

1. 文件包含指令（#include）

文件包含的作用是将另一个文件的内容复制到包含命令所在的位置，从而将指定的文件和当前的源程序文件连接成一个源文件。文件包含的格式为：

```
#include <文件名>    或    #include "文件名"
```

例如，之前已经讲过的#include <math.h>命令，将头文件 "math.h" 连接到程序中，用于进行数学运算。

又如，#include "yourfile.h"用于引用用户自定义文件 "yourfile.h"，执行相关的功能。

在这两种格式中，使用< >与" "的意义是不同的。使用< >时，程序首先在编译器头文件所在目录下搜索头文件；而使用" "时，程序首先搜索项目文件所在目录，然后再搜索编译器头文件所在目录。

在程序设计中，文件包含是很有用的。一个大程序可以分为多个模块，由多个程序员分别编程。例如，有些公用的符号常量或宏定义等可单独组成一个文件，在其他文件的开头用文件包含命令包含该文件即可使用。这样，可避免在每个文件开头都去书写那些公用符号，从而节省时间，并减少出错。

2.　宏定义指令（#define）

C51 源程序中允许用一个标识符来表示一个字符串，称之为"宏"。被定义为宏的标识符称为"宏名"。在编译预处理时，对程序中所有出现的宏名，都用宏定义中的字符串去替换。宏定义是由源程序中的宏定义命令完成的，宏替换是由预处理程序自动完成的。

在 C51 语言中，宏定义分为无参数宏定义和有参数宏定义两种。

（1）无参数宏定义。

无参数宏的宏名后不带参数，其定义的一般格式为：

```
#define 标识符 字符串
```

其中，"define"为宏定义命令，"标识符"为宏名，"字符串"可以是常数、表达式等。例如：

```
#define PI 3.1415926          //定义PI为3.1415926，即圆周率π
#define MAX_A 500             //定义MAX_A的值为500
#define uint unsigned int     //用uint表示unsigned int
#define uchar unsigned char   //用uchar表示unsigned char
#define W (x*x+3*x)           //所有的表达式(x*x+3*x)都可由W代替
```

无参数宏定义需要注意，宏名一般用大写字母表示，以便于与变量区分；宏定义末尾不必加分号，否则连分号一并替换。

（2）有参数宏定义。

C51 语言允许宏含有参数，在宏定义中的参数称为形式参数，在宏调用中的参数称为实际参数。

有参数宏的宏名后带参数，其定义的一般格式为：

```
#define 宏名(形参列表) 字符串
```

有参数宏调用的一般格式为：

```
宏名(实参列表);
```

在有参数宏定义中，形参不分配内存单元，因此不必进行类型定义。宏调用与函数调用不同，函数调用时要把实参值赋给形参，进行值传递，而在有参数宏中只是符号替换，不存在值传递的问题。

例如：

```
#define IND(a) a+5     //宏定义
b = IND(10);        //宏调用，用实参5代替形参a，经预处理宏展开后的语句为b=10+5
```

有参数宏定义需要注意，宏名和形参表的括号间不能有空格；宏替换只做替换，不做计算，不做表达式求解。

在程序中使用宏可提高程序通用性和易读性，减少不一致性，而且便于程序的修改。

3.7　C51 语言的模块化编程

设计程序的一般过程如下。

首先对问题进行分析，把问题分成几部分，每一部分继续精细化，直至分解成容易求解的小问题，原问题的求解可以用这些小问题的求解来实现。

在 C51 编程中，往往将一个 C 程序分解成多个功能模块，各功能模块可以单独设计，然后将求解的所有子问题的模块组合成求解原问题的程序。这种做法非常适合一些大型实际项目，如小组成员分工合作，每个人负责工程的一部分，A 负责通信模块，B 负责显示模块，C 负责按键模块等，每个人将自己负责的程序写成一个模块，单独调试，留出接口供其他模块调用，最后再组合调试。这就是模块化编程的思想。

模块化编程的好处在于方便程序的调试，有利于程序结构的划分，还能增加程序的可读性和可移植性。

对于 C51 程序，我们初学见到的往往是一个.c 文件，里面包含了各种定义与表达语句，但在以后的深入学习中会发现，经常一个程序中含有几百行代码，这样的几百行代码看起来让人眼花缭乱，可读性非常差，而且出现错误很难进行修改。这时就可以使用模块化编程，将一个程序分成多个.c 文件和.h 文件，这就是模块化的实现方法。

模块化编程的基本思路如图 3-12 所示。

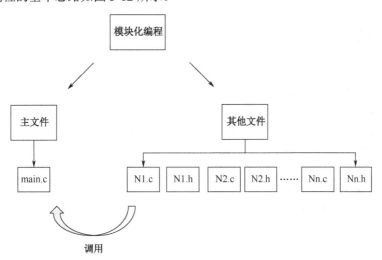

图 3-12　模块化编程的基本思路

实际上，模块化编程就是模块合并的过程，就是建立每个模块的头文件和源文件并将其加入到主程序的过程。main.c 与其他文件之间是通过调用取得联系的，需要使用函数调用和 #include<>文件包含指令。

模块和函数的关系是：将程序分成功能模块，功能模块则由一个或多个函数实现。

通过一个例子来感受一下模块化编程：实现 P0 口的 8 个 LED 每两个一组循环亮灭。

普通做法是将程序放入一个 main.c 文件中。

```
#include <reg51.h>
#define uchar unsigned char
```

```
#define uint unsigned int
void delayms()
{
uint i,j;
for(i=1000;i>0;i--)
 for(j=110;j>0;j--);


}

void LED_display()
{
   P0=0xfc;
   delayms();
   P0=0xf3;
   delayms();
   P0=0xcf;
   delayms();
   P0=0x3f;
   delayms();
}
void main()
{
 P0=0xff;
 delayms();
 while(1)
 {
 LED_display();
 }
}
```

模块化编程方法是使用多个.c 与.h 文件分工完成各自功能。

我们建立 led.c、led.h、delay.c、delay.h、mytype.h、main.c 这 6 个文件。

led.c 文件：

```
#include <reg51.h>
#include "delay.h"
#include "mytype.h"

void LED_init()
{
   P0=0xff;
   delayms();
}
void LED_display()
{
   P0=0xfc;
   delayms();
   P0=0xf3;
   delayms();
```

```
    P0=0xcf;
    delayms();
    P0=0x3f;
    delayms();
}
```
　　　　　// led.c文件定义了P0口LED初始化函数与显示函数

led.h 文件：
```
#ifndef _LED_H_
#define _LED_H_

extern void LED_init();
extern void LED_display();
#endif
```
　　　// led.h文件为接口描述文件，是main.c与led.c连接的接口

delay.c 文件：
```
#include <reg51.h>
#include "mytype.h"
#include <intrins.h>

void delayms()
{
    uint i,j;
    for(i=1000;i>0;i--)
    for(j=110;j>0;j--);
}
```
　　　//delay.c为延时函数文件

delay.h 文件：
```
#ifndef _DELAY_H_
#define _DELAY_H_

extern void delayms();
#endif
```
　　　// delay.h文件为接口描述文件，是led.c与delay.c连接的接口

mytype.h 文件：
```
#ifndef _MYTYPE_H_
#define _MYTYPE_H_

typedef unsigned int uint;
#endif
```
　　　//mytype.h是对数据类型的定义

main.c 文件：
```
#include <reg51.h>
#include "LED.h"

void main()
{
    LED_init();
```

```
    while(1)
    {
      LED_display();
    }
}
            //main.c是对其他文件的调用
```

通过以上对比可以看出，将所有代码放到一个.c 文件中使得源文件中的程序臃肿杂乱，不利于修改与移植，而模块化编程使系统程序结构化，各部分只需实现各自的功能，预留接口以便其他文件调用即可，增强了文件的可移植性，并且方便检查错误与进行程序修改。

第4章 单片机最小系统设计

4.1 最小系统原理图绘制

常见的绘制电路原理图的软件有 Protel、Altium Designer、Power PCB 等，其中 Altium Designer 是由 Protel 软件开发商 Altium 公司推出的一体化的电子产品开发系统，主要运行于 Windows 操作系统。与原先的 Protel 软件相比，Altium Designer 操作界面更加人性化，Altium Designer 的使用让电子设计人员能够高效、快捷地完成电路的设计。

Altium Designer 的主要功能如下。

（1）电路原理图设计：SCH、SCHLIB、各种文本编辑器。电路原理图是说明电路中各个元器件的电气连接关系的图纸。

（2）印制电路板设计：PCB、PCBLIB、电路板组件管理器。印制电路板是用来安装、固定各个实际电路元器件并利用铜箔走线实现其正确连接关系的一块基板。

（3）FPGA 及逻辑器设计。

（4）在线仿真与调试。

本节主要介绍使用 Altium Designer 14 绘制单片机最小系统原理图，主要包括 STC89C51 单片机、电源接口、复位电路、晶振电路及点亮 LED 电路。通过单片机最小系统的绘制，让读者了解使用 Altium Designer 14 绘制电路原理图的基本方法，想要熟练掌握 Altium Designer 14 这一强大的电路设计工具，需要读者多动手练习。

1. 新建工程

打开 Altium Designer 14 软件，进入 Altium Designer 主界面，如图 4-1 所示。

图 4-1　Altium Designer 主界面

　　选择【DXP】→【Preference】，弹出如图 4-2 所示参数设置对话框，找到【System】→【General】→【Localization】，然后勾选【Use localized resources】前面的复选框，单击【Apply】按钮后再单击【OK】按钮，即可将软件进行本地化，将软件语言设置为中文，重启软件后生效。

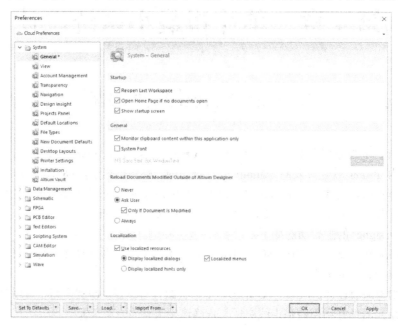

图 4-2　参数设置对话框

　　重新打开软件，选择【File】→【New】→【Project...】，弹出新建工程对话框，如图 4-3 所示。在【Name】处可更改工程的名称，在【Location】处选择保存工程的位置，其他保持默认参数，然后单击【OK】按钮，新建工程完毕。

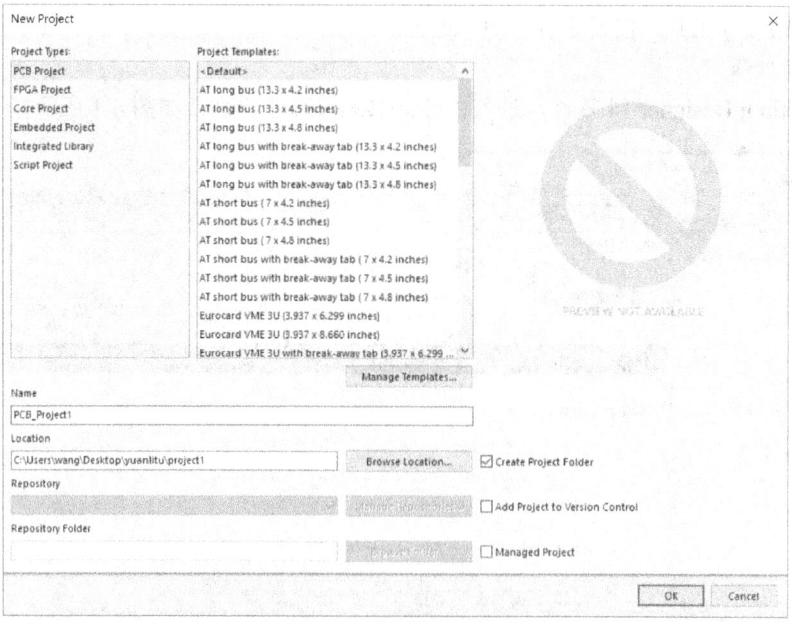

图 4-3　新建工程对话框

　　此时在左侧快捷菜单栏中可看到刚刚新建的工程 PCB_Project1.PrjPcb，右击此工程，选择【Add New to Project】→【Schematic】，即可建立一个新的原理图文档。按照此步骤重复进行，选择【Add New to Project】→【PCB Library】、【Add New to Project】→【Schematic Library】。这样就建立了三个文档，依次右击每个文档，选择【Save】进行保存，可以修改文档名称，但不可以修改文档后缀。保存完毕后，右击 PCB_Project1.PrjPcb 工程，选择【Save Project】，工程保存完毕。此时一个工程已经建立好了，工程的信息如图 4-4 所示。

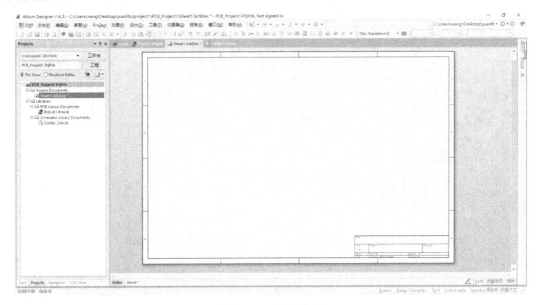

图 4-4　工程的信息

　　图中可分为三个区域，最上方的区域为菜单栏，左侧区域为工程信息栏，右侧区域为工作空间。

　　菜单栏的功能是对工程进行编辑与设计，如放置引线、端口，撤销上一步等操作。

　　工程信息栏的功能是对工程所包含文档进行展示，通过单击不同文档，切换其对应的工作空间。其中 Sheet1.SchDoc 为原理图文件，PcbLib1.PcbLib 和 Schlib1.SchLib 分别为元件封装库文件和元件库文件，这两个库不是必需的，建立这两个库的目的是当用户所需要的元件和封装在软件所带的库中没有时，用户可以自己绘制所需要的元件和封装。尽管绘制的过程比较烦琐，但是在下次设计中再遇到这种没有元件和封装的情况时，就可以使用自己绘制的元件和封装的库了。

　　工作空间就是绘制原理图和 PCB 版图的地方，用户所做的工作几乎都在这个位置进行。

　　2. 添加元件

　　双击原理图文件 Sheet1.SchDoc，进入原理图绘制界面，如图 4-4 所示。在窗口右侧有一个按钮【库…】，单击它后弹出库列表，如图 4-5 所示，默认含有两个元件库：【Miscellaneous Devices】和【Miscellaneous Connectors】。这两个库中含有常用的元件，由于默认的初始库所含元件并不全面，所以需要用到自己创建的库或从其他地方下载的库，单击【Libraries…】按钮，然后在弹出的对话框中单击【添加库】按钮，即可从计算机文件夹中进行库的选择与添加，如图 4-6 所示。

　　（1）添加电源接口。

　　单击【库…】按钮，在弹出的对话框中选择【Miscellaneous Connectors】，从下拉菜单中选择【Header 2】，Header 2 为电源接口的标签，这时可看到电源接口的模型图，鼠标左击【Header

2】并按住不动即可将此元件拖曳到原理图工作空间中，如图 4-7 所示。通过左击拖曳即可随意调整元件的位置，按空格键可以进行元件的旋转。另外，鼠标左击元件的同时，按键盘上的 X 键可沿 X 轴镜像该元件，按键盘上的 Y 键可沿 Y 轴镜像该元件。

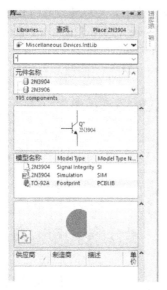

图 4-5　库列表

图 4-6　添加库

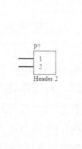

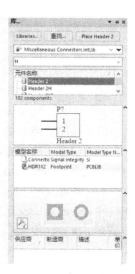

图 4-7　添加元件

库列表中第二个框中有个*号，可通过更改*号在库中快速搜索到需要的元件。有的读者可能会发现右侧没有【库...】按钮，这时需要选择最上方菜单栏中的【设计】→【浏览库】，然后在界面的右侧就会出现【库...】按钮了。

元件的位置摆好后，双击此元件，弹出元件参数设置对话框，如图 4-8 所示，一般我们只是对其进行【Designator】即标签代号的更改。例如，我们在 Designator 处将代号 P? 改名为 Dianyuan，单击【OK】按钮完成。

图 4-8　元件参数设置对话框

（2）添加 STC89C51 单片机。

【Miscellaneous Devices】和【Miscellaneous Connectors】这两个库中并没有单片机元件，需要自己在 Schlib1.SchLib 元件库文件中绘制。如果用户有单片机元件的库，则直接添加库即可。

3．制作元件库

双击左侧工程信息栏的 Schlib1.SchLib 元件库文件，工作空间切换到绘制元件界面，如图 4-9 所示。

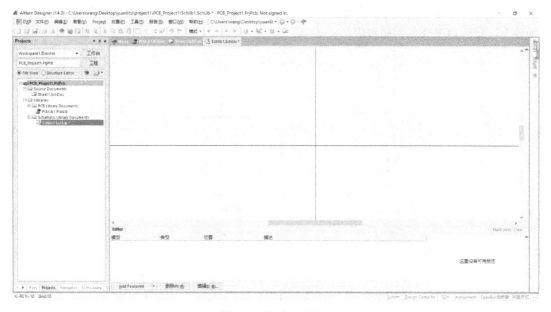

图 4-9　绘制元件界面

（1）选择【工具】→【重新命名器件】，弹出重命名对话框，将新元件重命名为 STC89C51，单击【确定】按钮。

（2）选择【放置】→【矩形】，此时将鼠标指针移到工作空间，即可看到有一个矩形吸附在鼠标指针上，找好位置后，鼠标左击放置矩形，右击取消这一状态。放置好矩形后，可使用鼠标左击选中矩形，拖曳其边缘进行高度调整和宽度调整。另外，双击矩形，可调整其属性，如颜色、宽度、位置等。选择工程信息栏右下角的【SCH Library】，结果如图 4-10 所示。

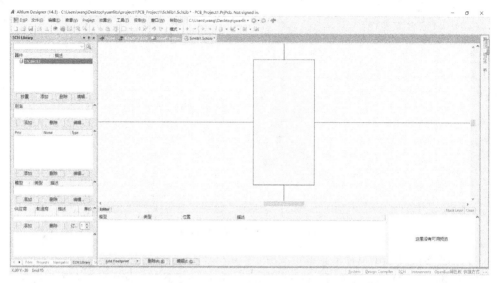

图 4-10　绘制矩形

（3）选择【放置】→【引脚】，为元件添加引脚。引脚放置在矩形上之前按下 Tab 键即可修改引脚的属性，另外，引脚放置在矩形上后双击引脚也可修改引脚的属性。我们将第一个引脚的【显示名字】修改为 P1.0，【标识】改为 1，其他参数为默认值，然后单击【确定】按钮，如图 4-11 所示。显示名字为对引脚功能的注释，最好按标准起名；引脚标识为引脚的序号，不能随便写，要与 PCB 上的封装对应。

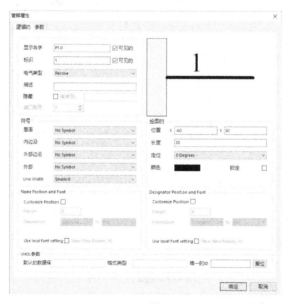

图 4-11　引脚属性的修改

（4）将引脚移动到矩形左上角，鼠标左击放置。然后鼠标左击选中矩形，按键盘上的空格键进行引脚方向的调整，一定要将引脚标识放置在矩形外面，引脚显示名字放置在矩形内部，如图 4-12 所示。否则，生成 PCB 时，无法与封装对应。

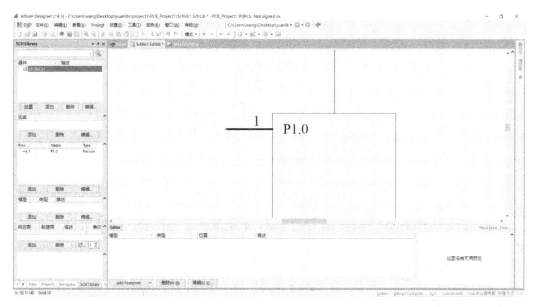

图 4-12　添加第一个引脚

（5）接着选择【放置】→【引脚】，序号会自动递增，只需修改引脚名称，依次添加单片机其他引脚。绘制好的 STC89C51 元件库如图 4-13 所示。

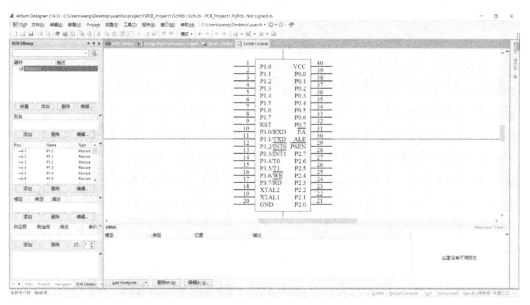

图 4-13　STC89C51 元件库

（6）单击界面上方菜单栏的保存按钮 ，保存文件和工程。单击界面右侧的【库…】按钮，从下拉菜单中选择 Schlib1.SchLib 元件库，即可看到里面含有单片机元件 STC89C51，如图 4-14 所示。

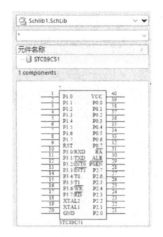

图 4-14　库中含有单片机元件

以上为绘制 STC89C51 单片机元件的步骤，其他最小系统所需元件都在【Miscellaneous Devices】和【Miscellaneous Connectors】这两个库中，我们只需要找到它们，将它们添加到原理图中，对其设置序号、修改名称、摆放位置，然后使用菜单工具栏放置线 ≈ 连接电路即可。菜单工具栏如图 4-15 所示。单击 ≈，鼠标左击元件的一端，然后移动鼠标再次左击需要连接的另一端，即可将元件连接起来。

除了需要用到连接线 ≈，我们还需要使用工具栏中的 和 放置电源和地。另外，当电路图比较复杂时，还会使用网络标号 ，它的作用是用网络标号来代替导线，相同的网络标号之间等同于导线连接关系。

图 4-15　菜单工具栏

最后连接完成的单片机最小系统电路原理图如图 4-16 所示。

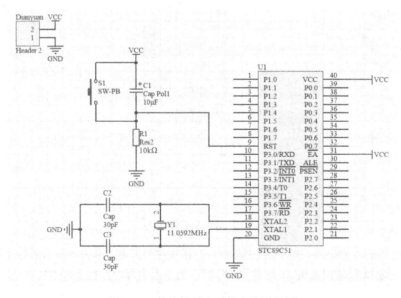

图 4-16　单片机最小系统电路原理图

单片机最小系统电路元件信息及所在库如表 4-1 所示。

表 4-1 单片机最小系统电路元件信息及所在库

序 号	库元器件名	注释/参数值	所 在 库
C1	Cap Pol1	10μF	Miscellaneous Devices.IntLib
C2	Cap	30pF	Miscellaneous Devices.IntLib
C3	Cap	30pF	Miscellaneous Devices.IntLib
R1	Res2	10kΩ	Miscellaneous Devices.IntLib
S1	SW-PB	SW-PB	Miscellaneous Devices.IntLib
Y1	XTAL	11.0592MHz	Miscellaneous Devices.IntLib
Dianyuan	Header2	Header 2	Miscellaneous Connectors.IntLib
U1	STC89C51	STC89C51	Schlib1.SchLib

原理图绘制完成后，我们要对其进行编译，检查错误。鼠标右击原理图文件，选择【Compile Document Sheet1.SchDoc】，开始对文件进行编译，查看编译信息选择右下角【System】→【Messages】，如图 4-17 所示。系统对原理图编译的结果如图 4-18 所示。

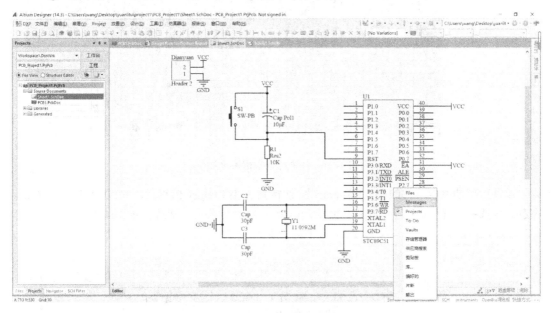

图 4-17 查看编译信息

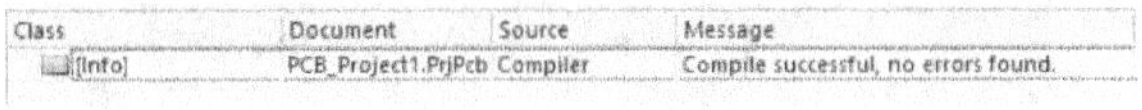

图 4-18 编译结果

从编译结果中可以看出，信息显示为 "Compile successful,no errors founds"，这说明原理图编译成功，无错误，下一步就可以进行 PCB 的设计了。

4.2　最小系统 PCB 设计

PCB 封装库中没有 STC89C51 的封装，所以我们首先要为它添加一个封装。

1. 绘制 STC89C51 的封装

双击打开自建的封装库【PcbLib1.PcbLib】，其初始化界面如图 4-19 所示。

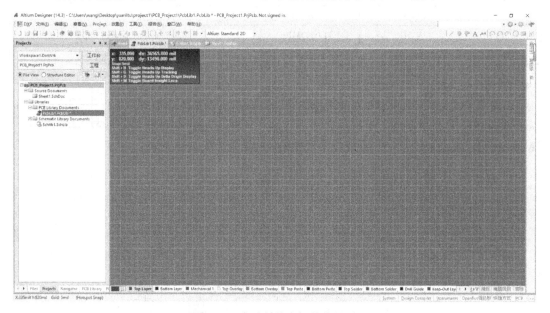

图 4-19　自建封装库初始化界面

单击工程信息栏下方的【PCB Library】，切换到 PCB Library 信息栏，在信息栏空白处右击，在列表中选择【元件向导】，如图 4-20 所示。进入 PCB 器件向导界面，如图 4-21 所示。

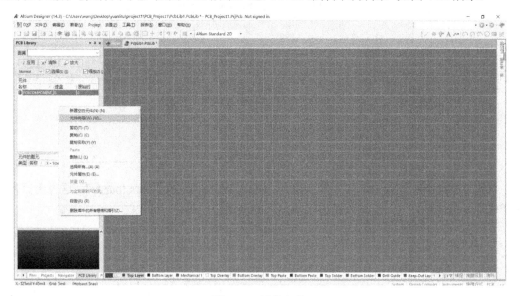

图 4-20　元件向导

图 4-21　PCB 器件向导界面

　　然后单击【下一步】按钮，弹出器件图案对话框。由于我们要创建的是 PDIP 封装形式的 51 单片机，所以在器件图案中选择【Dual In-line Packages(DIP)】，即 DIP 形式的模型，下面的选择单位为【Imperial(mil)】，如图 4-22 所示。

图 4-22　选择器件图案及尺寸单位

　　单击【下一步】按钮，进入焊盘尺寸编辑对话框。经查阅 STC 官网的 STC89C51 参考手册，得知其焊盘的孔径为 21mil（实际设计时可比手册值稍大，以便于安装），外径为 50mil，如图 4-23 所示。

　　单击【下一步】按钮，进入焊盘间距编辑对话框。经查阅 STC 官网的 STC89C51 参考手册，得知它的焊盘纵向间距即同列的相邻两引脚间距为 100mil，横向间距即两列引脚的间距为 600mil，如图 4-24 所示。

　　单击【下一步】按钮，进入外框宽度编辑对话框。默认外框宽度为 10mil，如图 4-25 所示。

　　单击【下一步】按钮，进入焊盘数目编辑对话框。由于 STC89C51 是 PDIP-40 封装，所以这里选择 DIP 的焊盘总数为 40，即左侧 20 个引脚，右侧 20 个引脚，如图 4-26 所示。

单击【下一步】按钮，编辑 DIP 名称为 C51，如图 4-27 所示。单击【下一步】按钮，在弹出对话框中单击【完成】按钮。

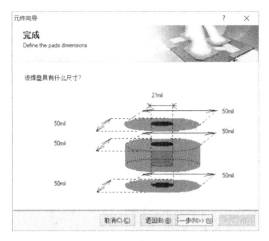

图 4-23　编辑焊盘尺寸

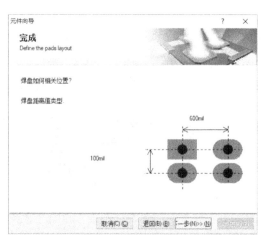

图 4-24　编辑焊盘间距

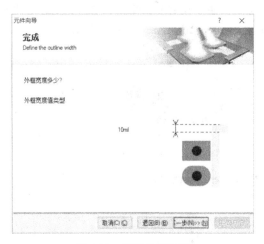

图 4-25　编辑外框宽度

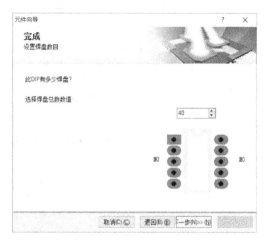

图 4-26　编辑焊盘数目

图 4-27　编辑 DIP 名称

STC89C51 的封装已经创建完成，在左侧 PCB Library 信息栏中可以看到多了一个元件，名称为 C51，焊盘为 40，右侧工作空间可看到其封装，如图 4-28 所示。

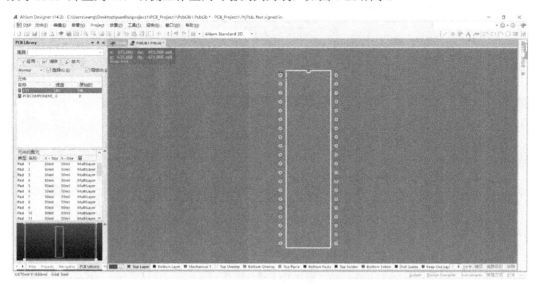

图 4-28　STC89C51 封装图

保存此封装，C51 封装就绘制好了。下面将此封装与原理图上的单片机建立链接，即将其添加到单片机属性中。

双击打开原理图文件【Sheet1.SchDoc】，找到 STC89C51 单片机，双击单片机，弹出属性设置对话框，单击【Add...】按钮，在弹出的对话框中选择【Footprint】，如图 4-29 所示。

图 4-29　添加模型

单击【确定】按钮，弹出 PCB 模型选择对话框，单击名称后面的【浏览】按钮，从弹出的对话框中选择【C51】，如图 4-30 所示。

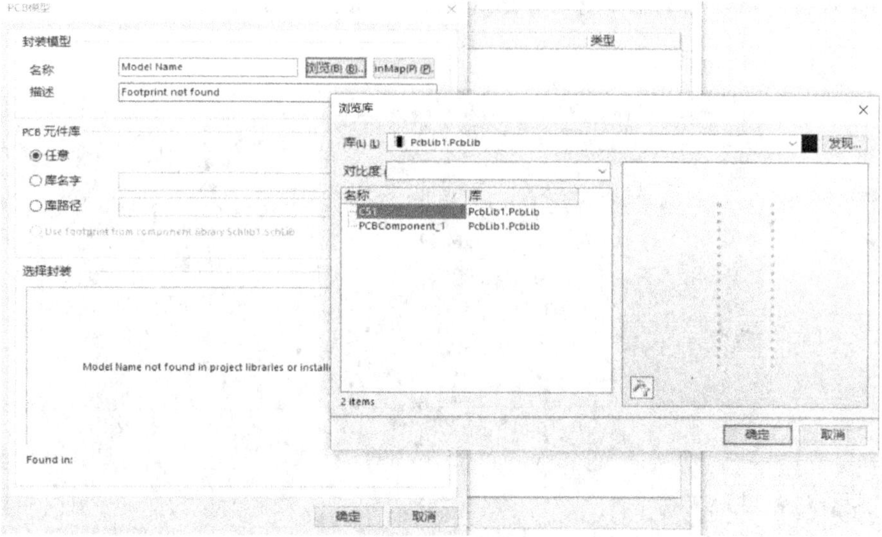

图 4-30　模型选择

　　单击【确定】按钮后，回到如图 4-31 所示对话框，封装模型中的名字为我们选择的 C51，描述为空，我们可以对其添加文字用于说明模型的作用，其他参数不更改。

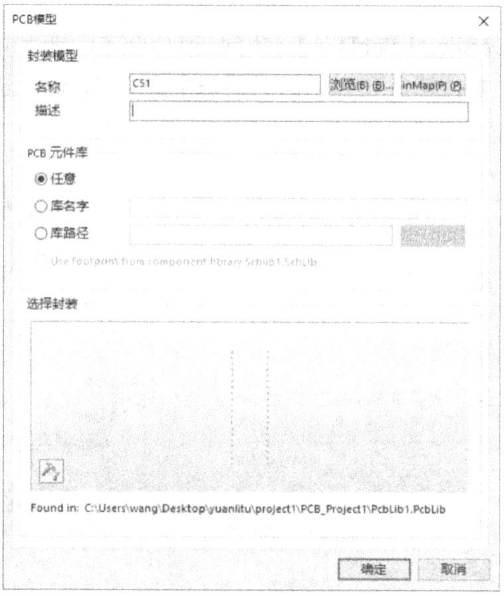

图 4-31　PCB 模型对话框

　　单击【确定】按钮后，又回到了单片机属性设置对话框，这时我们可以发现，在右下方框中已经添加了 C51 模型，如图 4-32 所示，单击【OK】按钮完成。

　　保存原理图，再次对其进行编译，检查错误。编译信息为 "Compile successful,no errors founds"，则表示编译成功，无错误。

图 4-32　添加了 C51 模型后的属性对话框

2. 生成 PCB

首先新建一个 PCB 文件。与建立原理图类似，右击此工程，选择【Add New to Project】→【PCB】，即可建立一个新的 PCB 文件。

然后单击保存按钮 ⊡ 或使用快捷键【Ctrl+S】，弹出文件保存对话框，可以修改文件名称，但不可以修改文件后缀，我们命名此 PCB 文件为 PCB1.PcbDoc。然后右击工程【PCB_Project1.PrjPcb】，选择【Save Project】。

双击 PCB 文件【PCB1.PcbDoc】，PCB 初始化界面如图 4-33 所示。

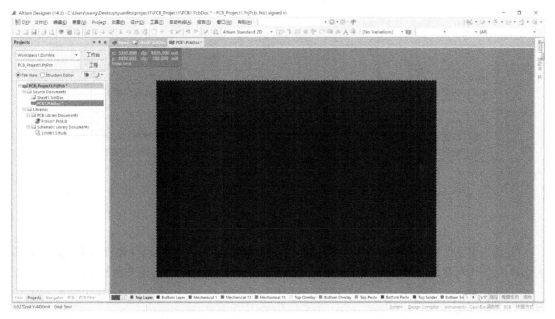

图 4-33　PCB 初始化界面

选择菜单栏中的【设计】→【Update Schematics in PCB_Project1.PrjPcb】，在弹出的对话框中单击【Yes】按钮，打开如图 4-34 所示对话框。

此步操作是对原理图的更新，由于我们是第一次将原理图生成 PCB，所以此对话框没有更改选项，直接单击【关闭】按钮。但若我们将原理图生成 PCB 之后，又对原理图做了更改，则执行此步操作时，在弹出的对话框中会出现【生效更改】与【执行更改】按钮。

选择菜单栏中的【设计】→【Import Changes From PCB_Project1.PrjPcb】，弹出如图 4-35 所示对话框。

图 4-34　工程更改

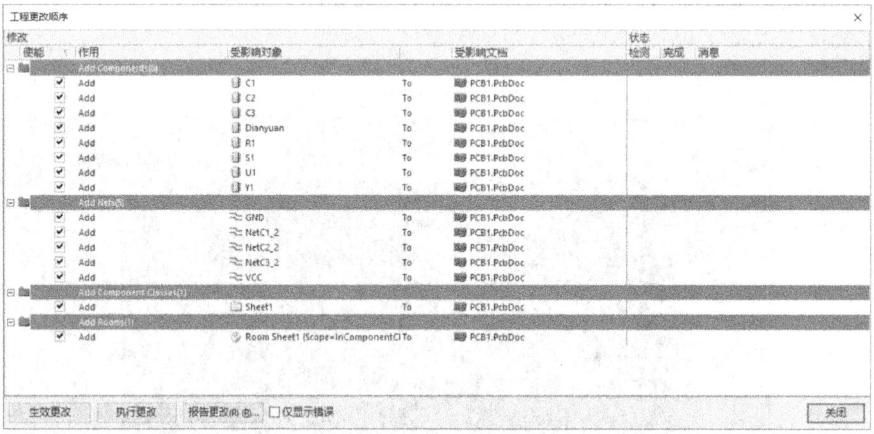

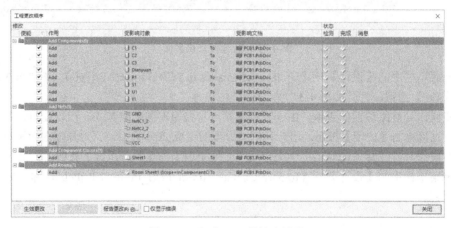

图 4-35　工程更改顺序

先单击【生效更改】按钮，再单击【执行更改】按钮，用以更新工程并检查错误，如图 4-36 所示。从图中可看出，由原理图生成 PCB 的过程没有发生错误，单击【关闭】按钮即可。

图 4-36　生成 PCB 并检查错误

　　至此，可以看到原理图中的所有元件都被一个阴影层包围，如图 4-37 所示。单击阴影层，
按下键盘上的 Delete 键将阴影删除，

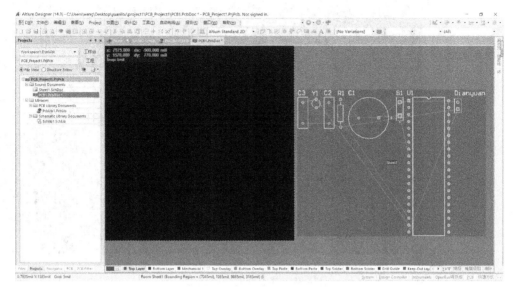

图 4-37　导入元件之后的 PCB

　　此时的所有元件均在工作空间外，用鼠标将所有元件拖曳到 PCB 工作空间中，然后双击元
件，即可进入元件参数调整界面，这里主要是对元件及其标识进行旋转，修改其旋转角度，如
图 4-38 所示。

　　另外，元件标识的旋转可通过鼠标左击标识名，这时会出现一个带端点的下画线，直接旋
转端点即可旋转标识。

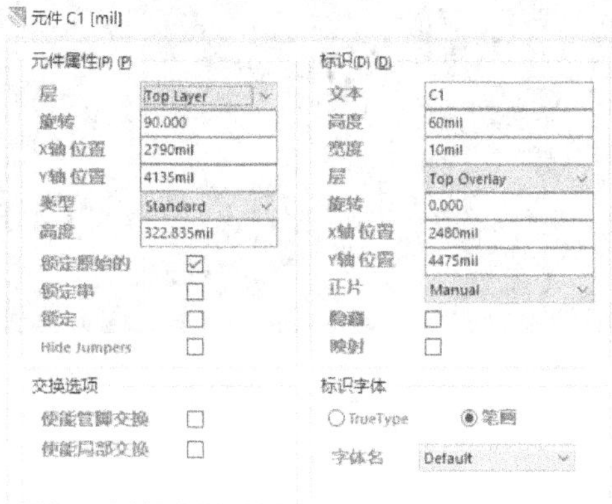

图 4-38　修改元件的旋转角度

调整好元件的位置及旋转角度的 PCB 如图 4-39 所示。

　　然后，需要为 PCB 设置一个边框，限制其尺寸。选择下方布线层的【Keep-Out Layer】即
禁止布线层，然后选择菜单栏中的【放置】→【走线】，此时鼠标指针在 PCB 工作空间中的状
态变为一个十字线，每单击一次则可以固定一个点，我们绘制一个矩形框，如图 4-40 所示。

　　禁止布线层的作用是限制布线的范围，当自动布线时，系统连接元件时会自动把布线的范
围控制在矩形框中；当手动布线时，布线如果靠近矩形框，则会出现绿色线警告，并且此时的

布线方向也会受到限制。

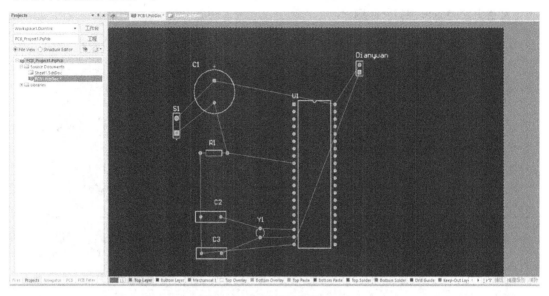

图 4-39　摆放好元件的 PCB

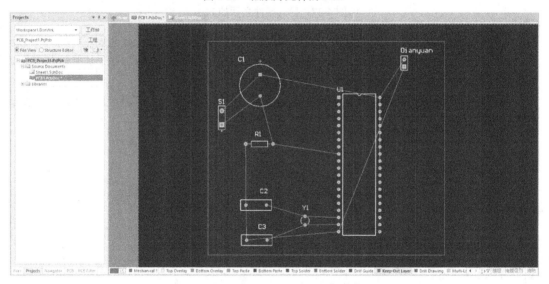

图 4-40　为 PCB 绘制矩形框

3. 设置布线电气特性

在 PCB 界面下选择菜单栏中的【设计】→【规则】，我们只设置电气规则【Electrical】和布线规则【Routing】。

首先设置电气规则，选择【Electrical】→【Clearance】→【Clearance】，将最小间隔设为 20mil，即导线间的最小距离为 20mil，超出则会出现绿色线警告，如图 4-41 所示。

然后设置布线规则，选择【Routing】→【Width】→【Width】，将线宽设置为 20mil，如图 4-42 所示。

在【Routing】→【Width】下新建两个规则，分别为 WidthVCC 和 WidthGND，用于设置 VCC 网络和 GND 网络的线宽，如图 4-43 所示。线宽设置为 40mil，如图 4-44 和图 4-45 所示。

图 4-41　最小间隔设置

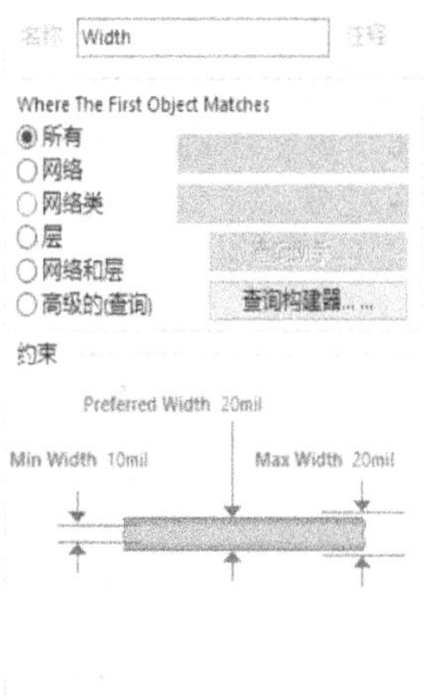

图 4-42　线宽设置

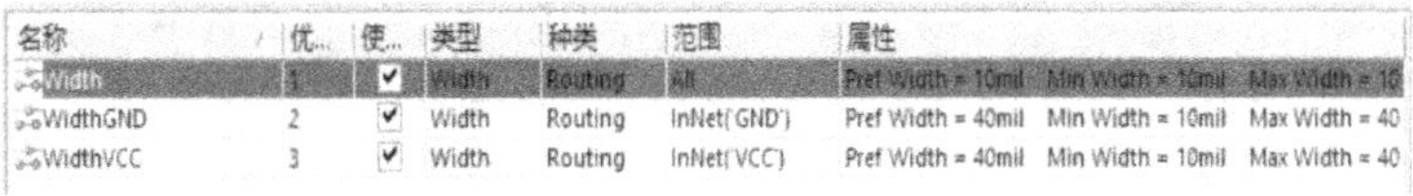

名称	优...	使...	类型	种类	范围	属性
Width	1	✓	Width	Routing	All	Pref Width = 10mil　Min Width = 10mil　Max Width = 10
WidthGND	2	✓	Width	Routing	InNet(GND')	Pref Width = 40mil　Min Width = 10mil　Max Width = 40
WidthVCC	3	✓	Width	Routing	InNet(VCC')	Pref Width = 40mil　Min Width = 10mil　Max Width = 40

图 4-43　新建 VCC 与 GND 网络的规则

图 4-44　VCC 网络线宽设置

图 4-45　GND 网络线宽设置

最后，选择【Routing】→【Placement】→【Component Clearance】→【Component Clearance】，将元件的最小水平间距和最小垂直间距均设置为 20mil，如图 4-46 所示。

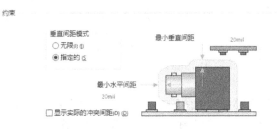

图 4-46　元件最小间距设置

4. 自动布线

在 PCB 界面下选择菜单栏中的【自动布线】→【全部】，弹出如图 4-47 所示对话框。直接单击【Route All】按钮，开始自动布线。

图 4-47　启动自动布线

自动布线后的 PCB 如图 4-48 所示。

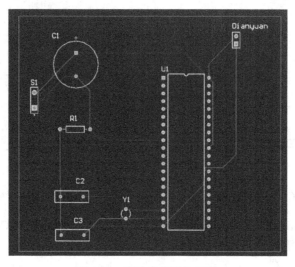

图 4-48　自动布线后的 PCB

从图 4-48 中可看出，自动布线的走线较乱，不够美观。这就是自动布线的特点：布线速度快，但走线较乱，原理图正确则 PCB 正确。

5. 手动布线

首先取消自动布线，选择菜单栏中的【工具】→【取消布线】→【全部】。然后选择【Top Layer】或【Bottom Layer】，用于不同层面的布线。这里正常布线时选择【Bottom Layer】层即蓝色线，当出现线的交叉时，选择【Top Layer】层即红色线。

单击交叉式布线连接按钮 进行手动布线，手动布线的 PCB 如图 4-49 所示。

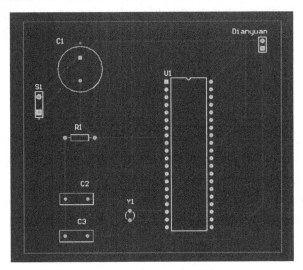

图 4-49 手动布线的 PCB

绘制完成后，进行设计规则检测，选择菜单栏中的【工具】→【设计规则检测】，弹出对话框，如图 4-50 所示。单击【运行 DRC】按钮，检测结果如图 4-51 所示。

图 4-50 运行设计规则检测

图 4-51 检测结果

检测结果中含有不合格之处，不合格信息为 Silk To Solder Mask，即丝印与焊盘间距太小，这个问题可以忽略，最小系统 PCB 设计完成。

值得说明的是，这里最小系统 PCB 的设计仅考虑完成其功能部分，重点介绍了设计流程。实际上 PCB 设计是电子系统设计中的重要环节，内容众多，进一步的设计要求可参考相关资料。

4.3　软件平台 Keil 的使用

单片机中除了学习硬件外，同样离不开软件的学习。Keil 是目前很流行的开发微控制器（MCU）的软件，Keil 提供了包括 C 编译器、库管理、仿真调试器等在内的完整开发方案，通过一个集成开发环境 μVision 将这些功能组合在一起。

Keil C51 是 Keil 公司出品的 51 单片机 C 语言开发软件，它提供了丰富的库函数和功能强大的集成开发调试工具，可以完成编辑、编译、连接、调试、仿真等整个开发流程。接下来我们以 Keil C51 的集成开发环境 μVision5 为例进行单片机软件的学习。

4.3.1　Keil μVision5 的下载与安装

首先打开 Keil 官网，从【Download】→【Product Downloads】中选择 C51，填写注册信息并提交后，页面中会出现一个 C51 的下载链接，本书下载的是 C51V960A.EXE，将此文件下载到计算机中。

下载完毕后，计算机中会有一个 C51V960a.EXE 的安装文件，双击此安装文件，在弹出界面中单击【Next】按钮，进入软件协议界面，勾选【I agree to all the terms of the preceding License Agreement】复选框，如图 4-52 所示。

单击【Next】按钮，进入软件安装路径选择界面，如图 4-53 所示。

图 4-52　接受软件协议

图 4-53　软件安装路径选择

单击【Next】按钮，进入用户信息填写界面，如图 4-54 所示。

继续单击【Next】按钮，软件开始安装，如图 4-55 所示。

软件安装完成后，进入如图 4-56 所示界面，取消【Show Release Notes】与【Add example projects to the recently used project list】复选框的选中状态，单击【Finish】按钮完成 Keil μVision5 的安装。

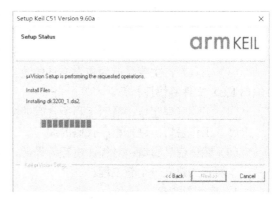

图 4-54　用户信息填写　　　　　　　　图 4-55　软件正在安装

图 4-56　软件安装完成

4.3.2　建立工程

双击安装完成的 Keil μVision5，打开软件，Keil μVision5 集成环境初始化界面如图 4-57 所示。

图 4-57　Keil μVision5 集成环境初始化界面

Keil μVision5 集成环境初始化界面分为 6 部分。

（1）标题栏：显示工程的名称与所在位置。

（2）菜单栏：主要功能为文件的建立、保存、编辑，工程的建立、调试，窗口的排列等。

（3）工具栏：主要功能为包含文件的建立与保存，操作的撤销与恢复，编译调试，仿真，输出 HEX 文件等快捷按钮。

（4）工程管理窗口：显示工程所含有的文件信息，如.c 和.h 文件等。

（5）工作窗口：进行程序代码的编写。

（6）编译信息窗口：对程序进行编译后，在此处显示错误与警告信息。

下面开始建立一个新工程。

1. 建立新工程

选择菜单栏中的【Project】→【New μVision Project】，弹出工程命名与保存对话框，如图 4-58 所示。因为一个工程中含有很多小文件，所以通常将一个工程保存到一个独立的文件夹下。在此给工程起名为 test，文件的保存类型为默认的.uvproj 即可，单击【保存】按钮。

2. 选择器件

保存后弹出微控制器（单片机）选择对话框，选择【Microchip】下的【AT89C51】，如图 4-59 所示。这里需要注意，Keil 软件中没有提供 STC 系列单片机的微控制器，虽然我们使用的是宏晶公司的 STC 系列单片机，但这里选择的是 Atmel 公司的 AT 单片机，不管哪个品牌的单片机，只要是以 8051 为核心的 51 单片机，系统就能够兼容。从右边的【Description】中可看到对所选器件结构的描述，单击【OK】按钮。

图 4-58　建立工程　　　　　　　　　　　图 4-59　选择单片机

这时会弹出一个对话框，如图 4-60 所示，询问是否将"STARTUP.A51"复制到项目文件夹并将文件添加到项目中。STARTUP.A51 是 8051 的启动代码，主要用来对 CPU 数据存储器进行清零，并初始化硬件和重入函数堆栈指针等，可以根据实际需要进行添加，我们这里单击【否】按钮，不添加。

3. 新建源文件

现在已经创建好了一个空的工程，源代码组【Source Group 1】中没有任何源程序文件，接下来需要给工程新建源文件。

选择菜单栏中的【File】→【New】或单击工具栏的新建文件按钮 ，工作空间中出现了一个名为【Text1】的文本文件，如图 4-61 所示。

单击工具栏的保存按钮，弹出 Text1 文件保存对话框，将其命名为【test.c】，这里的命名我们给其加了后缀.c，表明它是一个 C 程序文件，程序的代码将在这里编写，如图 4-62 所示，单击【保存】按钮。注意这里的 test.c 文件与 test.uvproj 工程同属一个文件夹下。

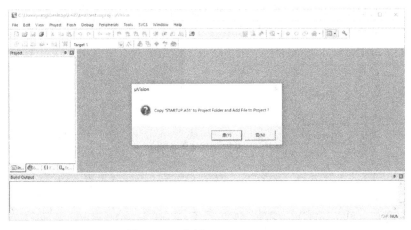

图 4-60　不添加 STARTUP.A51

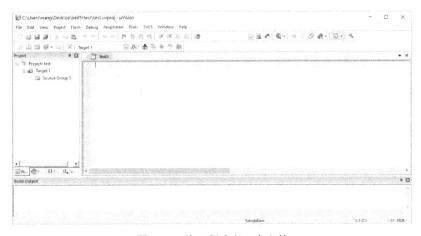

图 4-61　给工程建立一个文件

图 4-62　命名为 test.c 文件

此时已经创建了一个 test.c 文件，但是此 C 文件与工程暂无联系，需要将 test.c 文件添加到工程中去。

4. 给工程添加 C 文件

在工程管理窗口中展开 Project，右击【Source Group 1】，在弹出的快捷菜单中选择【Add Existing Files to Group'Source Group 1'】，如图 4-63 所示。

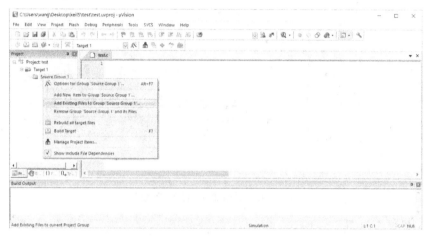

图 4-63　添加 C 文件至工程

然后弹出如图 4-64 所示对话框，在文件中找到需要添加的【test.c】，单击【Add】按钮即可将 test.c 文件添加到 Source Group1 中，然后单击【Close】按钮关闭这个对话框。

图 4-64　添加 test.c 文件

注意，若计算机中已经有创建好的 C 源文件，则可忽略新建源文件，直接进行添加 C 文件操作即可。

此时我们创建好了一个可编写 C 程序的工程，如图 4-65 所示。从标题栏中可看到此工程的位置信息。单击工程管理窗口中的"+"号可将工程展开，能够看到 Source Group1 文件夹下包含了子文件 test.c。

图 4-65　工程建立完毕

4.3.3　程序编译与调试

在 Keil C51 环境下，工程建立好后，需要在 C 源文件中添加程序代码，然后对 C 源文件进行编译、链接与调试，生成可执行文件.hex。

使用到的主要按钮如下。

：编译按钮，编译当前改动的源文件，检查语法错误，但并不能生成.hex 可执行文件。

：链接按钮，只编译工程中上次修改的文件及其他依赖于这些修改过的文件的模块，并对当前编译的文件进行链接，用于生成.hex 文件。按钮含有编译与链接的功能。

：重新链接按钮，编译链接当前工程中的所有文件，用于生成.hex 文件。

：设置工程按钮。

：调试按钮，用于软件仿真调试。

1. 程序编译

双击【test.c】源文件，在工作窗口中编写程序，编写完成后单击工具栏保存按钮，然后单击编译按钮或选择【Project】→【Translate】，对当前文件进行编译，在下方的编译信息窗口中即可看到编译结果信息，如图 4-66（a）所示。

先显示 compiling test.c 正在编译文件，待编译完成后，下面就会提示错误与警告信息，图中显示【0 Error(s)，0 Warning(s)】表示没有错误也没有警告，程序编译成功。

但程序的编写往往是一个不断改进的过程，有时会出现错误信息，如图 4-66（b）所示。

一般情况下错误必须更改，一些不影响功能的警告可以忽略。

从图 4-66（b）中可以看出，我们将程序代码修改，并且编译后，在编译信息中出现了 1 个错误，错误的提示信息为【'led1': undefined identifier】，未定义的标识符 led1。双击错误提示，则可定位到程序中的错误行，定位到了第 14 行，从此行代码中可看到使用了未定义的标识符 led1，我们将其修改为 led，再次编译无错误，无警告。

这种 undefined identifier 错误提示为编程中常见的错误，我们需要定位到关键行，然后耐心查错修改，直至无错误提示为止。

（a）

图 4-66　程序编译

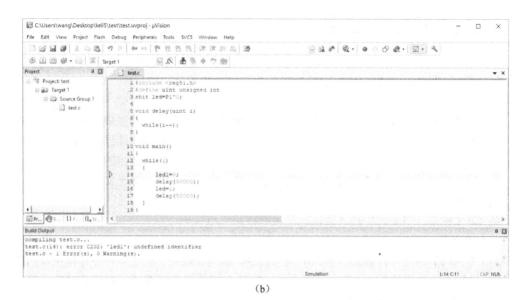

(b)

图 4-66　程序编译（续）

2. 程序链接

编译无误后，单击工具栏中的链接按钮 或选择【Project】→【Build Target】，对编译过的文件进行链接，在编译信息窗口中即可看到链接信息，如图 4-67 所示。链接按钮 包括编译与链接两个功能，可直接单击此按钮代替编译按钮 。

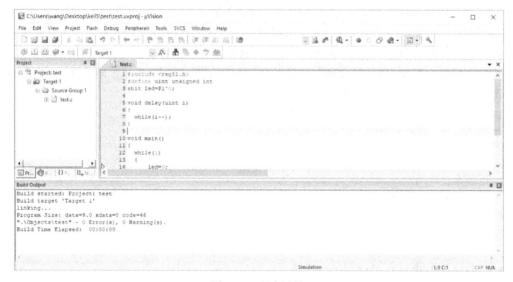

图 4-67　程序链接

从图 4-67 中可以看到链接后的编译信息【Program Size:data=9.0 xdata=0 code=46】，具体来说，data=9.0 代表程序生成的目标代码所占用单片机的内部 RAM 空间为 9.0 字节；xdata 代表片外 RAM 空间，xdata=0 表示没有使用片外 RAM 空间数据；code=46 代表生成的代码大小（即 ROM 空间，这里一般指 Flash）是 46 字节。

另外，重新链接按钮 用于对当前工程中的所有文件进行编译链接。

程序链接成功后，如果不进行仿真调试，则可以生成.hex 文件。单击设置工程按钮 ，弹出设置工程对话框，选择【Output】选项卡，勾选【Create HEX File】复选框，如图 4-68 所示，单击【OK】按钮。

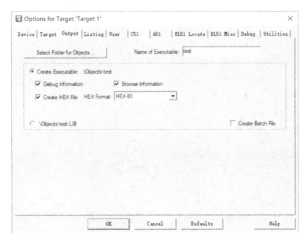

图 4-68　设置工程

然后单击链接按钮 再次进行工程的编译链接，则在编译信息窗口中看到生成 HEX 文件信息，如图 4-69 所示。注意，设置工程后一定要单击链接按钮 ，否则将不会生成 HEX 文件。

图 4-69　生成 HEX 文件

从图 4-69 中可以看到编译链接信息【creating hex file from ".\Object\test"】，显示了创建的 HEX 文件所在位置。在后面对单片机进行烧写程序时，需要用到 HEX 文件。

3. 程序调试

程序编译与链接无错误后，即可进行软件调试与仿真。单击工具栏的调试按钮 或选择【Debug】→【Start/Stop Debug Session】，进入软件调试状态，如图 4-70 所示。

从图 4-70 中可以看出，调试状态下的窗口被分为了 5 个窗口，分别为 Registers 寄存器窗口、Command 调试信息窗口、Disassembly 反汇编窗口、test.c 源文件窗口和 Call Stack 堆栈窗口。另外，还有 Memory 存储器窗口、Watch 变量观察窗口、Serial 串行口窗口等可通过菜单栏中的【View】进行选择。

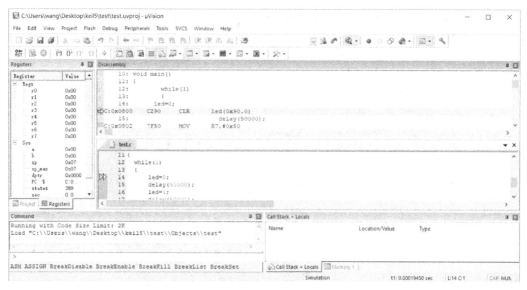

图 4-70   调试状态下的窗口

在软件调试状态下，可以设置断点、单步、全速、进入函数内部运行程序，查看变量变化过程、模拟 I/O 口电平状态变化、查看程序代码执行时间等。用到的按钮主要为工具栏中新增的一些调试按钮，如图 4-71 所示。

图 4-71   调试按钮

![] ：复位 CPU。程序从主函数处重新运行。

![] ：全速运行。运行程序时中间不停止，若遇断点，将执行到断点处。

![] ：停止程序运行。

![] ：单步跟踪。进入子函数内部，每执行一次此命令，程序将运行一条指令。

![] ：单步运行。不会进入子函数内部，把函数和函数调用当成一个实体来看待，以语句为基本执行单元。

![] ：执行返回。跳出当前进入的函数，只有进入子函数内部此按钮才被激活。

![] ：程序运行到当前光标所在行。

![] ：显示/隐藏编译窗口，可以查看 C 语句对应的汇编代码。

![] ：显示/隐藏变量观察窗口，查看变量值的变化状态。

![] ：分析窗口，可用于显示波形。

软件调试的具体使用我们会在后面章节中进行讲述。

4.4   单片机应用——I/O 操作

4.4.1   51 单片机 I/O 口原理介绍

51 单片机内部有 4 个并行的 I/O 口，分别为 P0（P0.0～P0.7）、P1（P1.0～P1.7）、P2（P2.0～

P2.7)、P3（P3.0～P3.7），共 32 个引脚。I/O 口是单片机内部与外设（外部设备）间交换信息的主要通道，可以作为输出口，直接连接输出设备（如发光二极管、数码管、显示器等），也可以作为输入口，直接连接输入设备（如按键）。

单片机与 I/O 外设通信的关系如图 4-72 所示。

P0～P3 口的结构基本相同但又有差别，我们先讲解一下共同之处：数据锁存器（即专用寄存器 P0～P3）、输入缓冲器和输出驱动电路。

（1）数据锁存器——D 触发器。

数据锁存器的图形符号如图 4-73 所示。

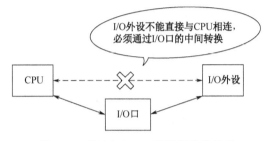

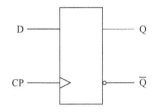

图 4-72　单片机与 I/O 外设通信的关系　　　　图 4-73　数据锁存器的图形符号

对于 D 触发器来说，当 D 输入端有一个输入信号时，如果这时控制端 CP 没有信号（也就是时序脉冲没有到来），那么输入端 D 的数据是无法传输到输出端 Q 及反相输出端 $\overline{Q}$ 的。如果控制端 CP 的时序脉冲到了，那么输入端 D 的数据就会传输到 Q 及 $\overline{Q}$ 端。数据传输过来后，当 CP 端的时序信号消失了，输出端还会保持着上次输入端 D 的数据（即把上次的数据锁存起来了）。如果下一个时序控制脉冲信号来了，那么 D 端的数据才再次传送到 Q 端，从而改变 Q 端的状态。

即当 CP=0 时，Q 保持不变；当 CP 由 0 变 1 时，$Q_{n+1}=D_n$。

D 触发器状态表如表 4-2 所示。

表 4-2　D 触发器状态表

D_n	Q_{n+1}
0	0
1	1

所以 D 触发器具有接收并记忆信号的功能。

（2）输入缓冲器——受控三态门。

输入缓冲器的图形符号如图 4-74 所示。

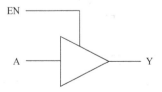

图 4-74　输入缓冲器的图形符号

三态门有三个状态，即在其输出端可以是高电平、低电平，同时还有一种就是高阻态。

控制端 EN=1 时，$Y=A$；控制端 EN=0 时，$Y=Z$。

受控三态门状态表如表 4-3 所示。

表 4-3   受控三态门状态表

EN	A	Y
0	0/1	Z（高阻态）
1	0	0
1	1	1

受控三态门具有对数据传送起协调和缓冲作用的功能。

（3）输出驱动电路——场效应管。

输出驱动电路如图 4-75 所示。

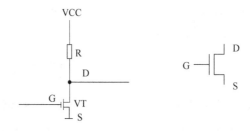

图 4-75   输出驱动电路

这是利用场效应管的工作原理，其中 G 为栅极、D 为漏极、S 为源极，当高电压加在栅极上时，源极和漏极之间导通；当低电压加在栅极上时，源极和漏极之间截止。也就是栅极上的电压相当于桥梁，用于连接源极和漏极，决定它们是否导通。

输出驱动电路的状态表如表 4-4 所示。

表 4-4   输出驱动电路的状态表

栅极 G	漏极 D	VT 的状态
0	1	截止
1	0	导通

输出驱动电路具有反相器的作用。

51 单片机 4 个 I/O 口的工作原理如下。

1. P0 口

P0 口其中一位的结构图如图 4-76 所示，它由一个锁存器、两个三态输入缓冲器和一个输出驱动电路及多路开关组成。P0 口由 8 个这样的电路组成，从图中可以看出，P0 口既可以作为通用 I/O 口用，也可以作为地址/数据总线用。

（1）P0 口作为通用 I/O 口时工作原理如下。

① 作为输出口。

当 P0 口作为输出口使用时，内部总线将数据送入锁存器，CPU 发出控制信号"0"封锁"与"门，将输出上拉场效应管 VT1 截止，同时多路开关 MUX 打向下面，把锁存器与输出驱动场效应管 VT2 栅极接通。

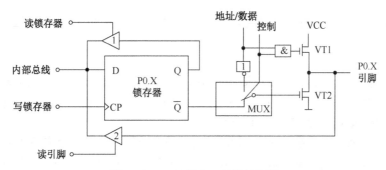

图 4-76　P0 口其中一位的结构图

当 CPU 的写脉冲加在 D 锁存器的 CP 端时，内部总线上的数据开始写入 D 锁存器，并由引脚 P0.X 输出。当锁存器为 1 时，Q 端为 1，$\overline{Q}$ 端为 0（这里主要使用 $\overline{Q}$ 端），场效应管 VT2 截止，输出为漏极开路，必须外接上拉电阻才能有高电平输出（这就是 P0 口为什么要外接上拉电阻的原因），如图 4-77 所示。当锁存器为 0 时，Q 端为 0，$\overline{Q}$ 端为 1（这里主要使用 $\overline{Q}$ 端），场效应管 VT2 导通，P0 口输出低电平。

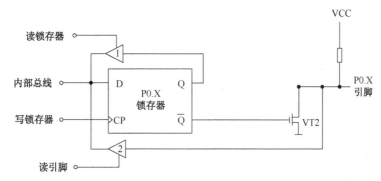

图 4-77　P0 口外接上拉电阻输出高电平

② 作为输入口。

在读输入数据时，由于输出驱动电路并接在 P0.X 引脚上，如果 VT2 导通，就会将引脚输入的高电平拉成低电平，产生误读，所以在端口进行输入操作前，应先向端口锁存器写"1"，使 VT2 截止。

当 P0 口作为输入口使用时，有两种读入方式：读锁存器和读引脚。当 CPU 发出读锁存器指令时，锁存器的状态由 Q 端经上方的三态输入缓冲器 1 进入内部总线；当 CPU 发出读引脚指令时，锁存器的输出状态 Q=1、$\overline{Q}$=0，场效应管 VT2 截止，引脚的状态由三态输入缓冲器 2 进入内部总线。

（2）P0 口作为地址/数据总线时工作原理如下。

在 P0 口连接外部存储器时，CPU 使控制端保持高电平，此时与门打开，控制权交给了地址/数据端，同时控制端的高电平使多路开关 MUX 打向上面，接通非门，VT2 始终保持截止状态，VT1 的状态取决于地址/数据端。此时 P0 口工作在地址/数据分时复用方式：若地址/数据端为 1，则 VT1 导通，P0.X 引脚输出高电平；若地址/数据端为 0，则 VT1 截止，P0.X 引脚输出低电平。即 P0.X 引脚的电平始终与地址/数据端电平相同，这样就将地址/数据的信号输出了。

另外，P0 口作为数据输入时，CPU 会自动向锁存器写"1"，保证 P0.X 不会被误读，保证了数据的高阻抗输入，从外部存储器或 I/O 口输入的数据直接由 P0.X 引脚通过三态输入缓冲器 2 进入内部总线。

总结如下。

P0 口作为通用 I/O 口时，需要外接上拉电阻，引脚不存在高阻抗状态，为准双向口。

P0 口作为地址/数据总线时，不需要外接上拉电阻，为真正的双向口，用作与外部存储器或 I/O 口连接，输出低 8 位地址或输入/输出 8 位数据。

需要知道，准双向口就是作为输入用时要有向锁存器写 "1" 的这个准备动作，具有高、低电平两种状态，所以称为准双向口。真正的双向口不需要任何预操作就可以直接读入、读出，具有高电平、低电平、高阻抗三种状态。

2. P1 口

P1 口其中一位的结构图如图 4-78 所示，它由一个锁存器、两个三态输入缓冲器和一个输出驱动电路组成。P1 口由 8 个这样的电路组成，从图中可以看出，P1 口只能作为通用 I/O 口用。

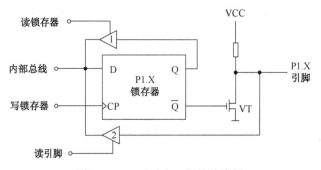

图 4-78　P1 口其中一位的结构图

P1 口工作原理如下。

（1）作为输出口。

P1 口工作在输出方式时，数据经内部总线送入锁存器，数据为 1 时，锁存器输出端 Q 为 1，$\overline{Q}$ 端为 0，VT 截止，P1.X 引脚输出高电平；数据为 0 时，锁存器输出端 Q 为 0，$\overline{Q}$ 端为 1，VT 导通，P1.X 引脚输出低电平。

（2）作为输入口。

P1 口工作在输入方式时，有两种读入方式：读锁存器和读引脚。当 CPU 发出读锁存器指令时，锁存器的状态由 Q 端经上方的三态输入缓冲器 1 进入内部总线；当 CPU 发出读引脚指令时，先向锁存器写 "1"，锁存器的输出状态 $\overline{Q}$=0，场效应管 VT 截止，引脚的状态由三态输入缓冲器 2 进入内部总线。

总结如下。

P1 口内部有上拉电阻，不需要外接上拉电阻，不存在高阻抗状态，需要预操作写入 "1"，为准双向口。

3. P2 口

P2 口其中一位的结构图如图 4-79 所示，它由一个锁存器、两个三态输入缓冲器和一个输出驱动电路及多路开关组成。P2 口由 8 个这样的电路组成，从图中可以看出，P2 口比 P1 口多了作为地址总线口的功能。

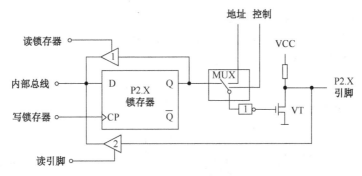

图 4-79 P2 口其中一位的结构图

（1）P2 口作为通用 I/O 口时工作原理如下。

① 作为输出口。

在控制信号的作用下，多路开关与锁存器的输出端 Q 接通，数据经内部总线送入锁存器，当 CPU 输出数据为 1 时，锁存器输出端 Q 为 1，经过非门，输出到 VT 栅极上为 0，VT 截止，P2.X 输出为高电平；当 CPU 输出数据为 0 时，锁存器输出端 Q 为 0，经过非门，输出到 VT 栅极上为 1，VT 导通，P2.X 输出为低电平。

② 作为输入口。

P2 口工作在输入方式时，有两种读入方式：读锁存器和读引脚。当 CPU 发出读锁存器指令时，锁存器的状态由 Q 端经上方的三态输入缓冲器 1 进入内部总线；当 CPU 发出读引脚指令时，先向锁存器写"1"，锁存器的输出状态 $Q=1$，经过非门后变为 0，场效应管 VT 截止，P2.X 引脚的电平由三态输入缓冲器 2 进入内部总线。

（2）P2 口作为地址总线口时工作原理如下。

在控制信号的作用下，多路开关与地址线接通，此时输出外部存储器的高 8 位地址。当地址线信号输出为 1 时，经过非门后输出变为 0，VT 截止，P2.X 输出高电平；当地址线信号输出为 0 时，经过非门后输出变为 1，VT 导通，P2.X 输出低电平。即 P2.X 引脚的电平始终与地址端电平相同，这样就将地址端的信号输出了。

总结如下。

P2 口作为通用 I/O 口时，不需要外接上拉电阻，不存在高阻抗状态，需要预操作写入"1"，为准双向口。

P2 口作为地址总线口时，可输出外部存储器的高 8 位地址，与 P0 口输出的低 8 位地址一起构成 16 位地址，可寻址 64KB 的片外地址空间。

4. P3 口

P3 口其中一位的结构图如图 4-80 所示，它由一个锁存器、三个三态输入缓冲器和一个输出驱动电路组成。P3 口由 8 个这样的电路组成，P3 口相比其他 I/O 口增加了引脚的第二输入/输出功能。

（1）P3 口用作第一功能——通用 I/O 口的工作原理如下。

当 P3 口用作第一功能输出时，第二功能输出端应保持高电平，与非门为开启状态。当 CPU 通过内部总线向锁存器输出 1 时，锁存器输出端 Q 为 1，经过与非门，输出变为 0，VT 截止，P3.X 引脚输出高电平；当 CPU 通过内部总线向锁存器输出 0 时，锁存器输出端 Q 为 0，经过与非门，输出变为 1，VT 导通，P3.X 引脚输出低电平。

当 P3 口用作第一功能输入时，该位的锁存器输出端 Q 和第二输出功能端均需置"1"，经过与非门后输出变为 0，保证 VT 一直处于截止状态，P3.X 引脚的信息通过三态输入缓冲器

3 和 2 进入内部总线，完成读引脚操作。

当 P3 口用作第一功能输入时，CPU 发出读锁存器指令，锁存器 Q 端信息通过三态输入缓冲器 1 进入内部总线，完成读锁存器操作。

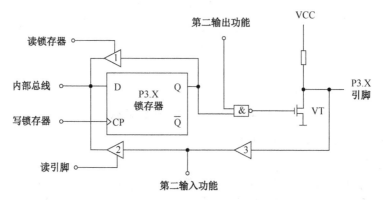

图 4-80　P3 口其中一位的结构图

（2）P3 口用作第二输入/输出功能的工作原理如下。

当选择第二输出功能时，该位的锁存器输出端 Q 需要置"1"，与非门为开启状态。当第二输出为 1 时，经过与非门，输出变为 0，VT 截止，P3.X 引脚输出高电平；当第二输出为 0 时，经过与非门，输出变为 1，VT 导通，P3.X 引脚输出为低电平。

当选择第二输入功能时，该位的锁存器输出端 Q 和第二输出功能端均需要置"1"，此时经过与非门后，输出信号为 0，保证 VT 一直处于截止状态，P3.X 引脚的信息经过三态输入缓冲器 3 得到。

总结如下。

P3 口作为第一功能——通用 I/O 口时，不需要外接上拉电阻，不存在高阻抗状态，需要预操作写入"1"，为准双向口，第一功能的输入信号来自三态输入缓冲器 2 的输出端。

P3 口用作第二输入/输出功能时，该位的锁存器输出端 Q 需要置"1"，且第二功能的输入信号来自三态输入缓冲器 3 的输出端。

另外，在实际应用中，使用 51 单片机 P3 口的第一功能还是第二功能由程序自动控制。

4.4.2　端口输入与输出程序

单片机的 I/O 口 P0～P3 是单片机与外设进行信息交换的桥梁，一方面单片机可向 I/O 口发出命令来控制外设，另一方面可以通过读取 I/O 口的状态来了解外设的状态。

下面通过一个例子来了解单片机端口的输入与输出程序。

如图 4-81 所示，按键 K1 连接最小系统的 P1.5 引脚，LED 连接 P2.0 引脚，编程实现按下按键 K1，LED 的状态一直取反，即亮灭闪烁。

程序代码如下。

```
#include <reg51.h>                //定义51头文件
#define uint unsigned int         //宏定义uint代表无符号整型
sbit led=P2^0;                    //位定义P2^0用led表示
sbit k1=P1^5;                     //位定义P1^5用k1表示

void delay(uint i)                //延时函数
```

```
{
 while(i--);
}

void main(void)                     //主函数
{
 while(1)
  {
        if(k1==0)                   //判断按键是否按下
        {
                delay(12000);       //延迟一段时间，按键消抖
                if(k1==0)           //再次判断按键是否按下
                led=~led;           //LED的状态取反
        }
  }
}
```

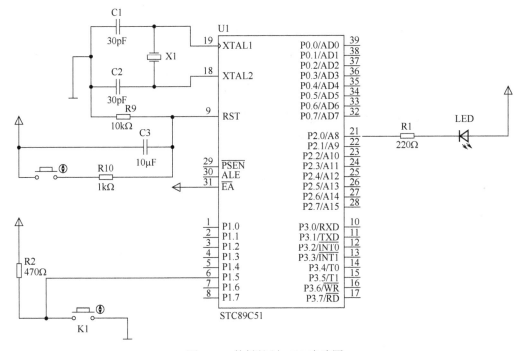

图 4-81　按键控制 LED 电路图

4.4.3　最小系统的软件验证

首先打开 Keil μVision5，建立好工程，将程序代码写入工作空间。单击工具栏中的设置工程参数按钮，进行参数设置，单击【Target】选项卡，将【Xtal(MHz)】晶振中的值改为 11.0592MHz，如图 4-82（a）所示。然后单击【Debug】选项卡，选中【Use Simulator】单选项即软件调试，一般默认为选中状态，如图 4-82（b）所示。

注意，图 4-82（b）中的右侧有一个【Use】单选项，选中该单选项为 Keil 的硬件调试功能，我们在此使用的是软件调试，所以不选中【Use】而是选中【Use Simulator】单选项。

（a）

（b）

图 4-82　参数设置

接下来使用 Keil μVision5 对程序进行软件调试。

单击工具栏中的调试按钮 ，程序调试窗口如图 4-83 所示。

图 4-83　程序调试窗口

然后单击工具栏的分析按钮 ，选择【Logic Analyzer】，弹出如图 4-84 所示对话框，单击
左上角的【Setup】按钮，弹出信号分析设置列表，如图 4-85 所示。单击插入按钮 ，根据程序

建立名称为 k1 与 led 的信号，k1 信号用红色线表示，led 信号用绿色线表示，其他参数不变。设置完成后单击【Close】按钮关闭此列表，在左下角【Command】命令窗口中可看到出现了 k1 与 led，表明我们可以在命令行对 k1 与 led 进行写入指令操作。

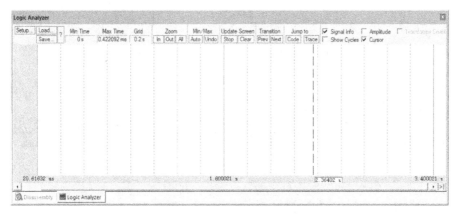

图 4-84　分析对话框

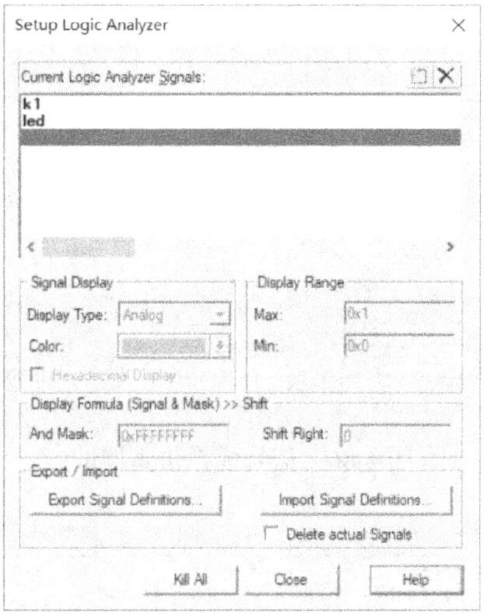

图 4-85　信号分析设置列表

单击全速运行按钮，仿真调试开始运行，在分析窗口中可看到一条红色信号线代表 k1，一条绿色信号线代表 led，如图 4-86（a）所示，此时两条信号线均为高电平，即引脚 P1.5 与 P2.0 输出为高电平，恰好这对应了上电后，单片机引脚的输出默认为高电平。

软件仿真调试不会自动让我们的按键按下，使按键引脚输入为低电平。下面我们在【Command】命令窗口中输入命令 k1=0，用指令模拟按键已经按下，按回车键发送，【Command】命令窗口如图 4-87 所示。然后在分析窗口中单击【Clear】按钮清空并更新刚才的图形，此时可看到窗口中的红色信号线 k1 一直为低电平，绿色信号线 led 出现周期性高低电平变换，如图 4-86（b）所示。

从图 4-86（b）中可看出程序的执行逻辑没有问题，当 k1=0 时，led 的状态能够不断取反，实现 LED 亮灭闪烁，软件验证完成。

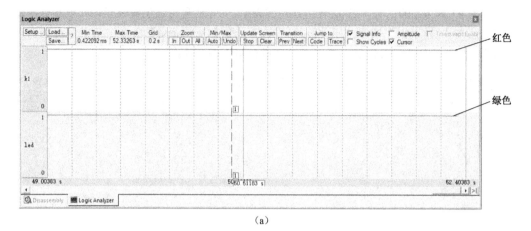

（a）

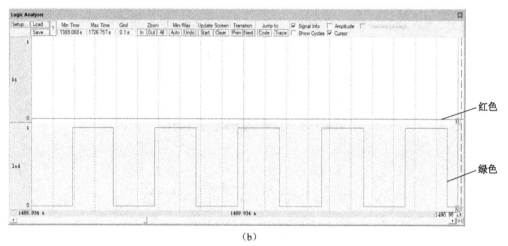

（b）

图 4-86　信号模拟仿真调试

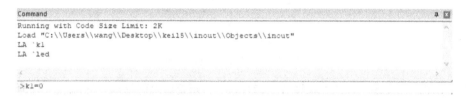

图 4-87　Command 命令窗口

4.4.4　最小系统的硬件调试

1. 单片机的安装

单片机在其顶部位置有一个缺口，这个缺口是用来定位方向的，缺口的左上方为单片机的 1 号引脚，然后依次逆时针编号。

在将单片机安装到 IC 插座上时，单片机的缺口方向要与 IC 插座缺口方向一致，并且缺口所在位置远离晶振。另外，有些 IC 插座可能没有缺口，可以按照单片机缺口所在位置远离晶振进行安装。单片机及 IC 插座如图 4-88 所示。

（a）单片机

（b）IC 插座（有缺口）

（c）IC 插座（无缺口）

图 4-88　单片机及 IC 插座

2. 最小系统与 STC 下载器的连接

最小系统如图 4-89（a）所示，STC（USB 转 TTL）下载器如图 4-89（b）所示。

（a）最小系统

（b）STC 下载器

图 4-89　最小系统与 STC 下载器

从图 4-89（b）中可看到 STC 下载器共有 5 个引脚，分别为 5V、3.3V、TXD、RXD、GND。最小系统与 STC 下载器的连接示意图如图 4-90 所示，实际连接图如图 4-91 所示。

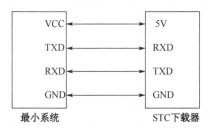

图 4-90　最小系统与 STC 下载器的连接示意图

图 4-91　最小系统与 STC 下载器的实际连接图

3. 最小系统的调试

（1）将 STC 下载器插入计算机的 USB 口，下载器开始给单片机供电。

（2）用万用表电压挡检测电源是否接通，主要是查看 VCC 引脚和 GND 引脚之间是否有 5V 电压。

（3）用万用表直流电压挡检测 EA 引脚，查看是否有 5V 电压，目的是确保使用了片内程序存储器。

（4）用万用表检测复位电路，通过复位按键，检测 RST 引脚的电压是否会变化。按键没有按下时，RST 引脚电压为 0V；按键按下后，电压立刻变为 5V，之后很快降为 0V，表示复位电路正常。

（5）用示波器检测晶振电路，主要检测 XTAL1、XTAL2 引脚。检测是否有振荡波产生。如果有振荡波产生，则表示晶振电路正常工作。

4.4.5　程序的烧写与验证

将硬件调试完毕后进行程序的烧写（下载），程序的烧写软件为 STC-ISP。

1. STC-ISP 的下载

登录 STC 宏晶科技的官网 http://www.stcmcu.com，在主页右侧的【STC-ISP 下载编程烧录软件】目录中选择烧录软件，如图 4-92 所示（网站会不断更新，显示会不同），本书使用的版本为 STC-ISP 软件 V6.86S 完整版。

图 4-92　下载烧录软件

2. STC-ISP 界面的介绍

安装完驱动后，打开 STC-ISP，其初始界面如图 4-93 所示。可将该软件分为三个工作空间：设置区、功能区、显示区。

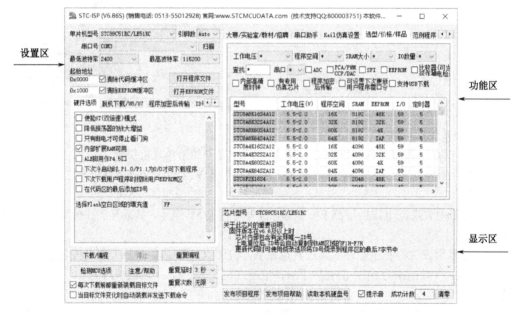

图 4-93　STC-ISP 初始界面

设置区主要使用的选项为单片机型号、串口号、最低波特率、最高波特率、打开程序文件、下载/编程，其他选项根据用户的选择自行设置。

功能区包括串口助手、Keil 仿真设置、定时器计算器、波特率计算器等方便用户调试单片机的小工具。

显示区主要为芯片型号、程序烧写过程及结果的显示。

3. 程序的烧写

将连接好的 USB 转 TTL 下载器插入计算机的 USB 口，打开 STC-ISP，首先选择单片机的型号，本书所用的单片机硬件型号为 STC89C51RC-40I-PDIP40，这里我们选择【STC89C52RC 系列】→【STC89C51RC/LE51RC】，如图 4-94 所示。

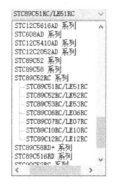

接下来为串口的选择，单击【扫描】按钮后，在下拉列表中会出现多个串口，根据自己所连接的串口进行选择。一般情况下，如果用户使用的 USB 转 TTL 下载器的主芯片为 CH340 芯片，则在串口下拉列表中选择【CH340】字样的选项，如图 4-95 所示。

图 4-94　STC89C51 单片机型号选择

接下来设置波特率，默认最低波特率为 2400（单位默认为 bit/s），最高波特率为 115200。波特率影响程序烧写的速度，测试时，从最大值 115200 开始，不成功则减小波特率，直至成功，烧写成功时使用的波特率就是用户硬件支持的最大波特率。这里选择默认最低波特率、最高波特率即可，如图 4-96 所示。

图 4-95　串口号选择

图 4-96　波特率的设置

接下来进行 HEX 文件的选择，单击【打开程序文件】按钮，从文件中找到程序的 HEX 文件，双击 HEX 文件或单击【打开】按钮均可，如图 4-97 所示。

图 4-97　选择 HEX 文件

然后单击【下载/编程】按钮，注意在使用 USB 转 TTL 下载器进行串口下载时，先单击【下载/编程】按钮，然后再给单片机上电，即使用此种方式烧录程序时单片机要冷启动（断电状态→下载→上电）。程序下载后，STC-ISP 界面如图 4-98 所示。

显示区的显示结果为操作成功，即程序烧录完成。

4. 程序的验证

下面将单片机最小系统与放置在面包板上的元件连接，如图 4-99 所示。

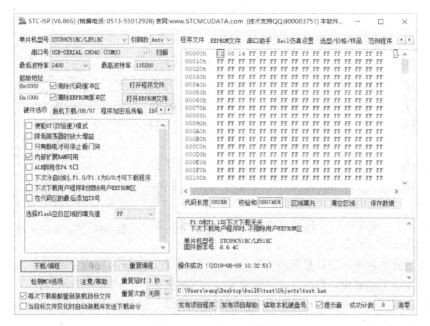

图 4-98　STC-ISP 界面

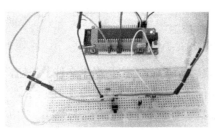

图 4-99　最小系统与放置在面包板上的元件连接

面包板上的元件清单如表 4-5 所示。

表 4-5　面包板上的元件清单

电阻	220Ω 1 个、470Ω 1 个
按键开关	1 个
LED	1 个

系统整体的连接图如图 4-100 所示。

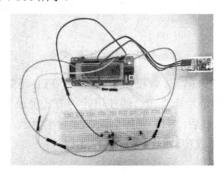

图 4-100　系统整体的连接图

实验现象如下。

上电后，LED 为熄灭状态；第一次按键，LED 亮起，第二次按键，LED 熄灭，按照此规律按键，LED 由亮到灭，又由灭到亮；一直按住按键，LED 则一直闪烁。实验现象示意图如图 4-101 所示。

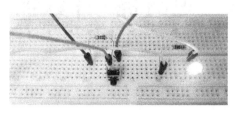

图 4-101　实验现象示意图

第 5 章　定时器/计数器与中断

5.1　中　断　系　统

计算机需要有实时处理能力，能对环境做出反应，这需要依靠中断系统来实现。

"中断"是计算机的 CPU 与外部设备信息交换的一种方式，相对于查询的服务方式，中断系统的提出让单片机能快速应对瞬息万变的外部信息，大幅度提高了计算机对突发事件的处理能力。单片机的中断系统广泛用于实时监测与控制领域，中断系统在单片机的应用中占据着重要的位置。

MCS-51 的 8051 单片机中断源有 5 个，其增强型 8052 单片机则有 6 个，其他型号的 51 单片机也在基本的 5 个中断源上或多或少地增加了其数量来提高单片机的性能。本章重点讲解 51 单片机通用的 5 个中断源。

5.1.1　中断概述

1. 中断的定义

计算机的中断是指 CPU 正在处理某件事情时，由于内部/外部发生了某一事件（如一个电平的变化、一个脉冲沿的发生或定时器/计数器的溢出等）或由程序预先安排的事件，请求 CPU 迅速去处理，于是 CPU 暂时中断当前的工作，转入处理所发生的事情或转入预先安排的程序中。中断服务处理完成后，再回到原来被中断的地方，继续原来的工作，这样的过程称为中断。实现这种功能的部件称为中断系统，产生中断的请求称为中断源。

2. 中断响应过程

中断响应过程如图 5-1 所示。

（1）中断源提出中断申请，并建立相应的中断标志。

（2）断点保护：CPU 结束当前工作，响应该中断申请，同时把主程序断点地址（PC 值）压入堆栈。断点是指当前指令的下一条指令地址。

（3）保护现场：把断点处的有关信息（如工作寄存器、累加器、标志位的内容）压入堆栈。

（4）清除中断请求标志（中断撤销）。

（5）识别中断源：被响应的中断源所对应的中断服务程序的入口地址送入 PC，程序转入中断服务程序入口处。

（6）执行中断服务程序。

（7）恢复现场：执行中断返回指令，把断点地址从栈顶弹出。

（8）返回主程序，从断点处继续执行主程序。

注意，只有当中断总允许位 EA 为 1（CPU 开中断）且发出中断请求的中断源允许位为 1 时 CPU 才会响应中断；由于中断可以嵌套，所以 CPU 在执行中断服务程序时，不会对同级和低优先级的中断响应；CPU 在执行中断服务程序时能响应高优先级的中断，在高优先级中断返回后，若中断标志没有被清除，则 CPU 会继续执行该中断服务程序，反之，该中断被停止。

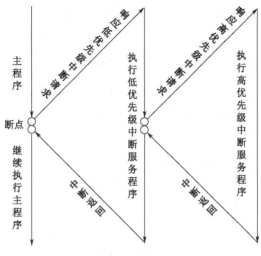

图 5-1　中断响应过程

3．中断源

基础的 5 个中断请求可分为内部中断源和外部中断源，外部中断源包括 $\overline{INT0}$ 和 $\overline{INT1}$，内部中断包括两个定时器/计数器（T0 和 T1）的溢出中断 TF0 和 TF1 及串行口发送/接收中断 TI/RI。

（1）$\overline{INT0}$：外部中断 0 请求，外部中断请求信号由 $\overline{INT0}$（P3.2）引脚输入，中断请求标志为 IE0。

（2）$\overline{INT1}$：外部中断 1 请求，外部中断请求信号由 $\overline{INT1}$（P3.3）引脚输入，中断请求标志为 IE1。

（3）定时器/计数器 T0 溢出中断请求，中断请求标志为 TF0。

（4）定时器/计数器 T1 溢出中断请求，中断请求标志为 TF1。

（5）串行口中断请求 TI/RI，串行口发送中断请求标志为 TI，串行口接收中断请求标志为 RI。

其中 $\overline{INT0}$ 和 $\overline{INT1}$ 可以由低电平触发或下降沿触发，触发方式可以由用户通过设置 TCON 来实现。

单片机加入中断系统后能实现分时操作、实时处理和故障处理。

5.1.2　中断系统的结构

如图 5-2 所示，8051 单片机的中断系统中有 5 个基本中断源，优先级有两个，图 5-1 所示的中断响应过程可以实现两级的中断嵌套。其中，每个中断源都可以通过软件来设置优先级，并控制该中断的开启或关闭。

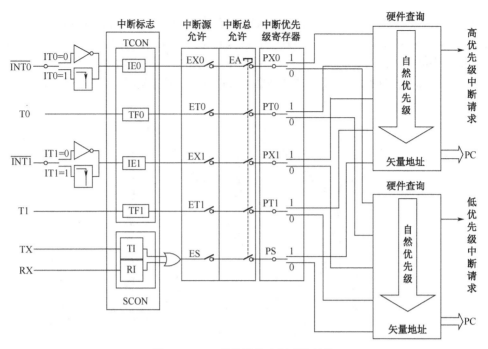

图 5-2　8051 单片机的中断系统结构

5.1.3　中断控制

8051 单片机有 4 个专门用于中断控制的寄存器,分别是定时器/计数器控制寄存器(TCON)、串行口控制寄存器（SCON）、中断允许控制寄存器（IE）、中断优先级控制寄存器（IP）。

1. 定时器/计数器控制寄存器（TCON）

TCON 是定时器/计数器控制寄存器,在片内 RAM 的字节地址为 88H,可以位寻址。TCON 用于控制定时器/计数器 T0 和 T1 的启/停、定时器/计数器的溢出中断请求标志位(TF0 和 TF1)、两个外部中断请求的中断触发方式（低电平触发或下降沿触发）选择（由 IT0 和 IT1 位控制）。TCON 的格式及其各位的功能如表 5-1 和表 5-2 所示。

表 5-1　TCON 的格式

	D7	D6	D5	D4	D3	D2	D1	D0
TCON	TF1	TR1	TF0	TR0	IE1	IT1	IE0	IT0
位地址	8FH	—	8DH	—	8BH	8AH	89H	88H

表 5-2　TCON 中各位的功能

TF1	定时器/计数器 T1 的溢出中断请求标志位。当定时器/计数器 T1 产生计数溢出时,TF1 由硬件自动置为 1,向 CPU 申请中断。CPU 响应 TF1 中断时, TF1 由硬件自动清零。此外, TF1 也能通过软件清零
TF0	定时器/计数器 T0 的溢出中断请求标志位, 功能及工作方式与 TF1 相同
TR1	定时器的启/停控制位
TR0	定时器的启/停控制位
IE1	外部中断请求 1 的中断请求标志位
IE0	外部中断请求 0 的中断请求标志位

续表

IT1	外部中断 $\overline{\text{INT1}}$ 触发控制方式位。当 IT1=0 时，$\overline{\text{INT1}}$ 为电平触发方式，加到 $\overline{\text{INT1}}$ 上的低电平外部中断请求信号有效，并把 IE1 置 1。CPU 转向中断服务程序时，则由硬件自动把 IE1 清零
IT0	外部中断 $\overline{\text{INT0}}$ 触发控制方式位。功能和设置方式与 IT1 相似

2. 串行口控制寄存器（SCON）

SCON 是串行口控制寄存器，在片内 RAM 的字节地址为 98H，可以位寻址。SCON 的格式如表 5-3 所示。

表 5-3　SCON 的格式

	D7	D6	D5	D4	D3	D2	D1	D0
SCON	—	—	—	—	—	—	TI	RI
位地址	—	—	—	—	—	—	99H	98H

SCON 中高 6 位用于串行口控制，其功能在后面串行口部分进行介绍；低 2 位用于中断控制。

（1）TI：串行口发送中断请求标志位。当 CPU 将一个字节的数据写入串行口的 SBUF 时，就会启动一帧串行数据的发送，每发送完一帧串行数据后，硬件把 TI 位自动置 1。CPU 响应串行口发送中断时，并不能清除 TI 位，TI 位必须在中断服务程序中用指令对其清零。

（2）RI：串行口接收中断请求标志位。串行口接收完一个串行数据帧，硬件自动把 RI 位置 1。CPU 响应串行口接收中断时，并不能清除 RI 位，RI 位必须在中断服务程序中用指令对其清零。

3. 中断允许控制寄存器（IE）

IE 的片内字节地址为 A8H，可以进行位寻址。中断允许控制寄存器中有 6 位用于中断控制，其格式如表 5-4 所示。

表 5-4　IE 的格式

	D7	D6	D5	D4	D3	D2	D1	D0
IE	EA	—	—	ES	ET1	EX1	ET0	EX0
位地址	AFH	—	—	ACH	ABH	AAH	A9H	A8H

IE 中各位的功能如表 5-5 所示。

表 5-5　IE 中各位的功能

EA	中断允许总控制位。EA=0 时，CPU 屏蔽所有中断请求；EA=1 时，CPU 开放所有中断请求。EA 的状态可以通过程序设置
ES	串行口中断允许控制位。ES=0 时，屏蔽串行口中断；ES=1 时，允许串行口中断。ES 的状态可以通过程序设置
ET1	定时器/计数器 T1 溢出中断允许控制位。ET1=0 时，禁止 T1 溢出中断；ET1=1 时，允许 T1 溢出中断。ET1 的状态可以通过程序设置
EX1	外部中断 $\overline{\text{INT1}}$ 允许控制位。EX1=0 时，禁止外部中断 $\overline{\text{INT1}}$ 中断；EX1=1 时，允许外部中断 $\overline{\text{INT1}}$ 中断。EX1 的状态可以通过程序设置

ET0	定时器/计数器 T0 溢出中断允许控制位。ET0=0 时，禁止 T0 溢出中断；ET0=1 时，允许 T0 溢出中断。ET0 的状态可以通过程序设置
EX0	外部中断 $\overline{INT0}$ 允许控制位。EX0=0 时，禁止外部中断 $\overline{INT0}$ 中断；EX0=1 时，允许外部中断 $\overline{INT0}$ 中断。EX0 的状态可以通过程序设置

如图 5-2 所示，一个中断源是否开放，是由中断允许总控制位 EA 和该中断对应的允许控制位共同决定的。此外，当 8051 单片机复位之后，IE 寄存器会被清零，所有的中断请求都会被禁止。

4. 中断优先级控制寄存器（IP）

8051 单片机的中断请求设置了两个优先级，由 IP 把各中断源的优先级分为高、低。中断优先级的提出方便实现两级中断嵌套，即单片机在执行低优先级的中断服务时，高优先级的中断可以打断低优先级的中断，待高优先级中断执行完毕后，CPU 再返回执行低优先级的中断服务。

中断优先级关系遵循以下两条规则。

（1）低优先级中断可以被高优先级中断打断，但高优先级中断不能被低优先级中断打断。

（2）所有中断得到响应后，不能被同级中断源所中断。因此，一个中断源被设置为高优先级后，在执行该中断源的服务程序时，不会再被任何中断请求中断。

8051 单片机的中断优先级由 IP 设置，IP 的字节地址为 B8H，可以位寻址。IP 的格式如表 5-6 所示。

表 5-6　IP 的格式

	D7	D6	D5	D4	D3	D2	D1	D0
IP	—	—	—	PS	PT1	PX1	PT0	PX0
位地址	—	—	—	BCH	BBH	BAH	B9H	B8H

IP 中各位的功能如表 5-7 所示。

表 5-7　IP 中各位的功能

PS	串行口中断优先级控制位。PS=0 时，串行口中断设置为低优先级；PS=1 时，串行口中断设置为高优先级
PT1	定时器/计数器 T1 溢出中断优先级控制位。PT1=0 时，定时器/计数器 T1 设置为低优先级中断；PT1=1 时，定时器/计数器 T1 设置为高优先级中断
PX1	外部中断 $\overline{INT1}$ 优先级控制位。PX1=0 时，外部中断 $\overline{INT1}$ 设置为低优先级中断；PX1=1 时，外部中断 $\overline{INT1}$ 设置为高优先级中断
PT0	定时器/计数器 T0 溢出中断优先级控制位。PT0=0 时，定时器/计数器 T0 设置为低优先级中断；PT0=1 时，定时器/计数器 T0 设置为高优先级中断
PX0	外部中断 $\overline{INT0}$ 优先级控制位。PX0=0 时，外部中断 $\overline{INT0}$ 设置为低优先级中断；PX0=1 时，外部中断 $\overline{INT0}$ 设置为高优先级中断

IP 的各控制位都可以通过程序进行置 1 或清零。由于 IP 可以进行位寻址，因此，除了使用字节操作指令修改 IP 的内容，也可以进行位操作指令更新 IP 的内容。此外，8051 单片机复位后，IP 的内容清零，各中断源的优先级均为低优先级中断。

8051 单片机的中断系统对中断源的优先级有一个统一的规定，称为系统默认优先级。系统默认优先级相当于用户设置优先级的辅助优先级结构，系统默认优先级与用户定义优先级两者相互结合，用来决定同一个优先级的中断请求中优先响应哪一个中断。系统默认中断优先级的顺序如表 5-8 所示。如果同级的多个中断请求同时出现，则按系统默认优先级次序确定哪个中断请求被响应。

表 5-8　系统默认中断优先级的顺序（由高到低）

中断类型号	中　断　源	中 断 标 志	中 断 向 量
0	外部中断 0	IE0	0003H
1	定时器/计数器 T0 溢出中断	TF0	000BH
2	外部中断 1	IE1	0013H
3	定时器/计数器 T1 溢出中断	TF1	001BH
4	串行口中断	TI/RI	0023H

5.1.4　中断响应的处理过程

中断处理过程主要分为三个阶段：中断响应、中断处理和中断返回。

1. 中断响应

（1）中断响应的条件。

① 中断响应处于开放状态：IE 的中断允许总控制位 EA=1，相应的中断允许控制位都处于开放状态。

② 中断源发出中断请求：中断源对应的中断请求标志位为"1"。

③ 无同级或更高级中断正在被服务。

④ 执行完当前指令，如果 CPU 处于正在执行中断返回指令（汇编语言为 RETI 指令）或访问 IP、IE 寄存器的指令状态，则 CPU 必须等待，直到当前指令的下一条指令后，才响应其中断请求。

（2）中断响应内容。

8051 单片机在每个机器周期的第 5 个状态周期的第 2 个节拍会顺序采样各个中断源，并将相应的中断标志置位。CPU 响应中断时，首先要进行断点保护，将 PC 值进行堆栈（先进栈低 8 位，后进栈高 8 位），然后根据中断标志，即将相应的中断服务程序的入口地址送入 PC，CPU 转去执行中断服务程序。由于 8051 单片机的 CPU 自动保护的功能仅限于断点，其他信息（如寄存器内容）都没有进行保护，所以需要用户在中断服务程序中进行现场保护。

注意，使用汇编语言时，中断服务程序执行完毕，其最后一条指令是 RETI（不是 RET），RETI 指令使 CPU 将堆栈的断点地址取出，送回 PC，程序继续从断点处执行。

（3）中断响应被封锁的三种情况。

① CPU 正在处理相同的或更高优先级的中断。

② 所查询的机器周期不是所执行指令的最后一个机器周期，为了保证指令执行的完整性，只有在执行完该指令后，才能响应中断。

③ 正在执行中断返回指令或是访问 IE、IP 的指令，需要再执行一条指令才能响应新的中断请求。

如果 8051 单片机遇到上述情况之一，则 CPU 将丢弃中断查询的结果，不能对其响应，这就是中断被封锁。

5.1.5　中断请求的撤销

中断请求在被响应之前，会被保存在 TCON 和 SCON 寄存器相应的标志位中。当中断请求得到响应时，中断请求的标志位仍然为 1，中断请求仍然有效，如果 CPU 不及时将该标志位撤销，就会造成重复响应同一中断请求的错误。

1. 定时器/计数器溢出中断请求的撤销

TF0 和 TF1 是定时器/计数器溢出中断请求标志位，它们由定时器/计数器溢出中断源的中断请求的输入而置位，因为定时器/计数器溢出中断得到响应而自动复位为"0"状态，所以定时器/计数器溢出中断源的中断请求是自动撤销的（也可由软件查询清零）。

2. 串行口中断请求的撤销

TI 和 RI 是串行口中断的标志位，CPU 不能自动将它们撤销，这是因为 8051 单片机进入串行口中断服务程序后，CPU 无法知道是接收中断还是发送中断，常需要对这两个标志位进行检测，以测定串行口发生了接收中断还是发送中断，响应串行口中断后，只能由用户在中断服务程序的适当位置将它们撤销。

3. 外部中断请求的撤销

外部中断请求有两种触发方式：电平触发和下降沿触发。不同触发方式的中断撤销方法不同。

在下降沿触发方式的中断请求撤销包括两项：中断请求标志位清零和外部中断信号的撤销。外部中断标志 IE0/IE1 是依靠 CPU 两次检测到 $\overline{\text{INT0}}/\overline{\text{INT1}}$ 上的触发电平状态不同而置位的。因此，芯片设计者使 CPU 在响应中断时自动复位 IE0/IE1，就撤销了 IE0/IE1 上的中断请求。此外，外部中断请求是下降沿信号，由于下降沿信号在触发过后就会消失，所以下降沿触发方式的外部中断请求也是自动撤销的。

在电平触发方式的中断请求撤销：中断标志 IE0/IE1 是依靠 CPU 检测 $\overline{\text{INT0}}/\overline{\text{INT1}}$ 上低电平状态而置位的。尽管 CPU 响应中断时，相应中断标志 IE0/IE1 能自动复位为"0"状态。但若外部中断源不能及时撤销它在 $\overline{\text{INT0}}/\overline{\text{INT1}}$ 上的低电平，则该电平就会再次使已经变为"0"的中断标志 IE0/IE1 置位，重复进入中断。因此，电平触发方式的外部中断请求撤销必须使 $\overline{\text{INT0}}/\overline{\text{INT1}}$ 上的低电平随着其中断被 CPU 响应而变为高电平。

如图 5-3 所示，可以采用 D 触发器来构建电平触发外部中断请求撤销电路。其中，使用 D 触发器来锁存外部中断请求的低电平信号，通过输出端 Q 输出至 $\overline{\text{INT0}}/\overline{\text{INT1}}$，供 CPU 检测。8051 单片机通过接一条 I/O 口输出高电平至 D 触发的异步端置 1，高电平对于 D 触发器无影响，直到中断响应后，接线 I/O 口（见图 5-3 中的 P1.0）输出一个负脉冲使触发器置 1，从而撤销低电平触发的中断请求，负脉冲可以由中断服务程序中把 P1.0 置 1 后清零产生。

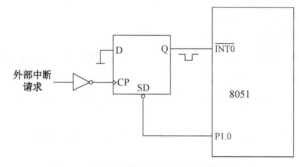

图 5-3　电平触发外部中断请求撤销电路

5.2　定时器/计数器

5.2.1　概述

定时器/计数器实际上是加1计数器，当它对外部脉冲计数时，由于其频率不固定，所以称之为计数器；当对内部固定频率的时钟计数时，称之为定时器。8051单片机内部有两个16位可编程定时器/计数器，即T0和T1（如果是增强型单片机，则内部含有3个定时器/计数器，第3个称为定时器/计数器T3）。

可编程定时器/计数器是使用专用的定时器/计数器芯片来实现的，其特点是通过对系统时钟脉冲进行计数实现定时，定时的时间长短可以通过程序来设定，方便灵活。

8051单片机内部的可编程定时器/计数器在计数满值回零时会自动产生溢出中断请求，两个定时器/计数器均可设定为定时器模式和计数器模式，在这两种模式下均可设定4种工作方式，通过对控制寄存器的编程，修改特殊功能寄存器中的控制字及状态，即可实现各种方式的选择，此外，计数初值也是通过程序写入定时器/计数器的寄存器来设定的。

5.2.2　定时器/计数器的结构

8051单片机的定时器/计数器结构框图如图5-4所示，定时器/计数器T0由特殊功能寄存器TH0（高8位）和TL0（低8位）构成，定时器/计数器T1由特殊功能寄存器TH1（高8位）和TL1（低8位）构成。

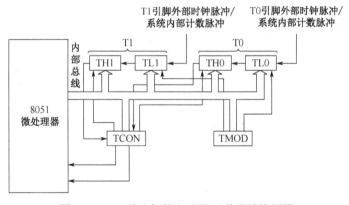

图 5-4　8051 单片机的定时器/计数器结构框图

计数器模式：当T0或T1用作对外部事件计数时，连接单片机的输入端P3.4（T0）和P3.5（T1）。在这种情况下，当CPU检测到输入端的电平由高变为低时，计数器就加1。

定时器模式：当T0和T1作为定时器使用时，输入的计数脉冲是由晶体振荡器的输出经12分频后得到的系统内部脉冲信号，所以定时器可看作对单片机内部机器周期的计数器，即每经过1个机器周期的时间，计数器加1。

5.2.3　TMOD 和 TCON

1. 定时器/计数器模式控制寄存器（TMOD）

TMOD 主要用于选择定时器/计数器的工作方式。TMOD 的字节地址为 89H，不能进行位寻址，其格式如表 5-9 所示。

表 5-9　TMOD 的格式

D7	D6	D5	D4	D3	D2	D1	D0
GATE	C/$\overline{\text{T}}$	M1	M0	GATE	C/$\overline{\text{T}}$	M1	M0
T1 方式字段				T0 方式字段			

由表 5-9 可以得出，TMOD 分为两组，每组 4 位，高 4 位控制定时器/计数器 T1，低 4 位控制定时器/计数器 T0，每组对定时器/计数器的控制功能相似，下面以 T0 为例分析其功能。

TMOD 各位的功能如下。

（1）GATE：门控位，决定定时器/计数器的启/停控制由 TR0（软件控制）还是 TR0 和 $\overline{\text{INT0}}$ 组合控制（软硬控制）。定时器/控制器 T0 方式控制逻辑图如图 5-5 所示。

GATE=0，或门输出恒为 1，$\overline{\text{INT0}}$ 无效，定时器/计数器的启/停只被 TCON 中的启/停控制位 TR0 决定。如果 TR0=1，则定时器/计数器启动，开始做加法计数；如果 TR0=0，则定时器/计数器停止计数。

GATE=1，或门的输出值由 $\overline{\text{INT0}}$ 决定，与门输出由 TR0 和 $\overline{\text{INT0}}$ 的电平共同决定。此时，TR0 和 $\overline{\text{INT0}}$ 组合控制定时器/计数器的启/停。当且仅当 TR0 和 $\overline{\text{INT0}}$ 同时为 1，定时器/计数器 T0 才工作，否则定时器/计数器 T0 停止计数。

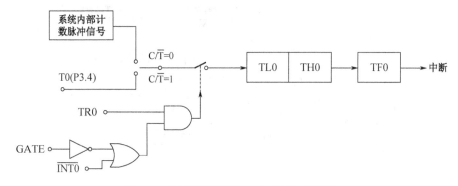

图 5-5　定时器/控制器 T0 方式控制逻辑图

（2）工作方式选择位 M0、M1。

M0、M1 组合的工作方式选择对应关系如表 5-10 所示。

表 5-10　M0、M1 组合的工作方式选择对应关系

M0　M1	各　种　方　式
0　　0	工作方式 0，T0 为 13 位定时器/计数器
0　　1	工作方式 1，T0 为 16 位定时器/计数器
1　　0	工作方式 2，T0 为自动装入计数初值的 8 位定时器/计数器
1　　1	工作方式 3，两个 8 位定时器/计数器（仅适用于 T0），T1 会停止计数

（3）C/$\overline{\text{T}}$：定时器/计数器工作方式选择位。

C/$\overline{\text{T}}$=0 时，选择定时器工作方式，此时多路开关选择系统内部脉冲信号（系统晶振脉冲 12 分频输出脉冲），对内部脉冲计数。

C/$\overline{\text{T}}$=1 时，选择计数器工作方式，此时多路开关选择 T0（P3.4 引脚）输入的外部脉冲（下降沿）计数。

2. 定时器/计数器控制寄存器（TCON）

TCON 的字节地址为 88H，可位寻址。TCON 的格式如表 5-11 所示。

表 5-11　TCON 的格式

	D7	D6	D5	D4	D3	D2	D1	D0
TCON	TF1	TR1	TF0	TR0	IE1	IT1	IE0	IT0

TCON 的 D0～D3 位与外部中断有关，已在 5.1.3 节介绍过。此处只介绍与定时器/计数器相关的 D4～D7 位。

（1）TF0、TF1：溢出中断请求标志位，详见 5.1.3 节。

（2）TR1、TR0：定时器/计数器启/停控制位。

TR0 是定时器/计数器 T0 的启/停控制位，其状态可以通过软件设置，由于 TR0 可以位寻址，所以能通过位操作指令和字节操作指令来设置。TR0=1 时，定时器/计数器 T0 开始计数；TR0=0 时，定时器/计数器 T0 停止计数。TR1 是定时器/计数器 T1 的启/停控制位，功能及设置方式同 TR0。

5.2.4　定时器/计数器的工作方式

8051 单片机的定时器/计数器有 4 种工作方式，T0 与 T1 的原理及各种方式相似，不同之处在于当 T0 在工作方式 3 时，T1 停止计数。此处以定时器/计数器 T0 为例介绍其功能。

1. 工作方式 0

定时器/计数器工作方式 0 可以通过将 M1、M0 位设置为 00 来实现。工作方式 0 控制逻辑结构图如图 5-6 所示，此时定时器为由 TL0 的低 5 位和 TH0 的高 8 位构成 13 位定时器/计数器，TL0 的高 3 位未被使用。

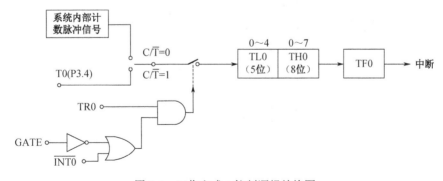

图 5-6　工作方式 0 控制逻辑结构图

C/$\overline{\text{T}}$ 决定定时器/计数器的两种工作方式，而 GATE 决定定时器/计数器 T0 的运行由 TR0 决定，还是由 TR0 和 $\overline{\text{INT0}}$ 共同决定。

无论 T0 处于哪种工作方式，在计数过程中，当 TL0 的低 5 位发生计数溢出时，都会向 TH0

进位，当 13 位计数器溢出时，计数器溢出中断请求标志位 TF0 会置 1 进位。

在工作方式 0 下，计数值范围为 $1\sim2^{13}$（8192）。

当 C/$\overline{\text{T}}$=1 时，T0 为计数器模式，计数初值范围为 $0\sim2^{13}-1$。

当 C/$\overline{\text{T}}$=0 时，T0 为定时器模式，定时时间=（2^{13}-计数初值）×内部时钟脉冲周期。

2. 工作方式 1

定时器/计数器工作方式 1 可以通过将 M1、M0 位设置为 01 来实现，工作方式 1 控制逻辑结构图如图 5-7 所示，工作方式 1 为 16 位定时器/计数器，其特性和工作方式 0 相同，工作方式 0 和工作方式 1 的区别只有计数器的位数不同。工作方式 1 控制位的功能及设置同工作方式 0。

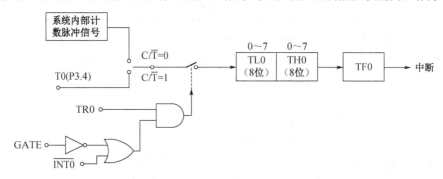

图 5-7　工作方式 1 控制逻辑结构图

在工作方式 1 下，计数值范围为 $1\sim2^{16}$（65536）。

当 C/$\overline{\text{T}}$=1 时，T0 为计数器模式，计数初值范围为 $0\sim2^{16}-1$。

当 C/$\overline{\text{T}}$=0 时，T0 为定时器模式，定时时间=（2^{16}-计数初值）×内部时钟脉冲周期。

3. 工作方式 2

定时器/计数器工作方式 2 可以通过将 M1、M0 位设置为 10 来实现。工作方式 2 是自动装入计数初值的 8 位定时器/计数器工作方式。工作方式 0 和工作方式 1 在计数溢出后，计数器全为 0。如果将工作方式 0 或工作方式 1 用作循环定时或循环计数，就需要用指令来反复载入计数初值，指令载入计算初值的过程会影响精度，而工作方式 2 无须重新载入计数初值，有效地解决了此问题。

工作方式 2 控制逻辑结构图如图 5-8 所示

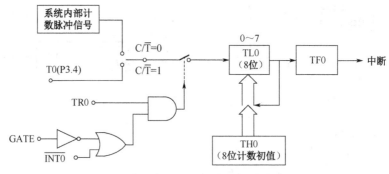

图 5-8　工作方式 2 控制逻辑结构图

工作方式 2 将 16 位定时器/计数器拆为两个 8 位寄存器 TL0 和 TH0。TL0 作为常数缓冲器，当定时器/计数器启动后，TL0 按 8 位计数器进行加 1 计数，当 TL0 计数溢出时，溢出中断请求标志位 TF0 置 1 的同时将 TH0 中的 8 位初值送入 TL0，使 TL0 从初值重新开始计数，两个寄存器中应装入同样的定时器/计数器初值。

相对于程序不断重新装入计数初值，采用工作方式 2 的精度更高，但其缺点是计数器只有 8 位，计数值有限。工作方式 2 常用作固定频率的脉冲发生器或串行通信中的波特率发生器。

在工作方式 2 下，计数值范围为 $1\sim2^8$（256）。

当 $C/\overline{T}=1$ 时，T0 为计数器模式，计数初值范围为 $0\sim2^8-1$。

当 $C/\overline{T}=0$ 时，T0 为定时器模式，定时时间=（2^8-计数初值）× 内部时钟脉冲周期。

4．工作方式 3

定时器/计数器工作方式 3 可以通过将 M1、M0 位设置为 11 来实现。工作方式 3 只适用于 T0，此时将 T1 也设置为工作方式 3 的控制字会使 T1 停止计数（相当于 TR1=0），T1 可以用于串行口波特率发生器。

工作方式 3 为了增加一个 8 位定时器/计数器，将定时器/计数器 T0 分成两个独立的 8 位计数器。

如图 5-9 所示，TL0 既可以作为定时器使用，也可以作为计数器使用，TL0 使用了定时器/计数器 0 所有的控制位（GATE、$C/\overline{T}$、$\overline{INT0}$、TR0）及引脚信号，其功能与使用方法与工作方式 0 及工作方式 1 相同。如图 5-10 所示，此时 TH0 因为不能使用外部时钟而被固定为 1 个 8 位定时器，并使用了定时器/计数器 T1 的控制位 TR1，同时占用定时器 T1 的中断请求源 TF1，由 TR1 控制 TH0 定时器的启/停，TH0 溢出时置位 TF1。

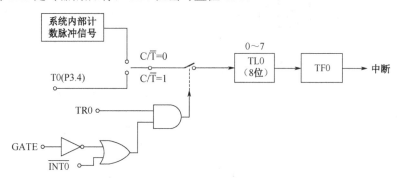

图 5-9　TL0 作为 8 位定时器/计数器的逻辑结构图

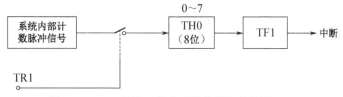

图 5-10　TH0 作为 8 位定时器的逻辑结构图

当 T0 在工作方式 3 时，T1 可以作为串行口的波特率发生器或不需要中断的场合。由于 TF1 被 T0 占用，T1 的计数溢出只能输出给串行口，此时的 T1 为波特率发生器，T1 设定好工作方式后，无中断允许，如果要使其停止，则只需把 T1 的工作方式改为工作方式 3 的控制字即可。

（1）T1 在工作方式 0。

将 TMOD 的 M1（D5 位）、M0（D4 位）设置为 00，T1 在工作方式 0。

如图 5-11 所示，T1 的计数溢出中断请求标志位被 TH0 占用，所以 T1 的计数溢出由串行口输出，此时 T1 为 13 位定时器/计数器。

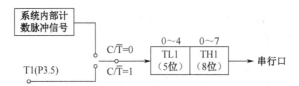

图 5-11　T1 在工作方式 0 的逻辑结构图

（2）T1 在工作方式 1。

将 TMOD 的 M1（D5 位）、M0（D4 位）设置为 01，T1 在工作方式 1。

如图 5-12 所示，T1 在工作方式 1 的功能与工作方式 0 的相似，不同点是此时 T1 为 16 位定时器/计数器。

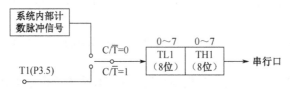

图 5-12　T1 在工作方式 1 的逻辑结构图

（3）将 TMOD 的 M1（D5 位）、M0（D4 位）设置为 10，T1 在工作方式 2。

如图 5-13 所示，此时，T1 的计数初值可以自动载入。

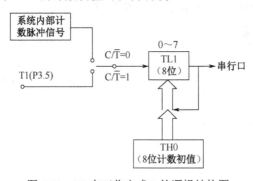

图 5-13　T1 在工作方式 2 的逻辑结构图

5.3　中断系统软件设计

5.3.1　中断系统软件设计概述

51 单片机的中断系统包括 4 个特殊功能寄存器：定时器/计数器控制寄存器（TCON）、串行口控制寄存器（SCON）、中断允许控制寄存器（IE）和中断优先级控制寄存器（IP）。中断系统在使用前需要对其进行初始化，即对这 4 个特殊功能寄存器的控制位进行赋值。由于 TCON、SCON、IE 及 IP 都能进行位寻址，所以除字节操作外，也可以使用位操作指令来实现中断系统的初始化。

中断系统的初始化步骤如下。

（1）开中断，包括总中断和与之相对的所有中断。

（2）设置中断优先级。

（3）若存在外部中断请求，则设置中断请求触发方式。

中断服务程序包括保护现场、中断服务程序、现场恢复和中断返回（RETI）。

5.3.2　中断函数

中断函数的格式为：

> 函数类型 函数名([参数]) interrupt 中断类型号 using 工作寄存器组号

由于中断函数不会返回任何值，所以函数类型通常用"void"；函数名可以是 C 语言中关键字以外的任意名；由于中断函数不带任何参数，所以参数项为空。

中断类型号是单片机中几个中断源的序号，8051 单片机的中断类型号取值为 0～4，编译器从中断类型号×8+3 处产生中断向量。8051 单片机中断源对应的中断类型号和中断向量见表 5-8。

工作寄存器组号是指 8051 单片机内部 RAM 中的 4 个工作寄存器组，每个工作寄存器组包括 8 个工作寄存器（R0～R7）。关键字"using"是对单片机 4 个工作寄存器组的选择，using 选中的工作寄存器组的内容会被入栈，函数返回前会将被保护的工作寄存器组的内容出栈。

编写 C51 中断函数注意事项如下。

（1）中断函数不能进行参数传递，如果中断函数中包含任何参数声明都会导致编译出错。

（2）中断函数没有返回值，建议在定义中断函数时将其定义为 void 类型。

（3）在任何情况下都不能直接调用中断函数，否则会产生编译错误。

（4）如果在中断函数中调用了其他函数，则被调用函数所使用的工作寄存器组必须与中断函数使用的工作寄存器组保持相同。

（5）C51 编译器对中断函数编译时会自动在程序开始和结束处加上相应的内容。若中断函数未加 using n 修饰符，则开始时还要将 R0～R1 入栈，结束时出栈。若中断函数加 using n 修饰符，则在开始时将 PSW 入栈后还要修改 PSW 中的工作寄存器组选择位。

5.3.3　中断系统的应用

【例 5-1】用中断方式控制两组发光二极管交替闪烁。

如图 5-14 所示，51 单片机的 P0.0～P0.7 引脚接入 8 个发光二极管，外部中断 0 的输入引脚 $\overline{INT0}$ 上接入按键开关，要求外部中断 0 采用下降沿触发方式。程序启动后，P0 的 8 个发光二极管全部点亮。按下一次中断请求开关，$\overline{INT0}$ 接入低电平，产生一个低电平外部中断请求信号，让 8 个发光二极管中序号为奇数的 4 个与序号为偶数的 4 个交替闪烁，直到完成第 3 次时中断返回，8 个发光二极管全亮。

参考程序：

```
#include<reg51.h>
#define uchar unsigned char
void delay(unsigned int m)    //设置延时函数delay()，形式参数为m
{
  unsigned int n;
  for(;m>0;m--)
  for(n=0;n<333;n++)
  {;}
}
void main()                        //主函数
```

```
    {
      EA=1;                               //中断允许总开关位开启
      EX0=1;                              //外部中断0允许位开启
      IT0=1;                              // INT0 选择下降沿触发
      while(1)                            //停留在此，等待中断
      {P0=0;}                             //P0口输出低电平，8个发光二极管全部点亮
    }
    void int0() interrupt 0 using 1       //外部中断0服务程序
    {
      uchar i;
      EX0=0  ;                            //撤销 INT0 中断
      for(i=0;i<3;i++)                    //循环3次
      {
        P0=0xaa;                          //编号为奇数的发光二极管点亮
        Delay(600);                       //延时
        P0=0x55;                          //编号为偶数的发光二极管点亮
        Delay(600);                       //延时
        EX0=1;                            //中断返回前，打开外部中断0中断
      }
    }
```

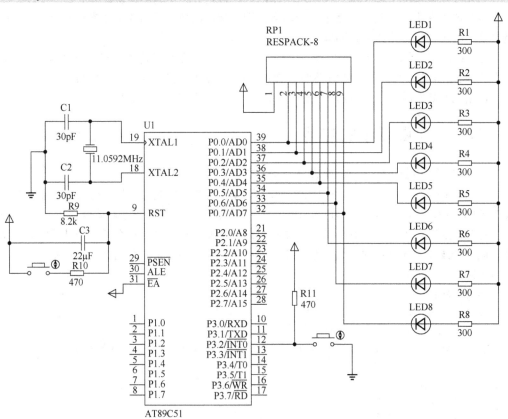

图 5-14　用中断方式控制两组发光二极管交替闪烁电路

其仿真图如图 5-15 所示（仿真图保持软件输出的原样，下同）。

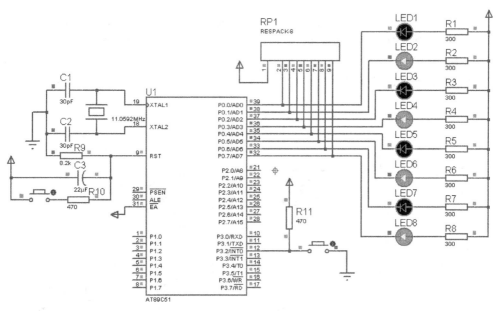

图 5-15 发光二极管交替闪烁电路仿真图

【例 5-2】用中断方式扫描 4×4 的行列式键盘。

如图 5-16 所示为一个 4×4 的行列式键盘数显电路。其中，4 条行线作为与门元件 4082 的输入，与门的输出端与外部中断 0 的输入引脚 $\overline{INT0}$ 相连。

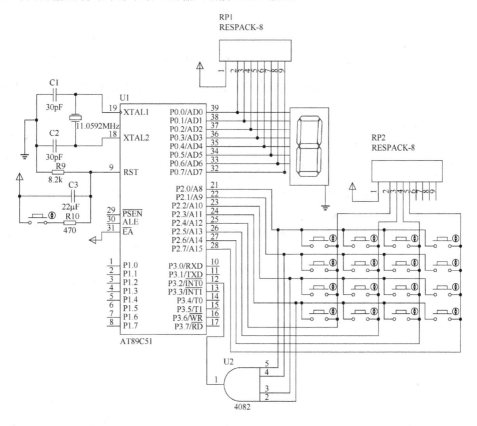

图 5-16 4×4 的行列式键盘数显电路

　　行列式的键盘将 I/O 口分为行线和列线，按键处于行与列的交点上，列线通过上拉电阻接电源正极。当各列的电平都为低电平时，按下任意一个按键，与门输出端形成下降沿触发外部中断 0 的中断请求。

　　其仿真图如图 5-17 所示。

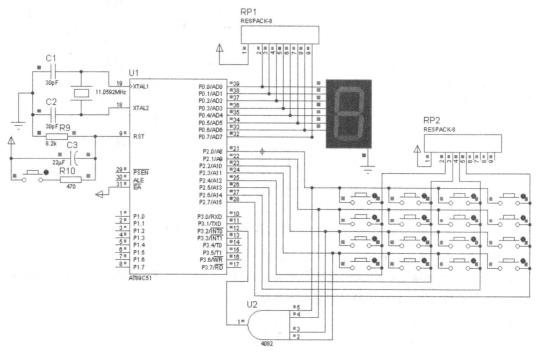

图 5-17　4×4 的行列式键盘数显电路仿真图

　　将按键扫描查询过程放入中断函数中运行，能加快 CPU 响应按键输入的速度，提高工作效率。
　　参考程序：

```c
#include<reg51.h>
char led_mod[]={0x3f,0x06,0x5b,0x4f,              //显示字模
          0x66,0x6d,0x7d,0x07,
          0x7f,0x6f,0x77,0x7c,
          0x58,0x5e,0x79,0x71};
char key_buf[]={0xee,0xde,0xbe,0x7e,              //按键值
          0xed,0xdd,0xbd,0x7d,
          0xeb,0xdb,0xbb,0x7b,
          0xe7,0xd7,0xb7,0x77};
void getkey() interrupt 0                         //外部中断0服务程序
{
    char key_scan[]={0xef,0xdf,0xbf,0x7f};        //按键扫描码
    char m=0,n=0;
    for(m=0;m<4;m++)
    { P2=key_scan[m];                             //输出扫描码
      for(n=0;n<16;n++)
      {
        if(key_buf[n]==P2)                        //读取按键值并判断按键值
        {   P0=led_mod[n];                        //显示闭合按键码
```

```
            break;
        }
    }
}
    P2=0x0f;                        //为下一次的中断做准备
}
void main(void)
{   P0=0x00;                        //上电时黑屏
    IT0=1;                          //外部中断0选择下降沿触发
    EX0=1;                          //外部中断0中断允许位开启
    EA=1;                           //总中断允许位开启
    P2=0x0f;                        //为首次中断做准备，列全为0，行全为1
    while(1);                       //停留在此，等待中断
}
```

【例 5-3】中断优先级嵌套。

如图 5-18 所示，51 单片机的 P0.0～P0.7 引脚接入 8 个发光二极管，外部中断 0 的输入引脚 $\overline{\text{INT0}}$ 上接入按键开关 1，外部中断的输入引脚 $\overline{\text{INT1}}$ 上接入按键开关 2，要求外部中断请求 0 和 1 采用下降沿触发方式，外部中断 0 为低优先级，外部中断 1 为高优先级。当开关 1 和开关 2 未被按下时，P0 口的 8 个发光二极管呈现流水灯显示，当按下开关 1 时，产生低优先级中断请求外部中断 0，开始外部中断 0 中断服务程序，使得 8 个发光二极管中序号为奇数的 4 个与序号为偶数的 4 个交替闪烁。按下开关 2 时，产生高优先级的外部中断请求 1，进入外部中断 1 的服务程序，发光二极管分为高 4 位和低 4 位两组交替闪烁 3 次后从外部中断 1 返回到外部中断 0 的中断服务程序。

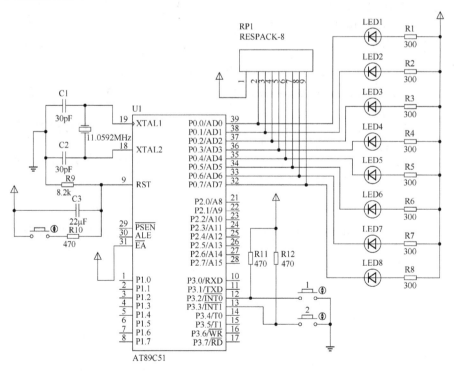

图 5-18 中断嵌套控制 8 个发光二极管

参考程序：

```c
#include<reg51.h>
#define uchar unsigned char
void delay (unsigned int m)                //延时函数delay()
{ unsigned int n;
  for(;m>0;m--)
  for(n=0;n<333;n++)
  {;}
}
void main()                                //主函数
{
  uchar display[9]={0xfe,0xfd,0xfb,0xf7,   //流水灯显示
             0xef,0xdf,0xbf,0x7f};
  uchar i;
  for(;;)
  {
    EA=1;                                  //总中断允许位开
    EX0=1;                                 //外部中断0允许位开
    EX1=1;                                 //外部中断1允许位开
    IT0=1;                                 //外部中断0下降沿触发
    IT1=1;                                 //外部中断1下降沿触发
    PX0=0;                                 //外部中断0设置为低优先级
    PX1=1;                                 //外部中断1设置为高优先级
    for(i=0;i<9;i++)                       //主程序流水灯
    { delay(400);
    P0=display[i];
    }
  }
}
void int0_isr(void) interrupt 0 using 0    //外部中断0中断函数
{ for(;;)
  { P0=0xaa;                               //编号为奇数的发光二极管点亮
    delay(500);
    P0=0x55;                               //编号为偶数的发光二极管点亮
    delay(500);
  }
}
void int_isr(void) interrupt 2 using 1     //外部中断1的中断函数
{ uchar b;
  for(b=0;b<3;b++)
  { P0=0x0f;
    delay(500);
    P0=0xf0;
    delay(500);
  }
}
```

其仿真图如图 5-19、图 5-20 和图 5-21 所示。

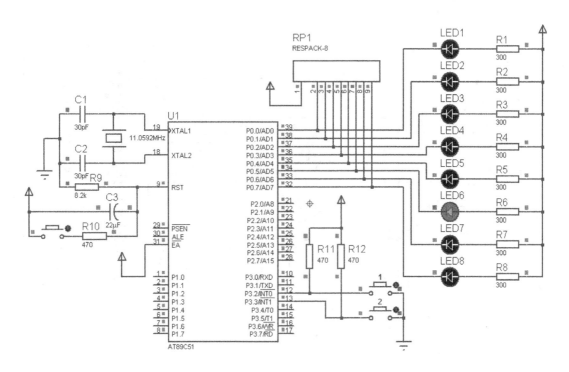

图 5-19　主程序流水灯闪烁仿真图

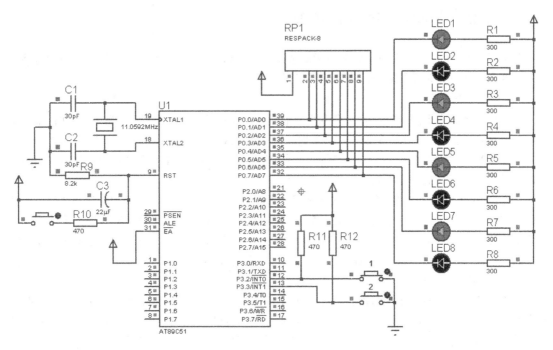

图 5-20　低优先级外部中断 0 奇数组和偶数组交替闪烁仿真图

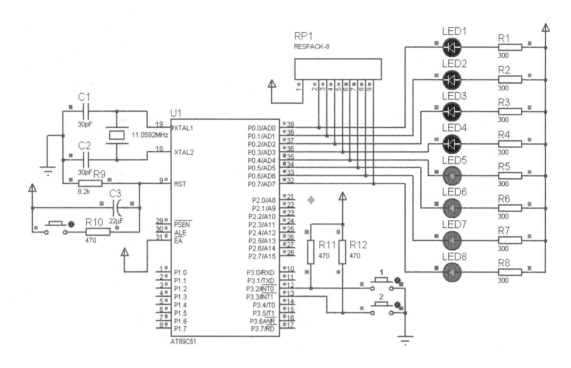

图 5-21　高优先级外部中断 1 高 4 位和低 4 位交替闪烁仿真图

5.3.4　外部中断输入口扩充

由于 8051 单片机只有两个外部中断请求源的输入口，但在实际状况中，外部中断源可能会多于两个，所以此时需要对外部中断输入口进行扩充。

1. 查询法扩充

外部中断源多于两个时，可以将中断请求源通过逻辑门输出给 $\overline{INT0}$ 或 $\overline{INT1}$，并把中断请求源连接到 I/O 口上，当中断源引起中断时，在中断函数中编写查询语句，判断中断源。

如 5.3.3 节中的与门扩充外部中断输入口用中断方式扫描 4×4 的行列式键盘就是采用与门连接键盘 4 条行线来提高中断请求信号的。

如图 5-22 所示，由或非门连接 4 个故障中断请求信号，当 4 个故障源都为低电平时，或非门输出高电平，不会引起中断；当某一个中断源由低电平变为高电平时，或非门输出电平发生跳变，触发外部中断 0，引起单片机中断；中断函数查询 P1 口的输入电平的状态即可判断故障中断请求信号的来源，点亮对应的发光二极管进行故障指示。

2. 专用芯片扩充

查询法的中断响应速度比较慢，对于外部中断请求源较多且要求中断系统能快速响应时，查询法扩充外部中断请求输入口的方法很难满足需求，此时可以采用专用的 74LS148 解码芯片来扩充外部中断请求输入口。74LS148 外部中断源扩充逻辑图如图 5-23 所示。

当优先权解码器 74LS148 的任何一个输入口都有中断信号输入时，就会通过 GS 引脚输出中断请求信号至 $\overline{INT0}$ 产生外部中断请求，中断函数只需保存 74LS148 芯片产生的中断分支码，把自定义的中断标志置位即可返回。主程序通过中断标志判断有无外部中断发生，然后根据中断分支码判断中断请求源，以此来实现最多 8 个外部中断源的扩展。

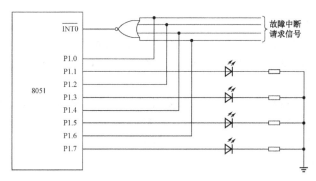

图 5-22　4 个外部中断请求源扩充逻辑图

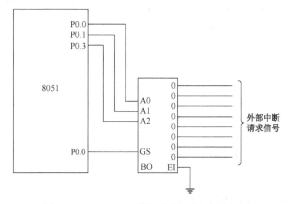

图 5-23　74LS148 外部中断源扩充逻辑图

5.4　定时器/计数器软件设计

5.4.1　概述

51 单片机有两个定时器/计数器 T0 和 T1，共 4 种工作方式。其中，工作方式 0 与工作方式 1 仅有计数位数的差异，工作方式 0 的 13 位计数是为了兼容 MCS-48 系列而设计的，由于 13 位计数的计数初值计算复杂，所以常用工作方式 1 的 16 位计数。

定时器/计数器的工作方式和工作过程都可以使用软件进行设置和控制，与中断系统一样，定时器/计数器在工作前必须对其初始化，设置好工作方式并计算出计数初值。

5.4.2　定时器/计数器初始化

1. 初始化过程

（1）根据设计需求，选择合适的工作方式，确定工作方式控制字，写入 TMOD 中设置定时器/计数器的工作方式。

（2）根据设计需求，计算出计数初值并写入初值寄存器（TL0、TH0 或 TL1、TH1）。

（3）根据设计需求，设置中断允许控制寄存器 IE 和中断优先级控制寄存器 IP，开放中断并设置中断优先级。

（4）设置 TMOD，启动定时器/计数器。

2. 计数初值计算

定时器/计数器工作方式 0 为 13 位定时器/计数器，计数范围为 $1\sim2^{13}$；工作方式 1 为 16 位定时器/计数器，计数范围为 $1\sim2^{16}$；工作方式 2 和工作方式 3 都是 8 位定时器/计数器，计数范围为 $1\sim2^8$。

定时器/计数器在计数器模式工作前要设定计数初值，写入初值寄存器中，计数初值为该工作方式计数最大值减去设计所需要计数的值。计数器从计数初值开始进行计数，计满后归零。

$$X=M\text{-计数值} \tag{5-1}$$

式中 X——计数初值；

　　M——计数器在当前模式的最大计数值。

定时器/计数器的定时器模式的计数脉冲为片内系统计数脉冲，该脉冲为系统时钟脉冲 12 分频后获得的，时长上等于 1 个机器周期。

$$X=M-t/T \tag{5-2}$$

式中 X——计数初值；

　　M——计数器在当前模式的最大计数值；

　　t——定时器的定时时间；

　　T——内部计时脉冲的周期，等于机器周期。

5.4.3　定时器/计数器的应用

【例 5-4】定时器控制发光二极管闪烁。

如图 5-24 所示，51 单片机的 P0 口上接入 8 只发光二极管，单片机的系统时钟频率为 12MHz。要求采用定时器/计数器 T0 工作方式 1，使 8 只发光二极管每 1s 闪烁一次。

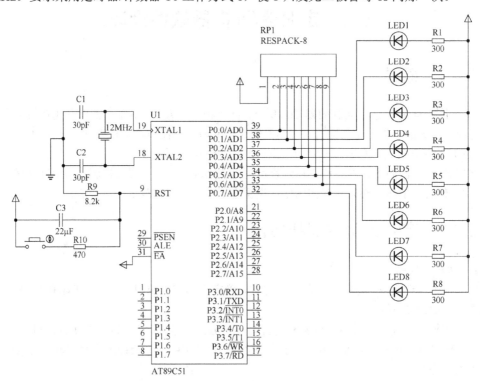

图 5-24　定时器控制发光二极管闪烁电路

由于采用定时器/计数器的工作方式 1，时钟频率为 12MHz，所以单片机的系统计数脉冲周期 $T=12\times[1/(12\times10^6)]=1\mu s$，定时器/计数器工作方式 1 的最大定时为 $2^{16}\times T=65.536ms$，无法直接获得 1s 的定时。因此采用软件循环重载计数初值，先使用 T0 实现一个 10ms 的定时器，然后将软件收到 T0 的计数溢出中断使计数初值复原，直到循环达到 100，完成 1000ms 定时计数后再将 P0 口的状态取反。

定时器初值：$X=2^{16}-10ms/1\mu s=65536-10000=55536=D8F0H$。

参考程序：

```
#include<reg51.h>
unsigned char count=0;
void main()
{  TMOD=0X01;                  //定时器T0设置为工作方式1
   TH0=0xd8;                   //定时10ms
   TL0=0xf0;
   P0=0x00;
   EA=1;                       //总中断允许位开
   ET0=1;                      //允许定时器T0中断
   TR0=1;                      //定时器T0启动
   while(1);                   //循环
   {  ;
   }
}
void timer0() interrupt 1      //定时器T0中断函数
{  TH0=0xd8;                   //恢复初值
   TL0=0xf0;
   if(++count==100)            //循环100次
   {  P0=~P0;
      count=0;
   }
}
```

【例 5-5】定时器产生方波。

如图 5-25 所示，系统计数脉冲频率为 12MHz，定时器 T0 分别采用工作方式 1 和工作方式 2，在 P2.0 引脚上产生周期为 0.4ms 的方波。

（1）采用工作方式 1 产生周期为 0.2ms 的方波，由定时器 T0 产生 0.2ms 的定时中断，中断时对 P2.0 引脚输出取反。

计数初值：$X=2^{16}-0.2ms/1\mu s=65536-200=65336=FF38H$。

参考程序：

```
#include<reg51.h>
sbit P2_0=P2^0;                //定义特殊功能寄存器P2的位变量P2_0
void main(void)                //主程序
{  TMOD=0X01;                  //定时器0工作方式设置
   TR0=1;                      //定时器T0启动
   while(1)                    //无限循环
   {  TH0=0xff;                //设置T0的计数初值
      TL0=0x38;
      do{}while(!TF0);         //判断定时器是否溢出中断，若溢出则向
```

```
                                        //下执行，否则原地循环
    P2_0=!P2_0;                         //P2.0状态取反
    TF0=0;                              //定时器溢出标志取反
    }
}
```

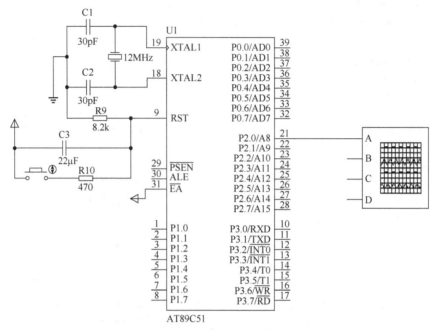

图 5-25　定时器产生方波电路

工作方式 1 输出脉冲仿真波形如图 5-26 所示。

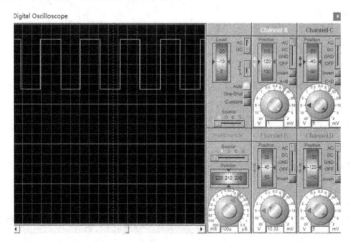

图 5-26　工作方式 1 输出脉冲仿真波形

（2）采用工作方式 2。

计数初值：$X=2^8-0.2\text{ms}/1\mu\text{s}=256-200=56=38\text{H}$。

参考程序：

```
#include<reg51.h>
sbit P2_0=P2^0;
```

```
timer0() interrupt 1                    //定时器T0中断函数
{
    P2_0=!P2_0;                         //P2.0状态取反
}
main()
{   TMOD=0x02;
    TH0=0x38;                           //装入定时器计数初值
    TL0=0x38;
    EA=1;                               //中断总允许位开启
    ET0=1;                              //定时器T0溢出中断允许控制位开启
    TR0=1;                              //定时器T0启动
    while(1);
}
```

相对于定时器工作方式 0 和工作方式 1，工作方式 2 只需要在程序初始化时载入一次计数初值，避免了软件重载计数初值造成的定时不连续，简化了程序设计并提高了波形的精确度。但由于工作方式 2 是 8 位定时器/计数器，所以计数的范围较小。

【例 5-6】记录按键次数。

如图 5-27 所示，用单片机对按键次数进行记录，并将次数用数码显示管显示出来，记录范围为 0～99，满 100 后自动循环。

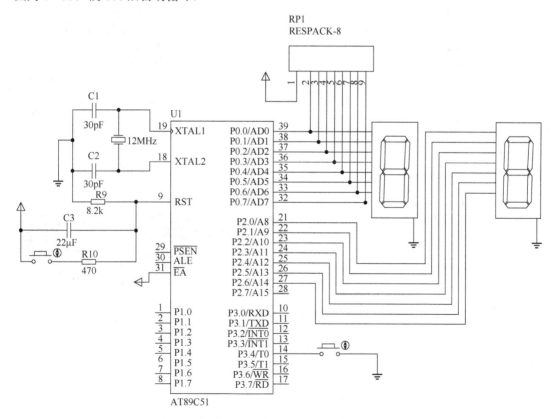

图 5-27　记录按键次数电路

将定时器/计数器设定在计数器模式，当计数器接收外部计数脉冲造成满值溢出时会发出计数溢出中断请求。将计数器 T0 设置为工作方式 2，把计数值定为 1，只要按键产生 1 个计数脉冲 T0 就会产生中断请求。而工作方式 2 会自动重载计数初值，这样简化了程序的设计。

对于个位和十位的取值，可以通过对计数器 count 进行"count%10"（取余）和"count/10"（整除 10）得出。

计数初值：$X=2^8-1=255=$FFH。

参考程序：

```
#include<reg51.h>
unsigned char code table[]={0x3f,0x06,0x5b,0x4f,0x66,
                    0x6d,0x7d,0x07,0x7f,0x6f};    //数码管显示字模
unsigned char count=0;                           //软件计数器赋值
int0_srv() interrupt 1                           //T0中断函数
{  count++;                                      //计数器加1
   if(count==100) count=0;                       //判断循环是否够100次
   P0=table[count/10];                           //P0口显示十位值
   P2=table[count%10];                           //P2口显示个位值
}
main()
{  P0=P2=table[0];                               //个位十位初值为0
   TMOD=0x06;                                    //T0为工作方式2
   TH0=TL0=0xff;                                 //计数初值255
   ET0=1;                                        //允许T0溢出中断
   EA=1;                                         //中断允许总控制位开启
   TR0=1;                                        //计数器T0启动
   while(1)                                      //循环等待
   {;}
}
```

其仿真图如图 5-28 所示。

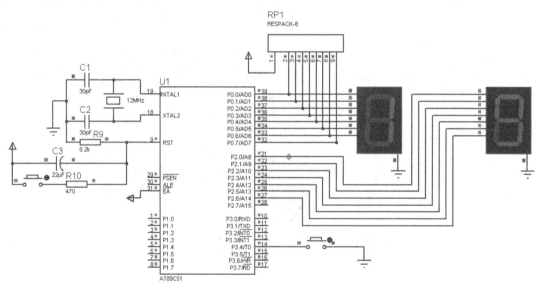

图 5-28　按键次数记录仿真图

第 6 章　串行通信

计算机与外部设备进行信息交换和数据传输的操作称为通信，51 单片机常见的通信方式有串行通信和并行通信。本章将讲解 51 单片机串行口的结构、工作方式及其应用，并介绍 51 单片机串行通信的 C 语言基础和串行口调试助手的使用方法。

6.1　串行通信原理

6.1.1　概述

1. 并行通信与串行通信

并行通信：计算机的并行通信的各数据位同时进行发送或接收，通常使用多条数据传输线路将数据字节的各个位同时发送，数据的每一位都要占用一条数据传输线，同时还需要一条或多条控制线路来控制通信。并行通信示意图如图 6-1 所示。

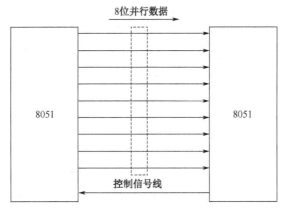

图 6-1　并行通信示意图

并行通信可以同时发送多位数据，相比于串行通信来说其传输速率高、通信效率高，但数据位数决定了传输线的数量，在长距离传输时使用并行通信将使成本变高，因此并行通信一般适合短距离数据传输，计算机内部的通信一般使用并行通信。

串行通信：其示意图如图 6-2 所示，串行通信是将字节数据拆成一位一位的形式通过一条数据传输线通信。

串行通信只需要一条数据传输线即可完成通信，通信速率低于并行通信，不适用于高速通信，但在远距离通信时，可以节约通信成本。串行通信的数据按位进行传输，单位时间传输的二进制数的位数称为波特率，波特率用来反映串行通信的速率。

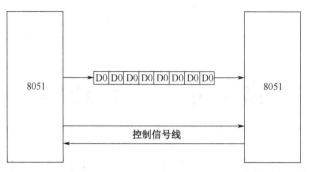

图 6-2　串行通信示意图

2. 串行通信的方式

串行通信是让数据在两个计算机之间进行传输的，根据数据的流向，可以将串行通信分为单工方式、半双工方式和双工方式。

单工方式：如图 6-3 所示，单工方式的数据传输线一端接数据发送器，另一端接数据接收器，数据只能沿一个方向传输。单工方式的用途有限，常用于串行口的打印数据和简单的数据采集。

半双工方式：如图 6-4 所示，半双工方式的每个设备都有发送器和接收器，因此数据能从设备 1 发送到设备 2，也能从设备 2 发送到设备 1，数据能实现双向传输，但数据不能同时在两个方向传输，即一个设备在工作时不能同时接收数据和发送数据。实际应用中采用某种通信协议实现收发转换。

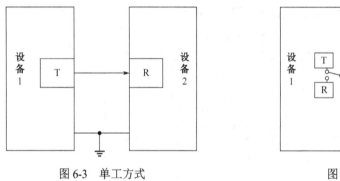

图 6-3　单工方式　　　　　　　　　　图 6-4　半双工方式

双工方式：如图 6-5 所示，双工方式的每个通信设备都带有发生器和接收器，每个设备都可以同时发送数据和接收数据，数据可以在两个方向同时传输，其设备及线路比较复杂。

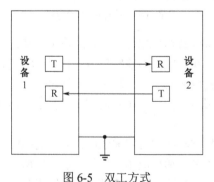

图 6-5　双工方式

除了这三种传统的通信方式，比较常用的还有多机通信，51 单片机的多机通信会在串行通信应用部分讲解。

3. 串行通信的方式

按照数据的传输方式，可以将串行通信分为异步通信和同步通信。

（1）异步通信。

异步通信是指数据发送和接收设备由各自的时钟控制数据收发的过程，异步通信可以省去连接两个设备的同步时钟信号线，使得异步通信的连线更加简便。异步通信数据以字符构成的帧为单位进行传输。字符与字符之间的时间间隔任意，每个字符中的各位是以固定的时间传送的，即字符间异步传输，但字符内是同步的。数据传输停止时，数据传输线上为高电平。

如图 6-6 所示，异步通信每个字符都是一帧的信息，每一个字符都被当作独立的信息来传送。字符帧包含起始位、数据位、校验位和停止位。

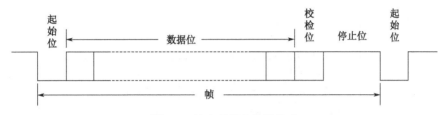

图 6-6 异步通信字符帧格式

① 起始位：一个字符开始传送的标志位，占 1 位，位于字符帧的开头，用于向接收设备表示发送端开始发送一帧数据，起始位始终为低电平，数据线处于 0 状态。

② 数据位：字符帧传输的数据信息，占 5～8 位（与字符编码有关），低位在前，高位在后，依次传送。

③ 校验位：数据位之后为校验位，占 1 位，可以用作双机通信的奇偶校验位，在多机通信时用作地址/数据信息的标志位。作为校验位时可以根据需求选择奇校验、偶校验和无校验。

④ 停止位：位于数据帧的最后，表示这一帧数据发送完毕，始终为高电平。根据需求可以设置为 1 位、1.5 位或 2 位。

⑤ 帧：从开始位到停止位为 1 帧。

异步通信是把字符逐个传输，每个字符都逐位传输，每个字符都从起始位开始，停止位结束，字符间的间隔（空闲位）任意长。

（2）同步通信。

在设定的通信速率下，发送装置和接收装置的时钟信号频率和相位始终保持一致（同步），这就保证了通信双方在发送和接收数据时具有完全一致的定时关系，由于发送和接收的双方采用同一时钟，所以在传送数据的同时还要传送时钟信号，以便接收方可以用时钟信号来确定每个信息位。同步通信要建立发送设备对接收设备的直接控制，使收发双方完全同步。

同步通信的数据以块为单位进行传输，是一种连续串行数据传输方式。同步通信一次传输一个信息帧，一个信息帧包含若干个数据字符，通常一次通信传输数据从几十字节到几千字节，通信效率较高。但它要求在通信中保持精确的同步时钟，所以其发送器和接收器比较复杂，成本也较高，一般用于传输速率要求较高的场合。

如图 6-7 所示，同步通信采用信息帧收发，信息帧的开端为同步字符，之后数据连续传输（同步通信不能有间隙，没有数据时用空字符补充）。接收端收到同步字符后按设定的传输速率接收数据块。

图 6-7 同步通信信息帧格式

6.1.2 串行口的结构

如图 6-8 所示，51 单片机内部有一个双工的串行口，可编程控制，该串行口可以用于网络通信、串行异步接收/发送，还能作为同步移位寄存器。串行口具有两个独立的串行收/发数据缓冲寄存器 SBUF，可以做到同时收发数据。发送时使用的 SBUF 只能写入不能读出，接收时使用的 SBUF 只能读出不能写入，两个缓冲器（特殊功能寄存器）地址相同（99H），由于它们功能相反，所以不会发生地址冲突。

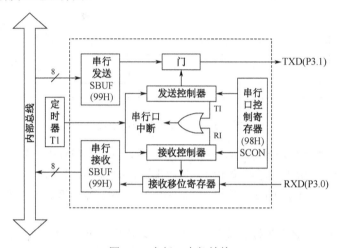

图 6-8 串行口内部结构

发送控制器在门电路和定时器 T1 的配合下，将发送寄存器的并行数据转换为串行数据，然后自动生成起始位、校验位和停止位。数据转换完成后，串行口发送中断请求标志位 TI 置 1，发出中断请求通知 CPU 将发送数据缓冲寄存器 SBUF 中的数据发送到 TXD 引脚。CPU 响应中断后，用软件将 TI 复位并把下一帧数据写入 SBUF。

接收控制器在接收移位寄存器和定时器/计数器 T1 的配合下，把 RXD 引脚接收的串行数据转化为并行数据，自动除掉起始位、校验位和停止位。数据转换完成后串行口接收中断请求标志位置 1，发出中断请求提醒 CPU 接收的数据已经存入接收数据缓冲寄存器 SBUF。CPU 响应中断后用软件将 RI 复位并取走串行数据，然后准备下一帧数据的输入。

接收缓冲寄存器 SBUF 前的接收移位寄存器可以避免在接收数据时数据帧发生重叠。发送端为单缓冲结构，没有多一级的缓冲寄存器，这是因为发送时数据由 CPU 主动发出，不会出现数据帧重叠现象。接收数据端为双缓冲结构，当一帧的数据接收进入接收数据缓冲寄存器 SBUF 后，若 CPU 未能及时读取该帧数据而第二帧数据已经到来，接收端还可以通过接收移位寄存器接收下一帧数据，防止这两帧数据发送重叠错误。

定时器 T1 产生收发过程的时钟脉冲，发送数据时时钟脉冲下降沿对应数据移位输出；接收时时钟脉冲上升沿对应数据采样输入。时钟的周期由定时器控制寄存器来设置。

串行口的数据帧格式可以是 8 位、10 位、11 位 3 种，并且有多种波特率，通过引脚 RXD 和 TXD 与外部设备进行数据交换。

6.1.3 串行口控制

51 单片机的串行口为可编程接口，其控制寄存器包括串行口控制寄存器 SCON 和电源控制寄存器 PCON。

1. 串行口控制寄存器 SCON

SCON 的字节地址为 98H，可以进行位寻址，位地址范围为 98H～9FH。SCON 的格式如表 6-1 所示。

表 6-1 SCON 的格式

	D7	D6	D5	D4	D3	D2	D1	D0
SCON	SM0	SM1	SM2	REN	TB8	RB8	TI	RI
位地址	9FH	9EH	9DH	9CH	9BH	9AH	99H	98H

（1）SM0 与 SM1：串行工作方式选择位。

SM0=0，SM1=0 时，选择工作方式 0，8 位同步移位寄存器输入/输出方式，波特率为 $f_{osc}/12$，可外接移位寄存器以扩展 I/O 口。

SM0=0，SM1=1 时，选择工作方式 1，一帧信息为 10 位异步收发（发送或接收一帧信息，包括 1 个起始位 0，8 个数据位和 1 个停止位 1），波特率可变，可以通过对定时器 T1 的设置来控制。

SM0=1，SM1=0 时，选择工作方式 2，一帧信息为 11 位异步收发，波特率为 $f_{osc}/64$ 或 $f_{osc}/32$。

SM0=1，SM1=1 时，选择工作方式 3，一帧信息为 11 位异步收发，波特率可变，可以通过对定时器 T1 的设置来控制。

（2）SM2：多机通信控制位。

因为多机通信是建立在工作方式 2 和工作方式 3 上进行的，SM2 主要用于工作方式 2 或工作方式 3，一定不能用在工作方式 0，所以串行口在工作方式 0 时，SM2 一定要设置为 0；若在工作方式 1 时将 SM2 设置为 1，则只有收到有效停止位（数据的第 9 位为 1）时，RI 才会置位。

串行口在工作方式 2 或工作方式 3 时，若 SM2=1，则只有收到的有效数据的第 9 位为 1 时，RI 才会置位，产生中断请求，然后把前 8 位的数据送入 SBUF；当数据的第 9 位为 0 时，会将前 8 位丢失。当 SM2=0 时，直接将收到的前 8 位数据送入 SBUF，并产生中断请求。

（3）REN：允许接收控制位。

REN 用于控制数据接收，当 REN=0 时，允许串行口接收数据；当 REN=1 时，禁止串行口接收数据。REN 的值由软件设置，通过软件置位和清零来控制串行口接收的允许和禁止。

（4）TB8：发送数据位 8（发送的第 9 位数据）。

串行口在工作方式 2 或工作方式 3 时，TB8 存放的是要发送数据的第 9 位。其值由软件来置位或清零。双机通信时，TB8 常用作奇偶检验位；在多机通信中，TB8 用来表示发送的是地址还是数据，TB8=0 时为数据，TB8=1 时为地址。

（5）RB8：接收数据位 8（接收的第 9 位数据）。

串行口在工作方式 1 时，若 SM2=0，则 RB8 存放接收数据帧的停止位。在工作方式 2 或工作方式 3 时，RB8 存放接收的数据帧的第 9 位数据，用来识别数据帧的数据特征：奇偶检验位或数据/地址标志位。在工作方式 0 时不使用 RB8。

（6）TI：发送中断标志位。

TI 用于指示一帧信息是否发送完成。当串行口在工作方式 0 时，串行口发送的第 8 位数据完成后，TI 由硬件置位。在其他工作方式中，串行口开始发送停止位时由硬件置位。TI 置位表示一帧的数据发送完成，并申请中断。根据需要，TI 的状态可供软件查询，也可以申请中断的方式获取，来决定 CPU 是否向 SBUF 中写入要发送的下一帧数据，TI 发送数据前必须由软件清零。

（7）RI：接收中断标志位。

RI 用于指示一帧数据接收是否完成。当串行口在工作方式 0 时，串行口接收的第 8 位数据完成后，RI 由硬件置位。在其他工作方式中，串行口接收到停止位时（中间时刻）由硬件置位。RI 置位表示一帧的数据接收完成，并申请中断。根据需要，RI 的状态可供软件查询，也可以申请中断的方式获取，来决定 CPU 是否从 SBUF 中读取数据。RI 必须用软件清零。

2. 电源控制寄存器 PCON

PCON 是为了在 CHMOS 型单片机（如 80C51）上实现电源控制而设置的特殊功能寄存器，字节地址为 87H，不可以位寻址，其格式如表 6-2 所示。注意，HMOS 型单片机只有最高位有定义。

表 6-2　PCON 的格式

	D7	D6	D5	D4	D3	D2	D1	D0
PCON	SMOD	—	—	—	GF1	GF0	PD	IDL

PCON 中只有 SMOD 与串行口通信有关，低 4 位主要用于 51 单片机的电源控制。

SMOD：串行口波特率倍增位。

SMOD=1 时的波特率是 SMOD=0 时波特率的两倍，系统复位后，SMOD=0。

6.1.4　单片机串行口的工作方式 0

工作方式 0 是同步移位寄存器输入/输出方式，这种工作方式不是用作单片机间的异步串行通信，而是用作外接移位寄存器扩展并行口。串行口工作方式 0 无论输入还是输出，数据都只流过 RXD 引脚，TXD 引脚用于输出移位脉冲，使两个单片机的时钟保持一致。

工作方式 0 的数据帧为 8 位，无起始位和停止位，收发顺序为低位在前、高位在后，波特率固定为 $f_{osc}/12$，TXD 引脚输出的移位脉冲即为工作方式 0 的波特率，每一个移位脉冲使 RXD 端输入或输出一位二进制码。

1. 工作方式 0 输出

单片机串行口发送数据是在 TI=0 时进行的，发送数据缓冲寄存器 SBUF 相当于一个并行输入、串行输出的移位寄存器。当 CPU 执行将数据写入 SBUF 的指令时，产生一个正脉冲，串行口把 SBUF 中的 8 位数据以 $f_{osc}/12$ 的固定波特率从 RXD 引脚串行输出，TXD 引脚输出同步移位脉冲。当一帧数据发送完成时，发送中断请求标志位 TI 由硬件置位，并向 CPU 发出中断请求，如果要发送下一帧数据，则需要用软件将 TI 清零。串行口工作方式 0 数据发送既可以采用查询方式，也可以采用中断方式。

（1）查询方式：CPU 通过判断语句查询中断请求标志位 TI 的值，如果 TI=1 则结束查询，清零 TI，准备下一帧数据的发送；如果 TI=0 则继续查询，等待 TI 置位。

（2）中断方式：采用中断方式必须开放相应的中断，TI 置位产生中断请求，CPU 响应中断，在中断函数中先清零 TI，再将准备发送的下一帧数据送入 SBUF。

2. 工作方式 0 输入

工作方式 0 的数据接收过程在 RI=0 且 REM=1 时进行，单片机的 TXD 引脚用于发送同步移位脉冲，RXD 为串行数据接收端，接收数据缓冲寄存器 SBUF 相当于一个串行输入、并行输出的移位寄存器。工作方式 0 要接收数据，SCON 的串行口允许接收控制位 REN 必须先置位，当 CPU 向串行口的 SCON 写入控制字（REN=0，RI=0）时，产生一个正脉冲，串行口开始接收数据，接收器以 TXD 输出的移位脉冲信号（固定波特率 $f_{osc}/12$）采样 RXD 引脚的输入数据。当 8 位数据被存入接收数据缓冲寄存器 SBUF 中时，接收中断标志位 RI 由硬件置位，发出中断请求，表示数据已经存入缓冲器，CPU 可以读取其中的数据。在下一帧数据接收前，RI 必须由软件清零。与串行口 0 数据发送相同，数据接收同样可以采用查询和中断两种方式。

（1）查询方式：CPU 通过判断语句查询接收中断标志位 RI 的值，如果 RI=1 则结束查询，清零 RI，准备下一帧数据的接收；如果 RI=0 则继续查询，等待 RI 置位。

（2）中断方式：采用中断方式必须开放相应的中断，RI 置位产生中断请求，CPU 响应中断，在中断函数中先清零 RI，再准备接收下一帧数据。

6.1.5 单片机串行口的工作方式 1

单片机串行口的工作方式 1 是双机串行通信方式，串行口被设定为波特率可变的 10 位异步通信方式，收发的一帧数据由 1 个起始位 0、8 个数据位和 1 个停止位 1 组成。数据位传输时低位在前，高位在后。

1. 工作方式 1 输出

由于异步通信双方不需要同步时钟，所以单片机的 TXD 引脚用于发送数据，而数据的发送端和接收端都有自己的移位脉冲，只需要通过设置共同的波特率即可实现双方的同步。

工作方式 1 发送数据前要将 TI 清零，当 CPU 执行将数据写入发送数据缓冲寄存器 SBUF 的命令后，启动发送过程，发送电路会在 8 位数据位前后分别加入起始位和停止位。转换好的串行数据由 TXD 引脚输出，此时发送移位脉冲是通过定时器/计数器 T1 输出的溢出信号经过分频（16 分频或 32 分频）得到的，该移位脉冲频率就是发送的波特率。输出数据时，每经过 1 个移位脉冲，TXD 引脚输出 1 个数据位，当 8 位数据位（不包括停止位）发送完成后，TXD 引脚自动维持高电平，并将 TI 置位，通知 CPU 准备下一帧发送数据，此时可以采用查询方式和中断方式来获取 TI 的状态，过程参考工作方式 0 的查询方式和中断方式，同样 CPU 确认 TI 置位后，需要将 TI 清零来为下一帧数据的发送做准备。

2. 工作方式 1 输入

工作方式 1 输入为 10 位异步接收方式，由 RXD 引脚接收数据，接收过程也是建立在 RI=0 且 REN=1 的基础上来启动的。工作方式 1 接收数据的定时信号有两种：接收移位脉冲和接收字符的位检测器采样脉冲。移位脉冲的频率与波特率相同，而采样脉冲的频率是接收移位脉冲频率的 16 倍，即在一位数据的期间，有 16 个采样脉冲以波特率的 16 倍速率采样 RXD 引脚的状态。以其中的第 7、8、9 个采样脉冲作为真正的采样脉冲，对结果采用三取二的原则确定采样值。当 RXD 引脚的采样出现 1 到 0 的负跳变时，启动接收检测器。

当取样到起始位有效（为 0）时，开始接收一帧的数据，接收每一位数据也是对第 7、8、9 个采样脉冲结果以三取二的方式确定检测值，确保采样的准确性。当一帧数据接收完成后，只有同时满足以下两个条件时，停止位才会进入 RB8，8 位串行数据才能被接收数据缓冲寄存器 SBUF 接收，否则数据丢失。

（1）RI=1，即上一个数据帧接收完成，RI=1 发出中断请求被响应，SBUF 被 CPU 取走而清空。

（2）SM2=0 时直接将前 8 位数据存入 SBUF 并把 RI 置位，或者 SM2=1 且收到的停止位为 1（工作方式 1 接收时，停止位已经进入 RB8），则接收到的数据装入 SBUF 并将 RI 置位。

为了防止数据丢失，工作方式 1 接收数据时需要先用软件将 RI 和 SM2 清零。

工作方式 1 的发送时钟、接收时钟及波特率都是由定时器/计数器 T1 的计数溢出信号经过 32 分频后得到的，并且能通过 SMOD 进行倍率修改，所以工作方式 1 的波特率可变。

6.1.6　单片机串行口的工作方式 2 与工作方式 3

单片机串行口的工作方式 2 为固定波特率的 11 位异步通信方式，数据帧格式为 1 位起始位、8 位串行数据位（低位在前，高位在后），1 位可编程控制位和 1 位停止位。工作方式 3 也是 11 位异步通信方式，区别在于：工作方式 2 的波特率为单片机主频 f_{osc} 经过 32 或 64 分频获得，并且受 SMOD 倍率影响，波特率由 f_{osc} 及 SMOD 倍率决定，只有两种波特率可供选择（$f_{osc} \times 2^{SMOD}/64$，SMOD 为 0 或 1）；工作方式 3 的串行移位时钟由定时器/计数器 T1 的溢出率来决定，因此波特率由定时器/计数器 T1 和 SMOD 共同决定，波特率可变。工作方式 2 与工作方式 3 的差异仅是波特率不同。

相对于工作方式 1，工作方式 2 和工作方式 3 增加了第 9 位数据位。发送时除了需要把发送数据装入 SBUF，还需要把第 9 位装入 SCON 的 TB8，第 9 位数据由用户设置，既可以作为多机通信中的地址/数据信息的标志位，也可以作为双机通信的奇偶检验位，还可以作为其他控制位。

1. 工作方式 2 和工作方式 3 输出

工作方式 2 和工作方式 3 发送的串行数据一帧为 11 位，由 TXD 引脚输出，在发送前需要根据通信协议用软件设置 TB8（多机通信中的地址/数据信息的标志位或双机通信的奇偶检验位），然后将要发送的数据写入发送数据缓冲寄存器 SBUF，启动发送过程。串行口自动将 TB8 取出并装入数据帧第 9 位，再逐一发送出去。一帧数据发送完毕后，TI 置位，CPU 可以用查询方式和中断方式来获取 TI 的状态，为下一帧的信息发送做准备。

2. 工作方式 2 和工作方式 3 输入

REN=1 时，允许串行口接收 TXD 的数据，一帧数据为 11 位。当位检测逻辑采样到 RXD 引脚发生 1 到 0 的负跳变并确认是起始位有效（为 0）时，开始接收 1 帧的数据。在接收到附加的第 9 位数据后，需要同时满足以下两个条件才能将这一帧数据送入 SBUF。

（1）RI=0，即上一个数据帧接收完成，RI=1 发出中断请求被响应，SBUF 被 CPU 取走而清空。

（2）SM2=0 或收到的第 9 位数据位（RB8）为 1。

当满足这两个条件后，接收到的数据送入 SBUF，第 9 位送入 RB8 且将 RI 置位；否则，这一帧数据会被丢弃，且 RI 不会被置位。再过一段时间后，不管上述条件是否满足，接收电路都会复位，然后重新开始检测 RXD 引脚上的电平变化。

6.1.7 串行口波特率

1. 波特率的定义

波特率是串行口每秒传输二进制数据的位数，单位为位/秒（bit/s）。波特率反映了数据传输的速率。串行通信收发双方的数据速率要有一定的协议，波特率的选用不仅与所选用的设备、传输距离和调制解调器型号有关，还与数据传输线的状态有关。

51 单片机串行口有 4 种工作方式，对应 3 种波特率。其中，工作方式 0 和工作方式 2 的波特率固定，而工作方式 1 和工作方式 3 的波特率可以通过修改 T1 的溢出率来设定。

2. 波特率的计算

（1）工作方式 0：波特率固定为系统时钟频率（晶振频率）的 1/12，且不受 SMOD 的影响。如 f_{osc}=24MHz，则

$$波特率 = f_{osc}/12 = 2Mbit/s \tag{6-1}$$

（2）工作方式 2：波特率只与 SMOD 的值相关。

$$波特率 = f_{osc} \times (2^{SMOD}/64) \tag{6-2}$$

式中，SMOD 为 0 或 1。

（3）工作方式 1 和工作方式 3：波特率发生器用定时器 T1，因此波特率由定时器 T1 的溢出率及 SMOD 的值共同决定。波特率发生器是利用定时器提供一个时间基准，通常情况下定时器作为波特率发生器常工作在工作方式 2（自动装载初值模式）。

$$波特率 = 定时器 T1 溢出率 \times (2^{SMOD}/32) \tag{6-3}$$

$$T1 溢出率 = T1 计数率/产生计数溢出所需周期数 = (f_{osc}/12)/(2^K - X) \tag{6-4}$$

式中，K 为 T1 的位数；X 为计数初值；定时器工作在工作方式 0 时，K=13；定时器工作在工作方式 1 时，K=16；定时器工作在工作方式 2 时，K=8。将式（6-4）代入式（6-3）可得：

$$波特率 = (f_{osc}/12) \times (2^{SMOD}/32)/(2^K - X) \tag{6-5}$$

注意，式（6-4）中 T1 的计数率取决于 T1 工作在定时器状态还是计数器状态，当 T1 工作在定时器状态时，计数率为 $f_{osc}/12$；当 T1 工作在计数器状态时，T1 的计数率为外部输入的频率。

T1 产生的常用波特率如表 6-3 所示。

表 6-3 T1 产生的常用波特率

波特率/bit/s	f_{osc}/MHz	SMOD	TH1 初值
62500	12	1	FFH
19200	11.0592	1	FDH
9600	11.0592	0	FDH
4800	11.0592	0	FAH
2400	11.0592	0	F4H
1200	11.0592	0	E8H

由于时钟频率 11.0592MHz 最容易获得标准波特率，而 12MHz 或 6MHz 代入式（6-5）中不能整除而导致产生的波特率有误差，所以在串行通信系统中，单片机的晶振常采用 11.0592MHz。

6.2　串行口程序设计基础

6.2.1　串行口程序设计理论基础

1. 串行口的初始化

串行口必须初始化完成后，才能进行数据的传输。

（1）根据串行口的工作方式设定 SCON 的 SM0 和 SM1；

（2）若串行口工作在工作方式 2 或工作方式 3，则需要将数据第 9 位写入 TB8；

（3）除工作方式 0 外，其余工作方式都要考虑波特率是否加倍，即 SMOD 的值；

（4）如果选择波特率可变的工作方式 1 或工作方式 3，则需要根据波特率需求对定时器 T1 初始化。

2. 串行口编程步骤

（1）设定波特率。

串行口工作方式 0 和工作方式 2 为固定波特率，工作方式 2 只要设定 SMOD 状态，即可完成设置。串行口工作方式 1 和工作方式 3 为可变波特率，除需要设定 SMOD 外，还需要计算定时器 T1 的溢出率，对 T1 进行初始化，在 TH1 和 TL1 中写入计数初值。

（2）在特殊功能寄存器中写入控制字。

使用串行口控制寄存器 SCON 的 SM0 和 SM1 位来设置工作方式，如果是双工方式，则在接收程序后，需要把 REN 置位并把 TI 清零。

（3）串行通信方式分为查询方式和中断方式。

① 查询方式。

查询方式发送数据时，需要先初始化串行口，然后发送一个数据帧，查询 TI 状态，复位 TI 后发送下一个数据帧。它属于先发送数据，再查询决定后续数据是否发送，其流程图如图 6-9（a）所示。

查询方式接收数据时，同样需要初始化串行口，并且 REN 置位（REN=1）开启接收，然后查询 RI，接收一个数据帧，复位后继续查询 RI，再接收。它属于先查询后接收数据，其流程图如图 6-9（b）所示。

② 中断方式。

中断方式发送数据需要先发送一帧数据，等待中断，然后在中断函数中撤销中断，发送下一帧数据，其流程图如图 6-10 所示。

中断方式接收数据时先要初始化串行口，并且 REN 置位开启接收，然后等待中断（RI 置位），在中断函数中撤销中断并接收一帧数据，其流程图如图 6-11 所示。

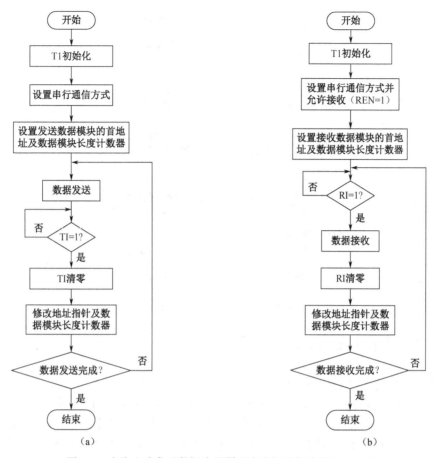

图 6-9　查询方式发送数据流程图和查询方式接收数据流程图

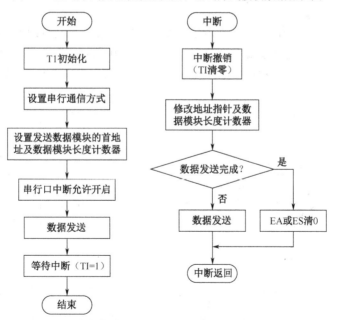

图 6-10　中断方式发送数据流程图

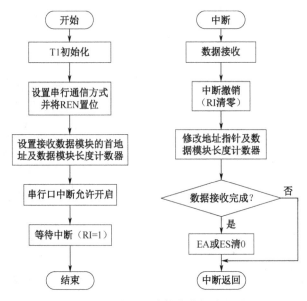

图 6-11　中断方式接收数据流程图

6.2.2　串行口的应用及程序设计

1. 工作方式 0 并行 I/O 口扩展

串行口工作方式 0 用作 8 位同步移位寄存器而非用作异步串行通信。串行口在工作方式 0 时可以与外部移位寄存器配合，从而完成串并转换，达到扩展一个通用 I/O 口的目的。

如图 6-12 所示，串行数据由 P3.0（RXD）送出，移位时钟由 P3.1（TXD）送出。在移位时钟的作用下，串行口发送缓冲寄存器中的数据逐位地移入 74LS164 中，从而实现并行 I/O 口输出扩展。

如图 6-13 所示，74LS165 芯片上电后，首先设置控制端 SH/$\overline{\text{LD}}$ 端为低电平，此时芯片将 D0～D7 引脚上的高低电平数据存入芯片内寄存器 Q0～Q7 中并关闭串行输出；然后设置 SH/$\overline{\text{LD}}$ 端为高电平，此时芯片将并行输入关闭，把寄存器内数据通过 SO 端串行发送，完成并行输入、串行输出。

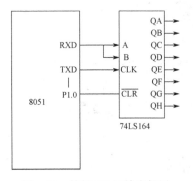

图 6-12　并行 I/O 口输出扩展

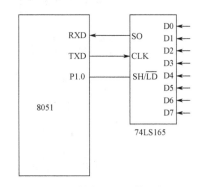

图 6-13　并行 I/O 口输入扩展

【例 6-1】如图 6-14 所示，串行口外接移位寄存器 74LS165 来扩展 8 位并行输入，并且在移位寄存器的 8 个输入引脚接上开关电路，控制端由单片机的 P2.1 引脚控制。当 P2.0 引脚连接的开关闭合时，可以并行读入 S0～S7 的状态数字量。采用中断方式对 K1～K8 状态读取，并由单片机 P0 驱动 LED 显示对应状态（如按下开关 K1，LED1 发光）。

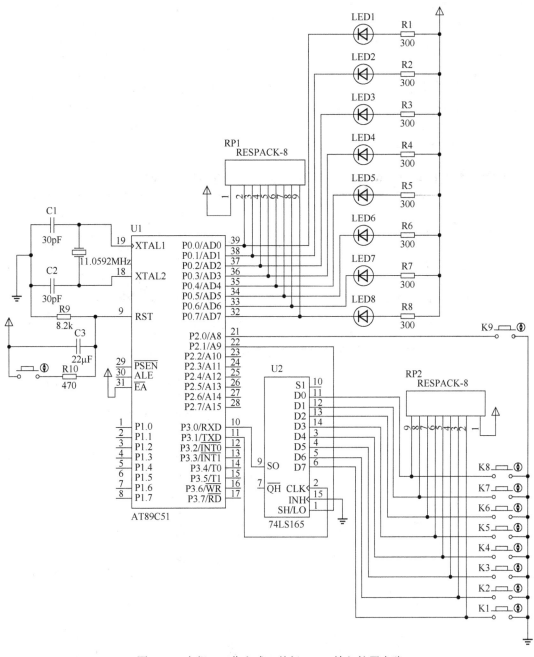

图 6-14　串行口工作方式 0 并行 I/O 口输入扩展电路

参考程序：

```
#include<reg51.h>
#include<intrins.h>
#include<stdio.h>
sbit P2_0=P2^0;
sbit P2_1=P2^1;
unsigned char RXDbyte;
```

```
void Delay(unsigned int m)              //延时函数
{ unsigned char n;
  for(;n>0;n--)
  for(m=0;m<125;m++);
}
main()
{ SCON=0x10;                            //选择串行口工作方式0
  ES=1;                                 //串行口中断开启
  EA=1;                                 //中断总允许位开启
  for(;;);
}
void S_Port() interrupt 4 using 0       //串行口中断函数
{ if(P2_0==0)                           //按下P2.0时，开始读取K1~K7的状态
  { P2_1=0;                             //并行数据读入74LS165
    Delay(1);
    P2_1=1;                             //74LS165将串行数据输出给单片机串行口
    RI=0;                               //中断撤销
    RXDbyte=SBUF;                       //将SBUF中的数据送给RXDbyte
    P0=RXDbyte;                         //P0口显示开关的状态信息
  }
}
```

其仿真图如图 6-15 所示，按下 K3 和 K5 并锁定，LED3 和 LED5 发光。

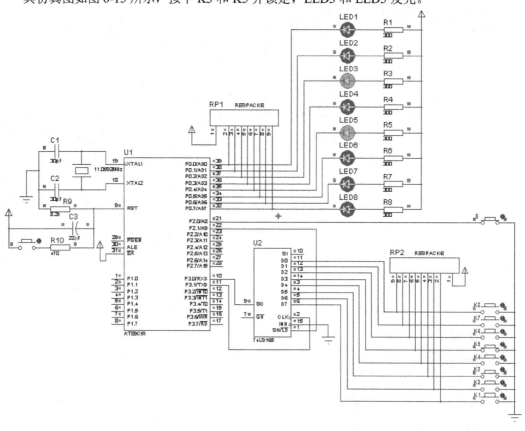

图 6-15　串行口工作方式 0 并行 I/O 口输入扩展仿真图

2. 串行口工作方式 1 双机通信

与工作方式 0 相比，工作方式 1 的特点如下。

（1）波特率可变，可以通过软件设置，需要用户初始化定时器/计数器 T1 及波特率的倍率，包括 TMOD 的 GATE、C/$\overline{\text{T}}$、MO 和 M1，可进行位操作。

（2）TXD 不再用于输出同步移位脉冲，而是用来发送数据，RXD 只用于接收数据。初始化时需要设置 SCON 的 RI、TI、REN、SM0 和 SM1，可进行位操作。

（3）数据帧增加起始位和停止位。

【例 6-2】如图 6-16 所示，选用两个单片机进行串行口工作方式 1 通信，晶振频率使用 11.0592MHz，波特率设定为 9600bit/s，左侧的单片机循环发送字符 0～F，右侧单片机直接返回串行口接收的数值，左侧单片机发送数值由两个单片机共同决定：当左侧单片机发送的数值与右侧单片机返回的数值相同时，左侧单片机发送下一位字符；当返回的数值与发送的数值不同时，左侧单片机重复当前值。两个单片机的当前值都用 P0 口外接共阴极数码管显示。

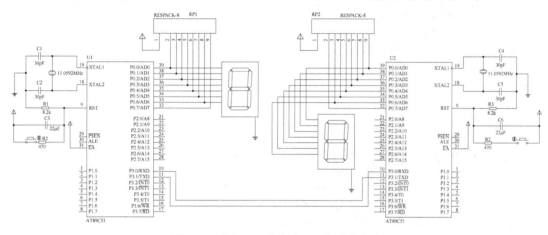

图 6-16　串行口工作方式 1 双机通信电路

查询表 6-3 中 T1 产生的常用波特率，得出时钟 11.0592MHz 产生 9600bit/s 波特率的定时器初值为 FDH，SMOD=0。由于双机通信的两个单片机的程序不同，需要建立两个 Keil 工程文件，然后将生成的两个.hex 文件分别导入到两个单片机中。

参考程序：

```
//左侧单片机U1
#include<reg51.h>
#define uchar unsigned char
char code Num[]={0x3f,0x06,0x5b,0x4f,        //数码管0～F的字模
                0x66,0x6d,0x7d,0x07,
                0x7f,0x6f,0x77,0x7c,
                0x58,0x5e,0x79,0x71};
void Delay(unsigned int m)                   //延时函数
{ unsigned int n=0;
  for(;m>0;m--)
  for(n=0;n<125;n++);
}
void main(void)
{ uchar count=0;                             //定义软件计数器
```

```
        TMOD=0x20;                              //T1设置为工作方式2
        TH1=0xfd;                               //设置定时器初值
        TL1=0xfd;
        PCON=0;                                 //SMOD=0，倍率为1
        SCON=0x50;    //串行口选为工作方式1，并把TI和RI清零，REN=1，允许接收数据
        TR1=1;                                  //定时器T1启动
        while(1)
        {  SBUF=count;                          //发送数据
           while(TI==0);                        //等待一帧数据发送完成
           TI=0;                                //清零TI
           while(RI==0);                        //等待反馈
           RI=0;
           if(SBUF==count)                      //当返回值相同时，准备新的数字
             {  P0=Num[count];                  //显示已发送的数字
                if(++count>15)
                count=0;
                Delay(600);
             }
        }
}
//右侧单片机U2
#include<reg51.h>
#define uchar unsigned char
char code Num[]={0x3f,0x06,0x5b,0x4f,
                0x66,0x6d,0x7d,0x07,
                0x7f,0x6f,0x77,0x7c,
                0x58,0x5e,0x79,0x71};
void main(void)
{  uchar get;                                   //定义接收缓冲
   TMOD=0x20;                                   //T1设置为工作方式2
   TH1=0xfd;                                    //设置定时器计数初值
   TL1=0xfd;
   PCON=0;                                      //SMOD=0，倍率为1
   SCON=0X50;  //串行口选为工作方式1，TI和RI清零，REN=1，允许接收数据
   TR1=1;                                       //T1启动
   while(1)
   {  while(RI==1)                              //等待一帧数据接收完成
      {  RI=0;                                  //RI清零
         get=SBUF;                              //获取缓冲器中的值
         SBUF=get;                              //将结果送回左侧单片机
         while(TI==0);                          //等待一帧数据发送完成
         TI=0;                                  //TI清零
         P0=Num[get];                           //将接收数字显示在数码管上
      }
   }
}
```

其仿真图如图 6-17 所示。

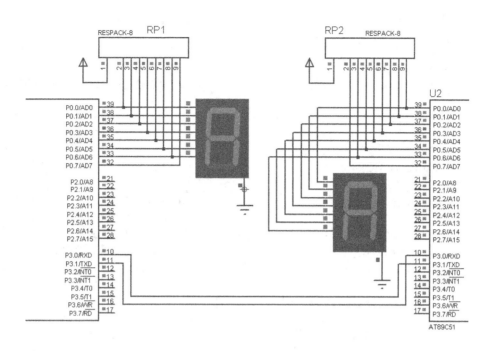

图 6-17　串行口工作方式 1 双机通信仿真图

3．工作方式 2 和工作方式 3 程序设计

相对于工作方式 1，工作方式 2 比工作方式 1 的数据帧多了第 9 位的可编程控制位（由用户设置 SCON 寄存器的 TB8 决定），为 11 位异步串行通信。接收数据时，第 9 位可以被自动送入 SCON 寄存器的 RB8 中。第 9 位数据由用户设计，可以是奇偶校验位，也可以用于主从系统通信。而工作方式 2 与工作方式 3 的区别仅是波特率，工作方式 2 波特率固定为两种，而工作方式 3 可通过设置 T1 的溢出率进行调整。

【例 6-3】如图 6-18 所示，1 号单片机与 2 号单片机进行工作方式 3（或工作方式 2）串行通信，1 号单片机把控制 8 个流水灯点亮的数据串行发送给 2 号单片机，使 2 号单片机 P0 口外接的共阴极数码管循环显示 1～F。波特率为 19200bit/s，将工作方式 3 串行数据的第 9 位可编程位 TB8 作为奇偶校验位，防止数据收发过程中因偶然因素出错。原理是：将 2 号单片机的 RB8 和 PSW 的奇偶校验位 P 进行比较，如果相同，则接收数据；反之拒绝接收。时钟频率采用 11.0592MHz。

通过查表得出，要产生 19200bit/s 的波特率，采用时钟 11.0592MHz 时串行口波特率倍率为 2，即 SMOD=1，T1 计数初值为 FDH。

参考程序：

```
//1号单片机
#include<reg51.h>
sbit Check=PSW^0;                       //将Check定义为奇偶校验位
char code Num[]={0x3f,0x06,0x5b,0x4f,   //数码管字模
        0x66,0x6d,0x7d,0x07,
        0x7f,0x6f,0x77,0x7c,
        0x58,0x5e,0x79,0x71};
  void Delay(unsigned int m)            //延时函数
{ unsigned int n=0;
```

```
        for(;m>0;m--)
        for(n=0;n<125;n++);
    }
    void Send (unsigned char dat)              //发送数据函数
    { TB8=Check;                               //奇偶校验位（PSW.0）作为第9位发送
      SBUF=dat;
      while(TI==0);                            //检测TI，等待一帧数据发送完成
      TI=0;                                    //一帧数据发送完后TI标志位清零
    }
    void main(void)                            //主函数
    { unsigned char k;
      PCON=0x80;                               //串行口初始化，SMOD=1，倍率为2
      TMOD=0x20;                               //定时器T1工作方式1
      SCON=0xc0;                               //串行口工作方式3
      TH0=TL0=0xfd;                            //定时器T1设置计数初值
      TR1=1;                                   //定时器T1启动
      while(1)
      { for(k=0;k<16;k++)
        { Send(Num[k]);
          Delay(800);
        }
      }
    }
    //2号单片机
    #include<reg51.h>
    sbit Check=PSW^0;                          //Check定义为PSW.0位
    unsigned char Receive(void)                //数据接收函数
    { unsigned char dat;
      while(RI==0);                            //检测TI位，等待一帧数据接收完成
      RI=0;                                    //接收完成后TI标志位清零
      ACC=SBUF;                                //将数据存入累加器ACC
      if(RB8==Check)                           //奇偶校验，数据正确才继续接收
      { dat=ACC;                               //将数据存入dat
        return dat;                            //将接收的数据返回
      }
    }
    void main(void)                            //主函数
    { PCON=0x80;                               //串行口初始化
      TMOD=0x20;
      SCON=0xc0;
      TH0=TL0=0xfd;                            //设置计数初值，波特率为19200bit/s
      TR1=1;
      REN=1;                                   //允许数据接收
      while(1)
      { P0=Receive();                          //P0口数码管显示数据
      }
    }
```

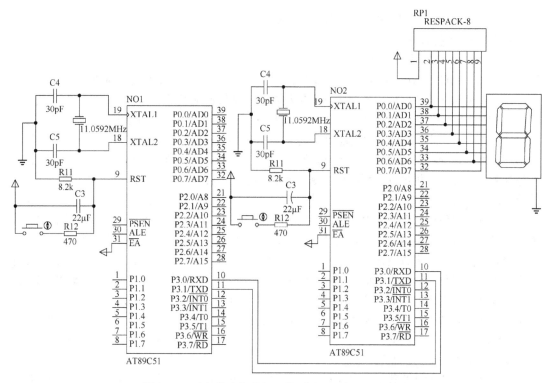

图 6-18　两个单片机进行工作方式 2/3 串行通信电路

由于工作方式 2 与工作方式 3 的差别仅在于波特率，因此，只需要将程序对应工作方式 3 的串行口初始化改成工作方式 2，删除定时器初始化语句，即可完成替换。

4. 串行口工作方式 3 多机通信

多个单片机可以通过串行口组成多机通信系统，8051 单片机常采用总线主从式结构。如图 6-19 所示，该系统包含 1 个主机和 N 个从机，主机的 TXD 与所有从机的 RXD 相连，主机的 RXD 与所有从机的 TXD 相连，主机发送的数据可以被所有从机接收，但从机发送的信息只能由主机接收，从机要服从主机的调度和管理。每个从机都有属于自己的独立地址，从机初始化时主要设置为串行口工作方式 2 或工作方式 3，并且将 SM2 和 REN 置位，开启串行口中断。从机之间不能直接通信，从机之间的通信必须经过主机才能间接实现。

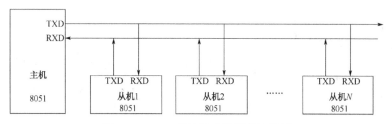

图 6-19　8051 单片机多机通信连接图

串行口控制寄存器 SCON 中的 SM2 多机通信控制位是为了保证串行口具有识别功能，确保主机与选择的从机实现可靠通信而设置的，当 SM2=1 时，表示进行多机通信。

当从机接收到主机发送的第 9 位数据 RB8=1 时，才会将前 7 位数据移入 SBUF，并置位 RI 申请中断，然后由中断函数将 SBUF 中的数据存入数据缓冲区；反之，若 RB8=0，则不产生中断，从机拒绝接收主机发送的信息。但如果 SM2=0，则不论第 9 位是 0 还是 1，都会将中断标志位置位并把数据移入 SBUF。单片机串行口多机通信正是利用这一特性来实现的。

单片机多机通信过程如下。

（1）主机的 SM2 为 0。所有的从机将串行口初始化为工作方式 2 或工作方式 3 的 11 位异步收发方式，SM2 和 REN 置位，串行口中断允许开启，从机处于接收地址帧的状态。

（2）主机和从机通信前，需要将准备接收数据的从机地址发送给各从机。地址帧中数据前 8 位是地址，第 9 位用于区分地址（位 1）/数据（为 0）。所有从机收到地址帧数据后，由于各从机的 SM2=1，所以 RB8=1 的地址帧能置位接收中断标志位 RI，各从机响应中断，在中断函数中对比本机地址和接收的地址帧地址，如果符合，则将 SM2 清零，并把本机的地址回复给主机作为响应，准备接收主机的数据或命令；地址不符合的从机 SM2 依旧为 1，对主机后续发送的数据帧不再接收。

（3）主机收到从机反馈的地址帧后，判断收发的两个地址是否一致，不一致则发出 TB8 位为 1 的复位信号；如果地址一致，则清零 TB8，然后判断是主发从收还是从发主收的模式。

（4）如果是从发主收模式，则允许从机开始发送数据，主机接收数据。待数据全部发送完成后，从机还要发送一帧的校验和，待主机返回复位信息，从机把 TB8 置 1，结束数据的发送。主机接收到从机发送的数据时要先判断接收的数据 TB8，TB8=0 时，主机把数据存储至缓冲区，准备接收下一帧数据；如果数据帧的 RB8=1（从机发送的校验和），则表示数据传输结束，并对比校验和；若校验和结果正确，则主机发送 00H 作为从机的复位命令；如果校验和有误，则主机返回 0FFH，命令从机重发数据。

（5）如果是主发从收模式，则主机发送数据帧完毕后发送校验和，如果校验和正确，则从机返回 00H，同时从机复位。如果校验和错误，则返回 0FFH，主机重发数据。

由于主从通信的数据帧的第 9 位都为 0，所以只有主机与地址正确的从机的 SM2=0，才能将中断标志位置位，从而进入中断复位子程序，在中断服务中收发数据。而地址不符合的从机，由于 SM2=1，数据帧 RB8=0，所以中断标志位无法置位，从而拒绝了数据的收发，保障了主机与正确的从机之间的通信。

【例 6-4】如图 6-20 所示，由 3 个 8051 单片机构成的 1 主机 2 从机的串行通信系统，S1 和 S2 分别对应从机 1 和从机 2，按下 S1/S2 一次，主机向从机串行发送 1 位 0～9 的字符，从机收到主机发送的地址帧时 LED 闪烁一次，收到的数据帧通过共阴极数码管显示。要求：晶振频率选择 11.0592MHz，串行口选用方式 3，波特率为 4800bit/s。

通过查表 6-3 可得，波特率为 4800bit/s 对应 T1 工作方式 2，计数初值为 FAH，SMOD=0。

参考程序：

```c
//主机
#include<reg51.h>
#define uint unsigned int    //unsigned int/char宏定义为int/char，方便使用
#define uchar unsigned char
#define N1_AD 1                      //1号子机的地址01H
#define N2_AD 2                      //2号子机的地址02H
uchar code str[]="0123456789";       //0～9字符
uchar point_1=0,point_2=0;           //字符指针
void Delay(uint t)                   //延时函数
{  uint m;
   for (;t>0;t--)
   for(m=0;m<125;m++);
}
void Send_key(uchar Node_num)        //串行发送程序
```

```
{ Delay(300);                          //按键延时消抖
  PCON=0x00;                           //SMOD=0
  TMOD=0x20;                           //定时器T1工作方式2
  SCON=0xc0;  //初始化：工作方式3、多机通信、REN=0接收禁止、RI和TI清零
  TH1=0xfa;                            //定时器计数初值，波特率=4800bit/s
  TL1=0xfa;
  TR1=1;                               //定时器T1启动
  TB8=1;                               //第9位为1，发送地址帧
  SBUF=Node_num;
  while(TI==0);                        //等待地址帧发送完成，TI置位
  TI=0;                                //TI清零
  TB8=0;                               //准备发送第9位为0的数据帧
  switch(Node_num)                     //切换子机
  { case 1:
    { SBUF=str[point_1++];             //发送1号子机的数据帧
      if(point_1>=10)                  //修改字符指针
       point_1=0;
      break;
    }
    case 2:
    { SBUF=str[point_2++];             //发送2号子机的数据帧
      if(point_2>=10)                  //修改字符指针
       point_2=0;
      break;
    }
    default:break;
    while(TI==0);
    TI=0;
  }
}
main()                                 //主程序
{ while(1)
  { P1=0xff;
    while(P1==0xff);
    switch(P1)                         //检测按键
    { case 0xfe:Send_key(N1_AD);break;    //切换子机
      case 0xfd:Send_key(N2_AD);break;
    }
  }
}


//1号子机
#include<reg51.h>
#define uchar unsigned char
#define N1_AD 1                        //1号子机自身地址01H
sbit LED_1=P2^7;
uchar code Mode[]={0x3f,0x06,0x5b,0x4f,0x66,    //0～9共阴极数码管字模
             0x6d,0x7d,0x07,0x7f,0x6f};
main()
{ TMOD=0x20;                           //定时器工作方式2
  TH1=0xfa;                            //定时器计数初值
```

```
    TL1=0xfa;
    SCON=0xf0;              //串行口初始化：工作方式3、SM2=1、REN=1，TI和RI清零
    PCON=0x00;                              //SMOD=0
    ES=1;                                   //串行口中断允许开启
    EA=1;                                   //中断总允许位开启
    TR1=1;                                  //定时器T1启动
    while(1);
}
void rec(void) interrupt  4
{  RI=0;
   if(RB8==1)                              //接收数据第9位为1（地址帧）
   {  if(SBUF==N1_AD)                       //判断地址是否正确
      {    SM2=0;                           //地址正确时SM2=0，可以接收数据帧
         LED_1=!LED_1;                      //LED状态反转
      }
      return;
      }
      P0=Mode[SBUF-48];                     //数码管显示接收到的字符
      SM2=1;
}
//2号从机的程序与1号从机的相同，只需修改对应的从机地址即可
#include<reg51.h>
#define uchar unsigned char
#define N2_AD 2
sbit LED_2=P2^7;
uchar code Mode[]={0x3f,0x06,0x5b,0x4f,0x66,
            0x6d,0x7d,0x07,0x7f,0x6f};
main()
{  TMOD=0x20;
   TH1=0xfa;
   TL1=0xfa;
   SCON=0xf0;
   PCON=0x00;
   ES=1;
   EA=1;
   TR1=1;
   while(1);
}
void rec(void) interrupt 4
{  RI=0;
   if(RB8==1)
   {  if(SBUF==N2_AD)
      {    SM2=0;
         LED_2=!LED_2;
      }
      return;
      }
      P0=Mode[SBUF-48];
      SM2=1;
}
```

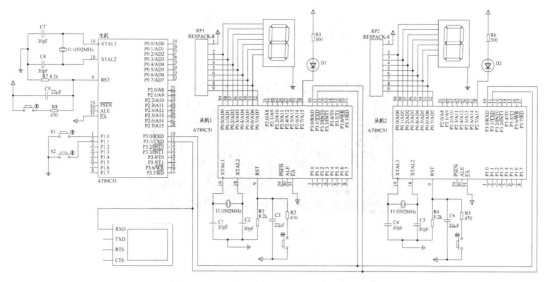

图 6-20　1 主机 2 从机串行通信系统电路

　　要观察串行口传输的数据，可以使用 Proteus 提供的虚拟终端 Virtual Termina。使用时选择工具栏里的 🖥（虚拟仪器），在预览窗口中找到 Virtual Termina，并放置到原理图窗口，将其 RXD 与主机的 TXD 相连。

　　虚拟终端在运行前需要调试参数，单击虚拟终端的标志，弹出图 6-21 所示的编辑元件对话框，将波特率调为多机通信的 4800bit/s，1 个停止位，无奇偶校验。设置完成后单击【确认】按钮即可。

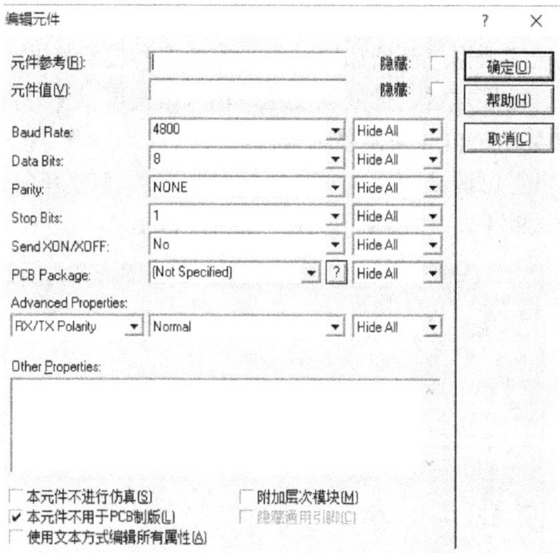

图 6-21　【编辑元件】对话框

　　仿真运行后，鼠标右键单击虚拟终端会弹出右键菜单，选择 Virtual Termina，弹出放大窗口，显示主机发送的数据。图 6-22 所示为多次输入，使数码管输出 65，虚拟终端接收的数据与从机接收显示的字符一致。

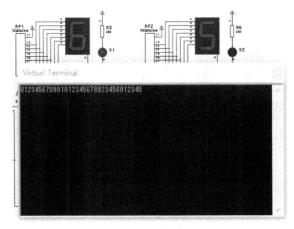

图 6-22　仿真运行结果

6.3　串行口调试工具的使用

串行口调试助手是一款用于实际工程中的串行口调试工具，实用性较强，适合在单片机编程时对 RS232 通信测试时使用。

本书介绍的串行口调试助手为 UartAssist V4.3.13，该串行口调试工具具有以下特点。

（1）支持各种串行口设置，如波特率、校验位、数据位和停止位等。

（2）支持 ASCII/HEX 发送，发送和接收的数据可以在十六进制数和 ASCII 码之间任意转换。

（3）可以自动在发送的数据尾部增加校验位，支持多种校验格式。

（4）支持间隔发送、循环发送、批处理发送，输入数据可以从外部文件导入。

（5）支持中文/英文菜单，自动切换系统语言。

UartAssist V4.3.13 串行口调试助手免安装运行，使用时，双击串行口 🌐 UartAssist.exe 文件即可打开串行口（串口）调试助手，初始界面如图 6-23 所示。

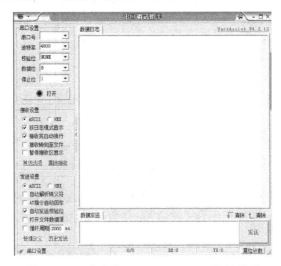

图 6-23　调试助手 UartAssist V4.3.13 初始界面

串行口调试助手在使用前需要对串行口进行一些设置。

（1）选择对应的串行口号：将单片机的串行口通过串行数据线经
转换芯片连接至计算机的 USB 口上后，在【串口设置】的【串口号】
栏处进行修改，如图 6-24 所示，由于实验使用的 USB 转串行口芯片为
CH340，所以选择该串行口号。

图 6-24　串行口号选择

（2）波特率修改。

（3）设置校验位、数据位、停止位。

（4）选择发送/接收使用 HEX/ASCII。

串行口调试完成后，单击【打开】按钮，可以在下方的发送区输入相应的内容，单击【发
送】按钮即可。选择循环发送时需要设定发送周期。数据收发栏会显示收发的记录及收发时刻，
用于间接测量收发速率；窗口底部有收发数据的数量记录，可以用来测量数据发送/接收的完整
度及丢包率。

【例 6-5】用上位机的串行口调试助手任意发送一个字符"？"给单片机，单片机接收到字
符后反馈给上位机"I received ？"，要求将串行口的波特率设置为 4800bit/s。

参考程序：

```c
#include<reg51.h>
#define uchar unsigned char          //unsigned char/int宏定义为char/int,
                                      //方便直接使用
#define uint unsigned int
uchar m,n,flag;
uchar code Sente[]="I received ";    //定义字符型的编码数组
void init_uart(void)                 //串行口初始化函数
{   PCON=0x00;                       //SMOD=0,倍率0
    SCON=0x50;                       //串行口工作方式1,REN=1
    TMOD=0x20;                       //T1工作方式1
    TH1=TL1=0xfa;                    //设置计数初值,波特率设置为4800bit/s
    EA=1;                            //中断总允许位开启
    ES=1;                            //串行口中断允许位开启
    TR1=1;                           //T1启动
}
void main(void)                      //主函数
{   init_uart();                     //调用串行口初始化函数
    while(1)
    {   if (flag==1)                 //判断flag的值,flag=1则说明单片机已经执行过串
                                     //行口中断服务程序,引脚接收了一个数据帧,应该反
                                     //馈给上位机
        {   ES=0;                    //串行口中断关闭
            for(m=0;m<11;m++)        //发送"I received "字符
            {   SBUF=Sente[m];
                while(TI==0);        //等待数据发送完成TI置位
                TI=0;                //发送完成后TI清零
            }
            SBUF=n;                  //发送接收到的字符
            while(TI==0);            //等待数据发送完成TI置位
            TI=0;                    //发送完成后TI清零
```

```
            ES=1;                           //打开串行口中断，准备接收下一个数据帧
            flag=0;                         //检测标志清零
        }
    }
}
void serial() interrupt 4      //串行口中断服务程序
{   RI=0;                       //接收中断标志位清零，准备接收下一个数据帧
    n=SBUF;                     //用变量n取走SBUF中的数据
    flag=1;                     //设置标志位，单片机接收完一个数据帧后，flag=1
}
```

串行口调试助手收发结果如图 6-25 所示。

图 6-25　串行口调试助手收发结果

第7章 单总线接口技术

单总线是 Maxim 全资子公司 Dallas 的一项专有技术，是一种在 IC 器件之间通过单线式连接通信的接口。其通信电路简单，使用方便。目前，半导体公司推出了大量的单总线接口芯片，种类越加丰富和完善。如 EEPROM 芯片 DS2431、四通道 A/D 转换芯片 DS2450、温度传感器 DS18B20、电池管理芯片 DS2438 等。本章先简要介绍单总线接口技术原理，然后由浅入深地介绍如何利用单总线接口技术及单总线接口芯片分别实现：唯一序列码、温度测量、电池监控、数据存储等功能。为使读者快速理解并掌握单总线接口技术并能够加以运用，在实例的讲解上率先给出了相关的电路图及操作函数。

未使用过单总线的读者通过 7.1 节简要了解一下单总线之后，就可以通过后续各节的实例来实现相应的功能了，从而加深理解和感悟。使用过单总线的读者可以跳过 7.1 节，直接查看各实例的电路图及操作函数，实现芯片的快速应用。为了达到查阅修改与掌握原理的目的，实例部分还给出了相应芯片的内部详细原理介绍及工作时序图等。此外，在本章的结尾部分对单总线进行了总结并给出了习题，可使读者更好地掌握单总线接口技术。

7.1 单总线接口技术原理

7.1.1 单总线介绍

单总线是一种异步半双工串行传输总线，它只需要一条信号线（OWIO）来传输数据，典型的单总线传输架构如图 7-1 所示。在单总线传输中，信号线除作为传输数据的用途外，还可以同时作为所连接单总线接口芯片的电源。

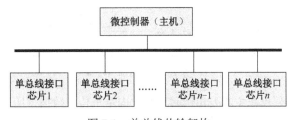

图 7-1 单总线传输架构

单总线的信号线需要连接一个上拉电阻到电源。上拉电阻取决于单总线通信速度和总线负载特性，最佳上拉电阻的取值范围为 1.5～5kΩ。单总线传输使用的速度有标准速度与高速两种。每个单总线接口芯片拥有唯一的 64 位光刻 ROM 码以便控制器辨识，在所连接芯片数量上几乎无限制。

单总线适用于单主机系统，能够控制一个或多个从机。主机是微控制器，从机是单总线器件，它们之间的数据交换只通过一条信号线。当只有一个从机时，系统可按单节点系统操作；当有多个从机时，系统则按多节点系统操作。

7.1.2　单总线通信时序

单总线器件在通信时要遵循严格的通信协议，以保证数据的完整性。单总线协议定义了复位脉冲、应答脉冲、写 0、写 1、读 0 和读 1 时序等几种信号类型。所有的单总线命令序列，如初始化、ROM 命令、功能命令等都是由这些基本的信号类型组成的。在这些信号中，除应答脉冲外，其他均由主机发出同步信号，并且所有的命令和数据都按照从低位到高位的顺序发送。

初始化时序包括主机发出的复位脉冲和从机发出的应答脉冲。主机通过拉低单总线至少 480μs 产生发送（TX）复位脉冲；然后主机释放总线，并进入接收（RX）模式。主机释放总线时，由于上拉电阻的关系会产生一个由低电平跳变为高电平的上升沿，所以当单总线器件检测到该上升沿后，延时 15～60μs，接着单总线器件通过拉低总线 60～240μs 来产生应答脉冲。主机接收到从机的应答脉冲后，说明有单总线器件在线，然后主机就可以开始对从机进行 ROM 命令和功能命令操作了。初始化时序如图 7-2 所示。

图 7-2　初始化时序

写 1 时序，主机将在拉低总线 15μs 之内释放总线，引脚输出高电平，即向单总线器件写 1；写 1 时序如图 7-3 所示。

图 7-3　写 1 时序

写 0 时序，主机拉低总线后能保持至少 60μs 的低电平，引脚此时一直为低电平，即向单总线器件写 0；写 0 时序如图 7-4 所示。

图 7-4　写 0 时序

读时序，单总线器件仅在主机发出读时序时才向主机传输数据，所以在主机端口由高电平变成低电平，即主机向单总线器件发出读数据命令后，应马上进入读时序，以便单总线器件能传输数据。在主机发出读时序后，单总线器件开始在总线上发送 0 或 1。若单总线器件发送 1，则总线保持高电平，若发送 0，则拉低总线。由于单总线器件发送数据后可保持 15μs 有效时间，因此，主机在读时序期间必须释放总线，且必须在 15μs 的时间内采样总线状态，以便接收从机发送的数据。接收完数据后，主机端口将会通过外部的上拉电阻拉回为高电平。在一个单独的读操作中必须有 60μs 的持续时间。读时序如图 7-5 所示。

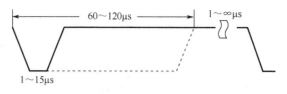

图 7-5　读时序

在每一个时序中，总线只能传输一位数据。所有的读、写时序至少需要 60μs，且每两个独立的时序之间至少需要 1μs 的恢复时间。读、写时序均始于主机拉低总线。

7.1.3　单总线 I/O 模拟

对于 51 单片机而言，由于它不带有专门的单总线接口，所以只能通过对端口进行模拟时序的方式来产生单总线时序信号。

对于单总线通信而言，其常用的复位、写、读操作函数设计如下。

```c
//单总线复位函数
//传入参数：无
//返回值：0表示不存在单总线器件；  1表示存在单总线器件
bit oneWireRST(void)
{
   bit onLine;
   oneWire_DQ=0;                 //将oneWire_DQ信号线拉低
   DelayN10us(50);               //保持oneWire_DQ低电平500μs
   oneWire_DQ =1;                //释放总线
   DelayN10us(5);                //延时50μs
   if( oneWire_DQ )              //oneWire器件不存在
   {
      onLine=0;
   }
   else                         //oneWire器件存在,退出判断
   {
      onLine=1;
   }
    DelayN10us(4);
 return onLine;                  //返回判断值
}
//单总线写1位数据函数
//传入参数：0表示写入0；1表示写入1
//返回值：无
void oneWireWriteBit(unsigned char Bit)
{
 if ( Bit )                      //判断是写0还是写1
 {
  oneWire_DQ =0;                 //将DQ信号线拉低
  DelayN5us(1);                  //延时5μs
  oneWire_DQ =1;                 //将DQ信号线拉高
  DelayN10us(6);                 //延时60μs
```

```
    }
    else
    {
      oneWire_DQ=0;                    //将DQ信号线拉低
      DelayN10us(6);                   //延时60μs
      oneWire_DQ =1;                   //将DQ信号线拉高
      DelayN5us(1);                    //等待写时序结束延时5μs
    }
    DelayN5us(1);                      //结束延时5μs
}
//单总线读1位数据函数
//传入参数：无
//返回值：0表示读取到数据0；1表示读取到数据1
unsigned char oneWireReadBit(void)
{
  unsigned char val;
  oneWire_DQ =1;
  DelayN2us(1);
  oneWire_DQ =0;                       //拉低总线
  DelayN5us(1);                        //延时
  oneWire_DQ =1;                       //释放总线，产生读时序
  DelayN2us(1);                        //等待从机返回数据位
  val=DQ;                              //读入数据
  oneWire_DQ =1;
  DelayN10us(5);
  return val;
}
//单总线写1字节数据函数
//传入参数：1字节的数据
//返回值：无
void oneWireWriteByte(unsigned char Byte)
{
  unsigned char i;
  for(i=0;i<8;i++)
  {
      oneWireWriteBit( Byte & 0x01 );
      Byte>>=1;
  }
  oneWire_DQ =1;
}
//单总线读1字节数据函数
//传入参数：无
//返回值：读取的1字节数据
unsigned char oneWireReadByte(void)
{
  unsigned char i, val =0;
  for(i=0;i<8;i++)
```

```
{
    val >>=1;
    if(oneWireReadBit())val |=0x80;
}
oneWire_DQ =1;
return(val);
}
```

7.1.4　CRC 校验简介

在单总线通信时，为避免数据传输错误引起的误读、误写操作，常需要对串行数据流进行校验。最常用的有效检错方案是循环冗余校验法（CRC）。这里主要介绍单总线器件的 CRC 的工作及特性，不涉及详细的数学定义和描述。包含 CRC 特性的详细数学概念请参考相关资料。

CRC 通常由硬件实现，也可用程序计算或程序查表得到，通常 CRC 表示带反馈的移位寄存器，但也可将 CRC 看成变量 x 的多项式，每一项的系数为二进制数，这些系数与移位寄存器的反馈通道直接对应。硬件方案中的移位寄存器的阶数，或者多项式中的最高幂次就是要计算 CRC 的位数。移位寄存器在数学上可被视为除法电路，其中输入数据为被除数，反馈移位寄存器为除数，计算所得的商数在这里没有价值，计算后的余数就是指定数据流的 CRC 码。当最后一位数据移入之后，移位寄存器的值就是最后的余数。

对于单片机而言，可通过程序计算或查表的方式实现 CRC。CRC 可以检测出数据中绝大多数错误的情况，只有极少情况的差错无法检测到。

CRC 的基本原理是：在 K 位信息码后再拼接 R 位的校验码，整个编码长度为 N 位，因此，这种编码也叫(N,K)码。对于一个给定的(N,K)码，可以证明存在一个最高次幂为 R 的多项式 $G(x)$。根据 $G(x)$ 可以生成信息码的校验码，而 $G(x)$ 叫作这个 CRC 码的生成多项式。

任意一个由二进制位串组成的代码都可以和一个系数仅为 "0" 和 "1" 取值的多项式一一对应。例如，代码 1010111 对应的多项式为 $x^6+x^4+x^2+x+1$，而多项式为 $x^5+x^3+x^2+x+1$ 对应的代码 101111。

标准 CRC 生成多项式如表 7-1 所示。

表 7-1　标准 CRC 生成多项式

名　　称	生成多项式
CRC-4	x^4+x+1
CRC-8	$x^8+x^5+x^4+1$
CRC-8	$x^8+x^2+x^1+1$
CRC-8	$x^8+x^6+x^4+x^3+x^2+x^1$
CRC-12	$x^{12}+x^{11}+x^3+x+1$
CRC-16	$x^{16}+x^{15}+x^2+1$
CRC16-CCITT	$x^{16}+x^{12}+x^5+1$
CRC-32	$x^{32}+x^{26}+x^{23}+\cdots+x^2+x+1$
CRC-32C	$x^{32}+x^{28}+x^{27}+\cdots+x^8+x^6+1$

对于单总线器件而言，其常用的 CRC 校验为 CRC-8 方式，其函数编写如下。

```
//CRC-8校验函数
```

```
//传入参数： buf为校验码的存放地址； len为要校验的数据的个数
//返回值：CRC校验结果
unsigned char crc8(unsigned char *buf,unsigned char len)
{
    unsigned char  i,j,crc;
    crc=0x00;                          //赋初值
    for(j=0;j<len;j++)
    {
        crc=crc^(*buf);                //数据与CRC的值进行异或运算
        for(i=0;i<8;i++)
        {
            if(crc & 0x01)             //如果异或运算的最低位为1
            {
                crc = (crc>>1);        //数据右移一位并与10001100进行异或运算
                crc=crc^0x8c;          //运算的结果作为这个数据的CRC结果
            }
            else
                crc = crc>>1;          //否则就只右移一位
        }
        buf++;                         //移动指针读取下一位数据
    }
    return crc;
}
```

7.2　单总线实现唯一序列号

7.2.1　DS2401 芯片简介

DS2401 芯片（简称 DS2401）是一款低成本的电子注册码，它以最少的接口提供绝对、唯一的识别功能。它内含一个工厂刻入的 64 位 ROM，其中包括 48 位唯一序列号、8 位 CRC 码和 8 位系列码（01H）。DS2401 的数据通信采用单总线协议，仅通过一条信号线和一个地回路串行传输。用于读取和写入器件的电源由数据线本身产生，无须外部供电。它具有 TO-92、SOT-223、TSOC 等封装。外部供电电源范围为 2.8～6.0V，工业级工作温度为-40～+85℃，常应用于 PCB 识别、网络节点 ID、设备注册等。例如，厂家将 DS2401 应用于产品中，这样每个产品都有唯一的编号，以便于维护或升级。

DS2401 的 TSOC-6 封装与引脚分布如图 7-6 所示。

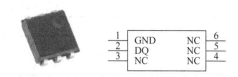

图 7-6　DS2401 的 TSOC-6 封装与引脚分配

引脚说明如下。

GND：芯片电源地引脚。

DQ：通信引脚。

NC：无连接引脚。

7.2.2 DS2401 电路设计与功能函数

DS2401 的应用电路如图 7-7 所示。

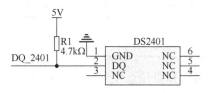

图 7-7 DS2401 的应用电路

电路原理说明：DS2401 为单总线接口芯片，其信号引脚通过一个 4.7kΩ 的电阻上拉到电源，该引脚集控制、地址、数据和供电于一体，因此连接到外部控制器只需要连接此引脚即可。

对于 DS2401 而言，最重要的功能操作为读操作，完成读操作便能方便地实现读取内部的电子注册码。DS2401 读操作函数如下。

```
//DS2401读操作函数
//传入参数：8位数组，用于存放读取的数据
//返回值：0为读取失败；1为读取成功；通过指针返回读取的数据
bit readRomCode(unsigned char *RomCode)
{
 unsigned char i;
 if (!DS2401RST())                        //初始化DS2401并判断是否初始化成功
 {
     return 0;                            //若初始化失败，则返回0
 }
 DS2401WriteByte(0x33);                   //单总线发送读ROM命令
 DelayN10us(5);                           //延时50μs
 for (i=0;i<8;i++)                        //依次读取数据
 {
     RomCode[i]=DS2401ReadByte();         //将读取的数据写入数组
 }
 if ( crc8(RomCode,7)!=RomCode[7] )       //CRC校验，校验数据是否准确
 {
     return 0;                            //校验失败返回0
 }
 else
 {
     return 1;                            //读取成功
 }
```

7.2.3　DS2401 操作原理

DS2401 的内建 ROM 仅由单条数据线访问,根据单总线协议,可以从中提取 48 位序列号、8 位系列码和 8 位 CRC 码。单总线协议规定总线的收发按照特殊时隙下的总线状态进行,由主机发出的同步脉冲下降沿初始化,所有数据读写都按照低位在前的原则。DS2401 内部 ROM 数据位如表 7-2 所示。任何情况下,DS2401 都是从机,而总线控制器常由微控制器(如单片机)担任。

表 7-2　DS2401 内部 ROM 数据位

64 位 ROM　　MSB		LSB
8 位 CRC 码	48 位序列号	8 位系列码(01H)

单总线仅定义了一条信号线,所以让总线上每个设备都在适当的时刻运行是非常重要的。为便于达到这一目的,每个接入单总线的设备都采用开漏连接或三态输出。DS2401 为漏极开路输出,内部等效电路如图 7-8 所示。总线主控器可以采用与其一致的等效电路。如果没有可利用的双向引脚,则可将独立的输入、输出引脚连接起来使用。在主控制器端需加一个上拉电阻,最佳的上拉电阻(RPU)取值范围为 1.5~5kΩ。

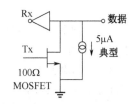

图 7-8　DS2401 内部等效电路

总线控制器的等效电路如图 7-9 所示。在短距离传输情况下需一个约 5kΩ 的上拉电阻。DS2401 的单总线的最高数据传输速率为 16.3kbit/s。

要注意的是,单总线的闲置状态为高电平。不管是何种原因,当传输操作过程需要暂停下来,或者要求传送过程还能继续时,单总线必须处于闲置状态;如果情况并非如此或单总线保持低电平超过 120µs,那么单总线上的所有器件将要复位。

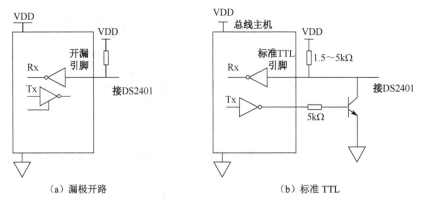

（a）漏极开路　　　　　　　　　　　　　　　（b）标准 TTL

图 7-9　总线控制器的等效电路

操作 DS2401 应遵循以下顺序:初始化、ROM 命令、读取数据。在单总线上所有的传输操作以初始化时序开始。初始化时序由主机发送的复位脉冲和从机发送的在线应答脉冲组成。在线应答脉冲能让主机知道 DS2401 在总线上并已经做好准备。一旦主机监测到应答脉冲,就可以发送 ROM 命令。所有的 ROM 命令长度为 8 位,DS2401 的 ROM 命令如表 7-3 所示。

表 7-3 DS2401 的 ROM 命令

命 令	说 明
33H 或 0FH	读 ROM 命令（Read ROM）：此命令允许主机读取 DS2401 的 8 位系列码，唯一的 48 位序列号和 8 位 CRC 码。此命令适用于总线上仅有一个从机的情况。DS2401 的读 ROM 命令可以由 33H 或 0FH 命令实现
55H 或 CCH	匹配 ROM 命令（55H）和跳过 ROM 命令（CCH）：DS2401 仅有一个 64 位的 ROM 而无其他附加的存储空间，所以匹配 ROM 和跳过 ROM 命令都不能使用，若要在单总线中执行这一命令将无任何动作发生
F0H	搜索 ROM 命令（Search ROM）：系统刚启动时，主机可能并不知道多少设备挂在单总线上或不知道它们的 64 位 ROM 码。搜索 ROM 命令允许总线主控制器采用排除法确认总线上所有器件的 64 位 ROM 码。具体的 ROM 搜索方法是反复执行一个简单的三步程序：读一位，读该位的补码，然后写入其期望值。总线控制器将对 ROM 中的所有位执行这三步程序。在此操作全部审查通过后，主机就能读出每台从机 ROM 中的内容了。从机中余下的数码和它们的 ROM 码可由其他操作检测出来

DS2401 需要严格的通信协议来确保数据的完整性，此协议在单线上定义了 4 种类型的信号：复位脉冲和在线应答复位脉冲的过程、写 0、写 1、读数据。除在线应答脉冲外，其他类型的信号都由主机启动。相关的时序与程序参考 7.1.2 节单总线通信时序。

7.3 单总线实现温度测量

7.3.1 DS18B20 芯片简介

DS18B20 芯片（简称 DS18B20）是一款数字温度传感器，它通过单一接口发送或接收信息，因此在单片机和 DS18B20 之间仅需一条连接线（加上地线）。用于读/写和温度转换的电源可以从数据线本身获得，无须外部电源。每个 DS18B20 都有一个独特的 64 位序列号，因此多个 DS18B20 可以同时连在一条单线上。其内部拥有用户可定义的非易失性温度报警单元，可通过命令识别并标志限定温度，从而进行温度报警。

DS18B20 的 TO-92 封装与引脚分布如图 7-10 所示。

图 7-10 DS18B20 的 TO-92 封装与引脚分布

引脚说明如下。

GND：芯片电源地引脚。

DQ：通信引脚，对于单线操作，它为漏极开路。当它工作在寄生电源模式时用来提供电源。

VCC：可选电源引脚，范围为 3.0～5.5V。芯片工作在寄生电源模式时该引脚必须接地。

DS18B20 测温范围为−55～+125℃。精度为 9～12 位（与数据位数的设定有关），9 位的温度分辨率为 0.5℃，12 位的温度分辨率为 0.0625℃，默认值为 12 位；在 93.75～750ms 内将温度值转化为 9～12 位的数字量，典型转换时间为 200ms。DS18B20 输出的数字量与所测温度的对应关系如表 7-4 所示。

表 7-4　DS18B20 输出的数字量与温度的对应关系

温度/℃	数据输出（二进制数）	数据输出（二进制数）	温度/℃	数据输出（二进制数）	数据输出（二进制数）
+125	0000 0111 1101 0000	07D0H	0	0000 0000 0000 0000	0000H
+85	0000 0101 0101 0000	0550H	−0.5	1111 1111 1111 1000	FFF8H
+10.125	0000 0000 1010 0010	00A2H	−10.125	1111 1111 0101 1110	FF5EH
+0.5	0000 0000 0000 1000	0008H	−55	1111 1100 1001 0000	FC90H

从表 7-4 中可知，温度以 16 位带符号位扩展的二进制补码形式读出，再乘以 0.0625，即可求出实际温度值。DS18B20 补码格式存储如表 7-5 所示。

表 7-5　DS18B20 补码格式存储

2^3	2^2	2^1	2^0	2^{-1}	2^{-2}	2^{-3}	2^{-4}	LSB
MSB			（unit=℃）				LSB	
S	S	S	S	S	2^6	2^5	2^4	MSB

DS18B20 的温度存储值共有 2 字节，LSB 是低字节，MSB 是高字节，其中 S 表示符号位，低 11 位都是 2 的幂，用来表示最终的温度。在 DS18B20 所表示的温度值中，有小数和整数两部分。常用数据处理方法有两种，一种是定义成浮点型直接处理，另一种是定义成整型，然后把小数和整数部分分离处理后再整合。

7.3.2　DS18B20 电路设计与功能函数

DS18B20 的应用电路如图 7-11 所示。

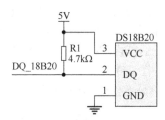

图 7-11　DS18B20 的应用电路

电路原理说明：DS18B20 不工作在寄生电源模式，其 VCC 引脚接到 5V，作为单总线接口芯片，其信号引脚通过一个 4.7kΩ 的电阻上拉到电源，然后连接到单片机。

对于 DS18B20 而言，最重要的功能操作为读取温度操作，从而实现温度显示或控制等操作。这里只有一个 DS18B20，且是通过外部电源供电的，其读取温度操作函数如下。

```
//DS18B20读取温度操作函数
//对DS18B20进行温度转换时,其操作必须满足以下过程
//1- 每一次读写之前都要对DS18B20进行复位
//2- 完成复位后发送一条ROM命令到DS18B20
//3- 最后发送一条RAM命令到DS18B20
//传入参数：无
//返回值：float型温度数据
float GetTemp(void)
{
```

```
    float tem;
    DS18B20Init();                          //DS1820初始化
    DS18B20WiteByte(0xcc);                  //跳过64位ROM（ROM命令）
    DS18B20WiteByte (0x44);                 //开启温度转换（RAM命令）
    DS18B20Init();                          //DS1820初始化
    DS18B20WiteByte(0xcc);                  //跳过64位ROM（ROM命令）
    DS18B20WiteByte (0xbe);                 //读暂存器
    tem=ReadTemp();                         //读取温度值
    return tem;
}
//读取温度寄存器函数
float ReadTemp ()
{
    float Temper;
    unsigned char Symbol;                   //温度正负符号
    unsigned char Tem_HM,Tem_HM2;           //温度正负符号
    unsigned int  Temperature;              //读取两字节温度数据
    unsigned char temp_low, temp_high;      //温度值
    temp_low = DS18B20ReadByte();           //读低位
    temp_high = DS18B20ReadByte ();         //读高位
    if((temp_high|0x07)==0x07)              //判断温度正负
    {
        Symbol=1;                           //测到的温度为正
    }
    else
    {
        Symbol=0;                           //测到的温度为负
    }

    Temperature=temp_high;                  //温度高4位数据
    Tem_HM=temp_high;
    Tem_HM2=temp_low;
    Temperature <<= 8;     //将temp_high部分数据移到Temperature高8位
    Temperature |= temp_low;                //将两个8位数据合并成一个16位数据
    if(Symbol==0)                           //判断是否为负温度
    {
      Temperature = (~Temperature)+1;       //将其取反后加1
    }
    Temper=Temperature*0.0625;              //计算真实温度值
    return Temper;                          //返回读到的温度
}
```

7.3.3 DS18B20 操作原理

　　DS18B20 有三个主要数字部件：64 位 ROM、温度传感器和非易失性（EEPROM）温度报警触发器 TH 和 TL。其内部结构如图 7-12 所示。

　　DS18B20 作为单总线器件，可用如下方式从单信号线上汲取能量：在信号线处于高电平期

间，把能量存储在内部电容里；在信号线处于低电平期间，消耗电容上的电能工作，直到高电平来到再给寄生电源（电容）充电。DS18B20 也可用外部电源给 DS18B20 的 VDD 供电。

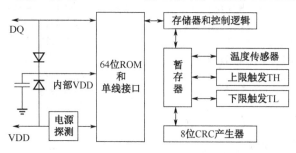

图 7-12　DS18B20 内部结构

当温度高于 100℃时，不推荐使用寄生电源，因为 DS18B20 此时的漏电流比较大，通信可能无法进行。在类似这种温度情况下，要使用 DS18B20 的 VDD 引脚。

使用单个 DS18B20 时，总线接 5kΩ 上拉电阻即可；但总线上所接的 DS18B20 超过 8 个时，就需要解决微处理器的总线驱动问题，如减小上拉电阻等。

DS18B20 以片上温度测量技术来测量温度。图 7-13 所示为温度测量电路的方框图。DS18B20 的测量过程：用一个高温度系数的振荡器确定一个门周期，内部计数器在这个门周期内对一个低温度系数的振荡器的脉冲进行计数来得到温度值。计数器被预置到对应于-55℃的一个值。如果计数器在门周期结束前到达 0，则温度寄存器（同样被预置到-55℃）的值增加，这表明所测温度大于-55℃。

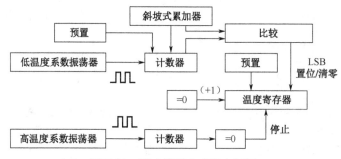

图 7-13　温度测量电路的方框图

同时，计数器被复位到一个值，这个值由斜坡式累加器来补偿感温振荡器的抛物线特性，然后计数器又开始计数直至 0。如果门周期仍未结束，则重复这一过程。

斜坡式累加器用来补偿感温振荡器的非线性，以期在测温时获得比较高的分辨力。这是通过改变计数器对温度每增加一度所需计数的值来实现的。

操作 DS18B20 应遵循以下顺序：初始化（复位）、ROM 操作命令、暂存器操作命令。通过单总线的所有操作都从一个初始化序列开始。初始化序列包括一个由总线控制器发出的复位脉冲和其后由从机发出的存在脉冲。存在脉冲让总线控制器知道 DS18B20 在总线上并等待接收命令。一旦总线控制器探测到一个存在脉冲，就可以发出 5 个 ROM 命令之一，所有 ROM 操作命令都是 8 位长度（LSB，即低位在前）。DS18B20 的 ROM 命令如表 7-6 所示。

表 7-6　DS18B20 的 ROM 命令

命　令	说　明
33H	读 ROM 命令（Read ROM）：通过该命令，主机可以读出 ROM 中 8 位系列码、48 位序列号和 8 位 CRC 码。读命令仅用在单个 DS18B20 在线情况，当多于一个时，由于 DS18B20 为漏极开路输出下拉，所以将产生线与，从而引起数据冲突
55H	匹配 ROM 命令（Match ROM）：用于多片 DS18B20 在线。主机发出该命令，后面跟 64 位 ROM 码，让总线控制器在多点总线上定位一个特定的 DS18B20。只有和 64 位 ROM 码完全匹配的 DS18B20 才能响应随后的存储器操作命令，其他 DS18B20 等待复位。该命令也可以用在单个 DS18B20 情况
CCH	跳过 ROM 命令（Skip ROM）：对于单个 DS18B20 在线系统，该命令允许主机跳过 ROM 序列号检测而直接对寄存器进行操作，从而节省时间；对于多个 DS18B20 系统，该命令将引起数据冲突
F0H	搜索 ROM 命令（Search ROM）：当一个系统初次启动时，总线控制器可能并不知道单总线上有多少个设备或其 64 位 ROM 码。该命令允许总线控制器用排除法识别总线上的所有从机的 64 位码
ECH	报警查询命令（Alarm Search）：该命令操作过程同 Search ROM 命令，但是，仅当上次温度测量值已置位报警标志（高于 TH 或低于 TL 时），即符合报警条件，DS18B20 才响应该命令。如果 DS18B20 处于上电状态，则该标志将保持有效，直到遇到下列两种情况：本次测量温度发生变化，测量值处于 TH 和 TL 之间；TH、TL 改变，温度值处于新的范围之间，设置报警时要考虑 EEPROM 中的值

DS18B20 的 RAM 暂存器如表 7-7 所列。

表 7-7　DS18B20 的 RAM 暂存器

寄存器内容及意义	暂存器地址
LSB：温度最低数字位	0
MSB：温度最高数字位（该字节的最高位表示温度正负，1 为负）	1
TH/（高温限制）用户字节	2
TL/（低温限制）用户字节	3
转换位数（bit）设定，由 b5 和 b6 决定（0-R1-R0-11111）： R1-R0 值对应数：00/9bit　　01/10bit　10/11bit　11/12bit 对应最长转换时间：93.75ms　187.5ms　375ms　750ms	4
保留	5
保留	6
保留	7
CRC 校验	8

通过 RAM 操作命令，DS18B20 完成一次温度测量。测量结果放在 DS18B20 的暂存器里，用一条读暂存器内容的存储器操作命令就可以把暂存器中的数据读出。温度报警触发器 TH 和 TL 各由一个 EEPROM 字节构成。DS18B20 完成一次温度转换后，会将温度值和存储在 TH 和 TL 中的值进行比较，如果测得的值高于 TH 或低于 TL 的值，则器件内部就会置位一个报警标志，当报警标志置位时，DS18B20 会对报警搜索命令有反应。如果没有对 DS18B20 使用报警搜索命令，则这些寄存器可以作为一般用途的用户存储器使用，用一条存储器操作命令对 TH 和 TL 进行写入，对这些寄存器的读出需要通过暂存器。所有数据都以低有效位在前的方式（LSB）进行读写。6 条 RAM 命令如表 7-8 所示。

表 7-8　6 条 RAM 命令

命　令	说　明	单总线发出协议后	备　注
	温度转换命令		
44H	开始温度转换：DS18B20 接到该命令后立刻开始温度转换，不需要其他数据。此时 DS18B20 处于空闲状态，当温度转换正在进行时，主机读总线将收到 0，转换结束为 1。如果 DS18B20 由信号线供电，则主机发出此命令后，必须立即提供至少当前分辨率所需温度转换时间的上拉电平	<读温度忙状态>	接到该协议后，如果期间不是从 VDD 供电的，则 I/O 线必须至少保持 500ms 高电平。这样，发出该命令后，单总线上在这段时间内就不能有其他活动
	存储器命令		
BEH	读取暂存器和 CRC 字节：用此命令读出寄存器中的内容，从第 1 字节开始，直到读完 9 字节，如果仅需要寄存器中的部分内容，则主机可以在合适时刻发送复位命令结束该过程	<读数据直到 9 字节>	
4EH	把字节写入暂存器的地址 2～4（TH 和 TL 温度报警触发器，转换位数寄存器），从第 2 字节（TH）开始。在复位信号发出之前必须把这 3 字节写完	<写 3 字节到地址 2、3 和 4>	
48H	用该命令把暂存器地址 2 和 3 内容复制到 DS18B20 的非易失性存储器 EEPROM 中：如果 DS18B20 由信号线供电，则主机发出此命令后，总线必须保证至少 10ms 的上拉电平，当发出命令后，主机发出读时隙来读总线；如果转存正在进行，则读结果为 0，转存结束为 1	<读复制状态>	接到该命令后，若器件不是从 VDD 供电的，则 I/O 线必须至少保持 10ms 高电平。这样，发出该命令后，单总线上在这段时间内就不能有其他活动
B8H	EEPROM 中的内容回调到寄存器 TH、TL（温度报警触发器）和设置寄存器单元：DS18B20 上电时能自动回调，因此设备上电后 TH、TL 就存在有效数据。读命令发出后，如果主机跟着读总线，则读到 0 表示忙，读到 1 表示回调结束	<读温度忙状态>	
B4H	读 DS18B20 的供电模式：主机发出该命令，DS18B20 将发送电源标志，0 为信号线供电，1 为外接电源	<读供电状态>	

　　DS18B20 可以通过配置寄存器来设置分辨率。暂存寄存器中的 4 字节包含配置寄存器，用户通过改变 R_0 和 R_1 的值来配置 DS18B20 的分辨率。上电默认为 $R_0=1$ 及 $R_1=1$（12 位分辨率）。需要注意的是，转换时间与分辨率之间是有制约关系的。bit7 和 bit0～bit4 作为内部使用而保留，不可被写入，如表 7-9 所示。温度分辨率与 R_1、R_0 对应关系如表 7-10 所示。

表 7-9　DS18B20 暂存寄存器

bit7	bit6	bit5	bit4	bit3	bit2	bit1	bit0
0	R_1	R_0	1	1	1	1	1

表 7-10　温度分辨率与 R_1、R_0 对应关系

R_1	R_0	分辨率/bit	最大转换时间	
0	0	9	93.75ms	$(t_{CONV}/8)$
0	1	10	187.5ms	$(t_{CONV}/4)$

续表

R_1	R_0	分辨率/bit	最大转换时间	
1	0	11	375ms	$(t_{CONV}/2)$
1	1	12	750ms	(t_{CONV})

　　DS18B20 需要严格的协议以确保数据的完整性。DS18B20 的通信协议包括几种单线信号类型：复位脉冲、存在脉冲、写 0、写 1、读 0 和读 1。所有这些信号，除存在脉冲外，都是由总线控制器发出的。与 DS18B20 的任何通信都需要以初始化序列开始。一个复位脉冲跟着一个存在脉冲表明 DS18B20 已经准备好发送和接收数据。

　　由于没有其他信号线可以同步串行数据流，所以 DS18B20 规定了严格的读写时隙，只有在规定的时隙内写入或读出才能被确认。协议由单线上的几种时隙组成：初始化脉冲时隙、写操作时隙和读操作时隙。单总线上的所有处理均从初始化开始，然后主机在相应的时隙内读出数据或写入命令。相关的时序与程序参考 7.1.2 节单总线通信时序。

7.4　单总线实现电池监控

7.4.1　DS2438 芯片简介

　　DS2438 为一款电池检测芯片，可用于标识电池组的唯一序列号；其直接数字化的温度传感器省掉了电池组内的热敏电阻；可测量电池电压和电流的 A/D 转换器；集成电流累积器用于记录进入和流出电池的电流总量；一个经历时间记录器；40 字节的非易失性 EEPROM 存储器，可用于存储重要的电池参数，如化学类型、电池容量、充电方式和组装日期等。DS2438 使用单总线接口发送和接收信息，所以微控制器和 DS2438 之间仅需 1 条连线（还有地线）。这就意味着电池组仅需三个输出接头：电池电源、地和单总线接口。

　　每个 DS2438 具有唯一的硅序列号，多个 DS2438 可以共存于同一条单总线。这就允许多个电池组可同时充电或在系统中使用。DS2438 作为智能电池监视器为电池组提供了若干很有价值的功能，如用于便携计算机、便携/蜂窝电话及手持式仪器等需要密切监视电池实时性能的设备。

　　DS2438 的 SOIC-8 封装与引脚分布如图 7-14 所示。

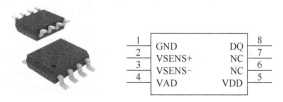

图 7-14　DS2438 的 SOIC-8 封装与引脚分布

　　引脚说明如下。

　　GND：芯片电源地引脚。

　　VSENS+：电池测量电流输入（+）。

　　VSENS-：电池测量电流输入（-）。

　　VAD：通用电压 A/D 采样输入引脚。

VDD：供电电压（2.4～10V）。

NC：无连接引脚。

DQ：单总线的数据 I/O 口。

7.4.2　DS2438 电路设计与功能函数

以常用的两节锂电池监控为例，设计 DS2438 的应用电路如图 7-15 所示。

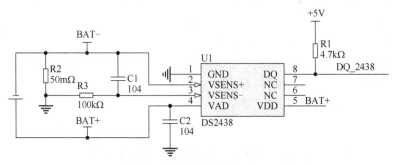

图 7-15　DS2438 的应用电路

电路原理说明：电池的正端接到 VAD 引脚，作为电池电压的监控测量，电池的负端通过一个 50mΩ 的采样电阻到地，然后连接到 VSENS+ 引脚，作为电流的监控。此外，DS2438 为单总线接口芯片，其信号引脚通过一个 4.7kΩ 的电阻上拉到电源，该引脚集控制、地址、数据通信于一体，因此连接到外部控制器只需要连接此引脚即可。

对于 DS2438 而言，其最重要的功能操作为读操作，从而方便实现读取内部的电压、电流等寄存器。对于单个 DS2438 而言，读取温度电压、电流函数如下。

```
//DS2438读取温度电压、电流函数
//传入参数：4位float型数组，用于存放读取的数据
//返回值：0为读取失败；1为读取成功
bit DS2438_ReadTVC(float *ResultAll)
{
  unsigned char ds2438DatPage0[8];      //开辟寄存器数据暂存空间
  unsigned char ds2438DatPage1[8];      //开辟寄存器数据暂存空间
  unsigned char i;
  if (!skipMatchRom())          //总线上只有一个设备，为了操作简单跳过ROM匹配
  {
      return 0;                 //操作失败
  }
  DS2438WriteByte(CONVERT_TEMP);        //44H启动温度转换
  while(DS2438ReadBit()!=1);            //等待完成
  if (!skipMatchRom())                  //跳过ROM匹配
  {
      return 0;
  }
  DS2438WriteByte(CONVERT_VOL);         //启动电压转换
  while(DS2438ReadBit()!=1);            //等待完成
  if (!skipMatchRom())                  //跳过ROM匹配
  {
```

```
            return 0;
        }
        DS2438WriteByte(RECALL_MEM);              //发送RECALL_MEM命令
        DS2438WriteByte(0x00);                    //写入要转化的寄存器页00H~07H
        if (!skipMatchRom())                      //跳过ROM匹配
        {
            return 0;
        }
        //读取
        DS2438WriteByte(READ_SP);                 //读取数据命令
        DS2438WriteByte(0x00);                    //读取的页码
        //数据读取
        for (i=0;i<8;i++)
        {
            ds2438DatPage0[i]=DS2438ReadByte();   //读取第0页
        }
        if (!skipMatchRom())                      //跳过ROM匹配
        {
            return 0;
        }
        //调用内存
        DS2438WriteByte(RECALL_MEM);
        DS2438WriteByte(0x01);
        if (!skipMatchRom())                      //跳过ROM匹配
        {
            return 0;
        }
        //读取
        DS2438WriteByte(READ_SP);                 //读取数据命令
        DS2438WriteByte(0x01);                    //读取的页码
        //数据读取
        for (i=0;i<8;i++)
        {
            ds2438DatPage1[i]=DS2438ReadByte();   //数据读取
        }
//数据与温度转换
    ResultAll[0]=(int)ds2438DatPage0[2]+(((int)ds2438DatPage0[1])>>4)*0.0
625;
    //电压
    ResultAll[1] =((int)ds2438DatPage0[4]<<8 | ds2438DatPage0[3])/100.0;
    // ICA_COEFFICIENT为ICA转换系数,和采样电阻有关
    ResultAll[2]=((int)(ds2438DatPage0[6]<<8 | ds2438DatPage0[5]));
    // ICA_COEFFICIENT为ICA转换系数,和采样电阻有关
    ResultAll[3] =ds2438DatPage1[4]/ICA_COEFFICIENT;
    return 1;
    }
```

　　使用 DS2438 时，首先要配置相关寄存器，配置完相关寄存器后启动转换数据，这时才可读取相应数据，以下函数配置读取温度、电压、电流的相关寄存器。

```
//DS2438初始化配置函数
//传入参数：无
//返回值：0为初始化失败；1为初始化成功
bit DS2438Init(void)
{
    if (!skipMatchRom())            //跳过ROM匹配
    {
        return 0;                   //操作失败
    }
    DelayN8us(1);
    DS2438WriteByte(WRITE_SP);      //发送WRITE_SP命令
    DS2438WriteByte(0x00);          //写入页码00H～07H
    DS2438WriteByte(0X07);          //设置ICA、CA、EE、AD位状态
    if (!skipMatchRom())            //复位，跳过ROM匹配
    {
        return 0;                   //操作失败
    }
    DS2438WriteByte(READ_SP);       //发送READ_SP命令
    DS2438WriteByte(0x00);          //写入页码00H～07H
    if(DS2438ReadByte()!=0X07)      //检查ICA、CA、EE、AD位状态设置是否正确
        return 0;
    if (!skipMatchRom())            //跳过ROM匹配
    {
        return 0;
    }
    DS2438WriteByte(COPY_SP);       //发送COPY_SP命令
    DS2438WriteByte(0x00);          //写入页码00H～07H
    while(DS2438ReadBit()!=1);      //等待完成
    if (!DS2438Rest())              //再次复位
    {
        return 0;
    }
    return 1;
}
```

7.4.3　DS2438 操作原理

　　DS2438 的内部结构包含单总线控制器、温度传感器、电压 A/D 转换器、电流 A/D 转换器、电流累加器、40 字节非易失性存储器等，如图 7-16 所示。

　　DS2438 通过片上温度测量技术测量温度。能读取 13 位二进制补码格式的温度数据，分辨率为 0.03125℃。数据在单总线接口上串行传输。DS2438 可以测量温度的范围是 -55～+125℃，以 0.03125℃ 的增量增加。对于华氏温度表示法，必须使用查找表或转换因子。温度测量输出数据位格式如表 7-11 所示，温度测量输出数据的确切关系如表 7-12 所示。

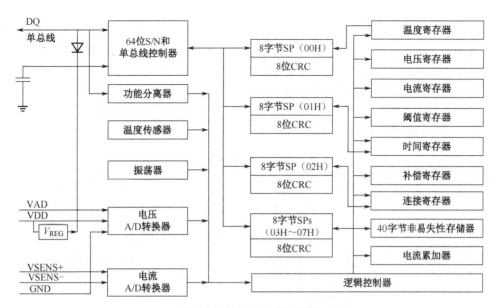

图 7-16　DS2438 内部结构

表 7-11　温度测量输出数据位格式

D15	D14	D13	D12	D11	D10	D9	D8	D7	D6	D5	D4	D3	D2	D1	D0
S	2^6	2^5	2^4	2^3	2^2	2^1	2^0	2^{-1}	2^{-2}	2^{-3}	2^{-4}	2^{-5}	0	0	0

表 7-12　温度测量输出数据的确切关系

温度/℃	数据输入（二进制数）	数据输出（十六进制数）
+125	0000 0111 1101 0000	07D0H
+25.0625	0001 1001 0001 0000	1910H
+0.5	0000 0000 1000 0000	0080H
0	0000 0000 0000 0000	0000H
−0.5	1111 1111 1000 0000	FF80H
−25.0625	1110 0110 1111 0000	E6F0H
−55	1100 1001 0000 0000	C900H

　　值得注意的是，在 DS2438 中最低有效位表示 0.03125℃。温度寄存器的 3 个低有效位始终为 0，剩下的 13 位用℃的二进制补码形式表示温度，最高有效位保持符号位。可通过查看"存储器映射"找到温度寄存器地址。

　　DS2438 片上的 A/D 转换器有 10 位的分辨率，当 DS2438 收到指示它转换电压的命令时，执行转换。这个测量的结果放在 2 字节电压寄存器中。DS2438 的 A/D 转换范围是 0～10V。这个范围对于六节镍镉电池、镍氢电池组或两节锂电池组来说是合适的。A/D 转换的满量程值是 10.23V，分辨率为 10mV。

　　虽然 A/D 转换最低量程可达 0V，但有一点需要注意，就是待测电池电压也是 DS2438 的供电电压。因此，当电池电压低于 2.4V 时，电压 A/D 转换的准确性下降，执行转换的能力受到 DS2438 的操作电压范围的限制。

　　此外，尽管编码在电压值低于 2.4V 下存在，但电压 A/D 转换的准确性和 DS2438 供电电压的限制使得这些值实际上不可使用。可通过查看"存储器映射"找到电压寄存器地址。

对于应用程序需要一个通用的电压 A/D 转换器，DS2438 可以被配置，以致电压转换指令的结果能够将 V_{AD} 输入（而不是 V_{DD} 输入）存入电压寄存器中。电压寄存器格式如表 7-13 所示，电压寄存器输出数据的确切关系如表 7-14 所示。根据状态/配置寄存器的声明，V_{DD} 或 V_{AD}（两者之一）将在接收到电压转换命令后存储在电压寄存器中。参阅寄存器映射中关于状态/配置寄存器的详细描述。如果 V_{AD} 输入作为电压输入，则 A/D 转换器在 $1.5V < V_{AD} < 2V_{DD}$ 范围内是准确的，其中 V_{DD} 的范围是 $2.4V < V_{DD} < 5.0V$。

表 7-13　电压寄存器格式

D15	D14	D13	D12	D11	D10	D9	D8	D7	D6	D5	D4	D3	D2	D1	D0
0	0	0	0	0	0	2^9	2^8	2^7	2^6	2^5	2^4	2^3	2^2	2^1	2^0

表 7-14　电压寄存器输出数据的确切关系

电源电压/V	数据输入（二进制数）	数据输出（十六进制数）
0.05	0000 0000 0000 0001	0005H
2.7	0000 0001 0000 1110	010EH
3.6	0000 0001 0110 1000	0168H
5	0000 0001 1111 0100	01F4H
7.2	0000 0010 1101 0000	02D0H
9.99	0000 0011 1110 0111	03E7H
10	0000 0011 1110 1000	03E8H

这个特性使得在电压输入范围 $1.5V < V_{AD} < 10V$（V_{DD}=5.0V）内，用户能够得到一个符合精度要求的电压 A/D 转换器。

DS2438 A/D 转换器以通过测量外部检测电阻两端的电压，来有效地检测流入和流出电池组的电流。A/D 转换器将在后台以 36.41 次/s 的频率采样，因此不需要命令启动电流测量。但 DS2438 只会在状态/配置寄存器中 IAD 位置 1 时才启动电流 A/D 转换。DS2438 通过 VSENS 引脚测量流入和流出电池的电流，VSENS+引脚到 VSENS-引脚的电压被认为是电流检测电阻 RSENS 两端的电压。VSENS+端与电阻 RSENS 直接相关，然而，对于 VSENS-，建议在该引脚和 RSENS 的接地端之间接一个 RC 低通滤波电路。用一个阻值为 100kΩ 的电阻和一个 0.1μF 的钽电容器，该滤波器的截止频率是 15.9Hz，电流 A/D 转换器以 36.41 次/s 或 27.46 次/ms 的频率采样。这个滤波器能消除大部分的尖峰毛刺的影响，从而允许电流累加器准确反映流入和流出电池的总电荷。

A/D 转换器测量检测电阻 RSENS 两端的电压，并将结果以二进制补码格式保存在电流寄存器中。转换结果的符号位表明充电还是放电，存储在电流寄存器的最高有效位中，电流寄存器格式如表 7-15 所示。查看"存储器映射"找到电流寄存器地址。该寄存器实际上存储的是检测电阻 RSENS 两端的电压。这个值代入以下公式可以计算出电池的电流。

电池组的电流能够由电流寄存器中的值经下式计算得出。

$$I = \text{Current Register} / (4096 \times R_{SENS}) \quad (R_{SENS} \text{ 的单位是 } \Omega)$$

例如，如果流入电池组的电流是 1.25A，电池组使用一个 0.025Ω 的检测电阻，则 DS2438 向电流寄存器写入的值为 128（十进制数）。根据这个值，电池组电流能够被计算为：

$$I = 128 / (4096 \times 0.025) = 1.25A$$

表 7-15　电流寄存器格式

D15	D14	D13	D12	D11	D10	D9	D8	D7	D6	D5	D4	D3	D2	D1	D0
S	2^{14}	2^{13}	2^{12}	2^{11}	2^{10}	2^9	2^8	2^7	2^6	2^5	2^4	2^3	2^2	2^1	2^0

随着时间的推移，整合的电流会因为小电流 A/D 转换器存在偏置误差可以有一个大的累积效应，DS2438 在电流 A/D 转换器中提供了一种抵消偏置误差的方法。在每次电流测量完成后，测量值被加到偏置寄存器的内容中，结果随后被存储在电流寄存器中。偏移寄存器是一个 2 字节非易失性的读/写寄存器，是以二进制补码形式存储的。这个寄存器的高 4 位中最高有效位包含偏置的符号，偏移寄存器格式如表 7-16 所示。

表 7-16　偏移寄存器格式

D15	D14	D13	D12	D11	D10	D9	D8	D7	D6	D5	D4	D3	D2	D1	D0
×	×	×	S	2^8	2^7	2^6	2^5	2^4	2^3	2^2	2^1	2^0	0	0	0

其中，unit = 0.2441mV。

下面的步骤可以用来调整电流 A/D 转换器。

（1）向偏置寄存器写全 0。

（2）驱动零电流通过 RSENS 电阻。

（3）读取电流寄存器值。

（4）通过将状态/配置寄存器中的 IAD 位置 0，关闭电流 A/D 转换器。

（5）改变当前读取的电流寄存器的值的符号，转换成二进制补码的形式，并将结果写入偏置寄存器中。

（6）通过将状态/配置寄存器中的 IAD 位置 1，开启电流 A/D 转换器。

注意，当写入偏置寄存器时，必须禁止电流测量（IAD 位置 0）。

在每一个 DS2438 设备装载之前，电流 A/D 转换器完成校准过程。然而，为了达到最好的效果，在最初的电池组测试中，电池组制造商应该校准电流 A/D 转换器，并且主机系统应该尽可能校准（如在电池充电期间）。

DS2438 用集成电流累加器（ICA）跟踪一块电池的剩余容量。ICA 保持流入和流出电池的电流总和的净累积。因此，存储在这个寄存器中的值是在一个电池中剩余容量的指标，可能被用在执行燃料评估函数。此外，DS2438 还有其他寄存器用来存储总充电电流和总放电电流。CCA（充电电流累积器）和 DCA（放电电流累积器）给主机系统提供决定可充电电池的寿命结束的信息，这些信息是基于在其生命周期的总充/放电电流。

电流测量描述的是每 27.46 ms 检测电阻 RSENS 两端的电压。这个值用于增加或减少 ICA 寄存器的值，如果电流是正的，则增加 CCA 的值，如果电流时负的，则减少 DCA 的值。

ICA 是一个按比例的 8 位易失二进制计数器，累加了电阻 RSENS 两端的电流。如果状态/配置寄存器 IAD 位置 1，则 ICA 递增或递减。ICA 寄存器格式如表 7-17 所示。查看"存储器映射"找到 ICA 寄存器地址。

表 7-17　ICA 寄存器格式

D7	D6	D5	D4	D3	D2	D1	D0
2^7	2^6	2^5	2^4	2^3	2^2	2^1	2^0

其中，unit =0.4882mVhr

这个寄存器累积了 RSENS 两端的电压，这个值通过以下公式可以计算出电池剩余容量。剩余容量能够用这个公式由 ICA 的值计算得出。

$$剩余容量=ICA/(2048 \times R_{SENS}) \quad （R_{SENS} 单位为 \Omega）$$

例如，如果电池组的剩余容量为 0.625，电池组用 0.025Ω 的检测电阻，ICA 的值将是 32。根据这个值，剩余容量能够被计算为：

$$剩余容量 = 32 / (2048 \times 0.025) = 0.625 \ Ahr$$

因为电流 A/D 转换器精度是±2 最低有效位，所以测量很小的电流时很可能不精确。因为当累计足够长的时间时，这些不精确可能变成大的 ICA 错误，所以 DS2438 提出了一种方法用于滤除这些潜在的错误小信号，以致它们不被累积。DS2438 的阈值寄存器指定一个电流测量级（在抵消取消后），在此之上测量值将在 ICA、CCA 和 DCA 上累积，低于阈值将不被累积。阈值寄存器格式如表 7-18 所示。接通电源的默认阈值的寄存器值是 00H（没有阈值）。TH2、TH1 对应阈值如表 7-19 所示。

表 7-18　阈值寄存器格式

D7	D6	D5	D4	D3	D2	D1	D0
TH2	TH1	0	0	0	0	0	0

表 7-19　TH2、TH1 对应阈值

TH2	TH1	阈　　值
0	0	None（默认）
0	1	±2 LSB
1	0	±4 LSB
1	1	±8 LSB

其中，unit =0.4882mVhr

注意，当写入阈值寄存器时，电流测量必须被禁用（IAD 位设置为 0）。

CCA 是一个 2 字节的非易失性计数器，它表示在电池生命周期中的总充电电流。它只有当正电流通过 RSENS 时更新，即电池正在充电时更新。同样，DCA 是一个 2 字节非易失性计数器，它表示电池生命周期中的总放电电流。CCA 和 DCA 能够被配置成 3 种模式中的任意一种：禁用，启动映射到 EEPROM，启动但不映射到 EEPROM。

当 CCA 和 DCA 被禁用时（通过设置状态/配置寄存器中 IAD 位或 CA 位为 0），通用数据存储可随意存储在 07H 页的寄存器中。当 CCA 和 DCA 被启用（通过设置 IAD 和 CA 为 1），07H 页为这些寄存器预留，07H 页中的任何字节都不能通过单总线被写入。当 CCA 和 DCA 启用时，它们的值自动映射到 EEPROM（通过设置状态/配置寄存器中 EE 位置 1）。当这些寄存器被配置映射到 EEPROM 时，电池组生命历程中积累的信息不会丢失，即使电池处于放电状态。当 EE 位置 0 时，映射到 EEPROM 禁用。表 7-20 阐述了 CCA 和 DCA 寄存器格式。表 7-21 总结了 ICA、CCA 和 DCA 的工作模式。

表 7-20　CCA 和 DCA 寄存器格式

D15	D14	D13	D12	D11	D10	D9	D8	D7	D6	D5	D4	D3	D2	D1	D0
2^{15}	2^{14}	2^{13}	2^{12}	2^{11}	2^{10}	2^{9}	2^{8}	2^{7}	2^{6}	2^{5}	2^{4}	2^{3}	2^{2}	2^{1}	2^{0}

其中，unit = 15.625mVhr。

表 7-21　ICA、CCA 和 DCA 的工作模式

IAD 位	CA 位	EE 位	ICA	CCA/DCA	CCA/DCA 映射到 EEPROM
0	×	×	禁止	禁止	禁止
1	0	×	允许	禁止	禁止
1	1	0	允许	允许	禁止
1	1	1	允许	允许	允许

图 7-17 阐述了电池组在一个采样充/放电周期间，ICA、CCA 和 DCA 的活动，假设 ICA 被 DS2438 配置为允许，CCA 和 DCA 工作并将数据映射到 EEPROM。为了简化累积器的图解，尽管它们在 DS2438 中是数字计数器，也把它们视为模拟值。注意，当电池完全放电时，即 ICA 的值为 0 时，CCA 和 DCA 寄存器的值将保持不变。

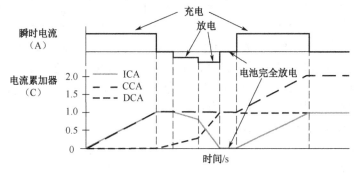

图 7-17　电流累加器活动

检测电阻的选择涉及一个折中问题。一方面，电阻的阻值必须尽可能小，以避免在峰值电流要求间产生过高的电压降；另一方面，R_{SENS} 的阻抗应该尽可能大，为电流测量和积累实现最好的分辨率。表 7-22 列出了 R_{SENS} 的几个典型值，流经 R_{SENS} 的电流为 2A（作为一个例子）时，电流累加器的低 8 位值为（$1/(4096 \times R_{SENS})$），剩余容量的低 8 位累积值为（$1/(2048 \times R_{SENS})$）。用户应仔细考虑最大电流时的压降，选择 R_{SENS} 时，解决电流测量/累积的要求。

表 7-22　R_{SENS} 的典型值

检测电阻（R_{SENS}）	最 小 电 流	最小剩余容量	最大剩余容量
25mΩ	9.76mA	19.53mAhr	5000mAhr
50mΩ	4.88mA	9.76mAhr	2500mAhr
100mΩ	2.44mA	4.88mAhr	1250mAhr
200mΩ	1.22mA	2.44mAhr	625mAhr

DS2438 的一个内部振荡器用作计时功能的时基。运行计数具有双缓冲机制，允许主机读取历时时间，数据保持不变。为了实现这个功能，计数器数据的快照被转移到用户可访问的保持寄存器。这在调取内存命令的第 8 位后触发。运行计数器是一个 4 字节的二进制计数器，分辨率为 1s。因此，运行计数器翻转之前能累积 136 年的时间。时间/日期由秒数表示，它作为参考点，可由用户决定。例如，1970 年 1 月 1 日上午 12:00 可以作为一个参考点。

其他两个与时间相关的功能是可用的。第一个是断开时间戳，任何时候当它检测到 DQ 线保持低电平接近 2s 时，DS2438 向这个时间戳写数据。这种情况被视为电池组从系统中移除，

发生此事件的时刻被写入断开时间戳寄存器，所以被置换进系统，系统能够决定设备多长时间被存储，从而促进自放电修正电池剩余容量。在断开被检测到后，DS2438 恢复睡眠模式，在此期间，除了实时时钟，其他时间戳均被关闭。

其他时间戳是电荷结束时间戳，任何时候检测到充电完成后（电流方向变化），该时间戳被 DS2438 写入。这个时间戳允许用户去计算电池处于放电和充电状态的时间，在此促进自放电计算。

时间寄存器格式如表 7-23 所示。

表 7-23　时间寄存器格式

MSB								(unit = 1s)							LSB
D15	D14	D13	D12	D11	D10	D9	D8	D7	D6	D5	D4	D3	D2	D1	D0
2^{15}	2^{14}	2^{13}	2^{12}	2^{11}	2^{10}	2^{9}	2^{8}	2^{7}	2^{6}	2^{5}	2^{4}	2^{3}	2^{2}	2^{1}	2^{0}

MSB								(unit = 1s)							LSB
D32	D31	D30	D29	D28	D27	D26	D25	D24	D23	D22	D21	D20	D19	D18	D17
2^{31}	2^{30}	2^{29}	2^{28}	2^{27}	2^{26}	2^{25}	2^{24}	2^{23}	2^{22}	2^{21}	2^{20}	2^{19}	2^{18}	2^{17}	2^{16}

每个 DS2438 都包含有唯一的 64 位 ROM 码。前 8 位是单总线系列码（DS2438 码是 26H）。接下来的 48 位是一个独特的序列号。后 8 位是前 56 位的 CRC。64 位 ROM 和 ROM 功能控制部分允许 DS2438 作为单总线设备操作和遵循单总线系统部分的单总线协议。直到 ROM 命令协议得到满足，DS2438 控制部分的函数才有访问权限。与标准单总线通信协议类似，单总线主机必须先执行 4 种 ROM 命令中的一种：

（1）读 ROM

（2）匹配 ROM

（3）跳过 ROM

（4）搜索 ROM

在一个 ROM 命令序列已经被成功执行后，DS2438 特定的函数才有访问权限，主机可以执行 6 种寄存器和控制函数中的任意一种。DS2438 的 64 位光刻 ROM 数据格式如表 7-24 所示。

表 7-24　DS2438 的 64 位光刻 ROM 数据格式

8 位 CRC 码	48 位序列号	8 位系列码（10H）

操作 DS2438 应遵循以下顺序：初始化（复位）、ROM 命令、寄存器操作命令、读取数据。在单总线上所有的事务以初始化序列开始。初始化时序由主机发送的一个复位脉冲和紧随从机发送的应答脉冲组成。应答脉冲能让主机知道 DS2438 在总线上并已经做好准备。一旦主机监测到应答脉冲，它就发送 4 个 ROM 命令之一。所有的 ROM 命令长度为 8 位。这些命令如表 7-25 所示。

表 7-25　DS2438 的 ROM 命令

命　　令	说　　明
33H	读 ROM 命令（Read ROM）：这个命令允许主机读取 DS2438 的 8 位系列码，唯一的 48 位序列号和 8 位的 CRC。这个命令仅能用于总线上只有一个 DS2438 的情形。如果在总线上不只一个 DS2438 存在，当所有从机同时尝试发送时，就会有数据冲突（漏极开路输出下拉将产生一个线与的结果）

续表

命　　令	说　　明
55H	匹配 ROM 命令（Match ROM）：主机发出该命令，后面跟 64 位 ROM 码，允许主机在多点总线上寻址一个特定的 DS2438。只有 DS2438 完全匹配 64 位 ROM 码，DS2438 才会响应随后的寄存器命令。所有的从机都不匹配 64 位 ROM 码，DS2438 将会等待一个复位脉冲。这个命令能被用在有一个或多个设备的总线上
CCH	跳过 ROM 命令（Skip ROM）：在单总线系统中这个命令能够节约时间，因为不用提供 64 位 ROM 码就允许主机访问寄存器函数。如果总线上存在不止一个从机，并且跳过 ROM 命令后还跟着发送了一个读取命令，那么由于多个从机同时传输，所以会发生数据冲突（漏极开路输出下拉将产生一个线与的结果）
F0H	搜索 ROM 命令（Search ROM）：当一个系统初始化拉高后，主机可能不知道总线上设备的数量或它们的 ROM 码。搜索 ROM 命令允许主机用一个排除过程识别总线上的所有从机设备的 64 位 ROM 码

DS2438 的命令设置如表 7-26 所示。

表 7-26　DS2438 的命令设置

命　　令	说　　明
	参数转换命令
44H	温度转换：通过这个命令可以进行温度转换。不需要数据。在温度转换期间将状态/配置寄存器上的 TB 标志位置 1，温度转换将被执行。当温度转换完成后，TB 标志清零。如果主机发送读时间槽来跟随这条命令，则只要温度转换忙碌，DS2438 将在总线上输出 0。当温度转换完成后，它将返回一个 1
B4H	电压转换：这个命令指示 DS2438 初始化一个电压 A/D 转换周期。这里要设置 ADB 标志（参阅寄存器映射部分中的状态/配置寄存器）。被测量的供电电压由状态/配置寄存器的 AD 位定义。当电压 A/D 转换完成后，ADB 标注为被清除，当前的电压值存入 page 00H 中的电压寄存器中。当 A/D 转换发生时，其他任何寄存器函数都是可用的。如果在主机发送读时间槽后跟着该命令，则只要 DS2438 正在做电压测量，DS2438 就在总线上输出 0。转换完成后返回一个 1
	存储器命令
4EHxxH	写入中间结果寄存器：通过这个命令可以向 DS2438 中 page xxH 的中间结果寄存器写入内容。共有 8 字节的中间结果寄存器空间能够被写入，但所有的写入操作从当前所选中间结果寄存器字节的地址 0 开始。在发送这个命令后，用户必须发送中间结果寄存器的页码写入命令；接着用户开始向 DS2438 的中间结果寄存器写入数据。任何时候发送一个复位脉冲将终止写入。有效的用于写的页码是 00H～07H
BEHxxH	读出中间结果寄存器：通过这个命令可以读出 DS2438 中 page xxH 的中间结果寄存器的内容。在发送这个命令后，用户必须发送需要读取的中间结果寄存器的页码，然后开始读取这些数据，并且总是从选中的中间结果寄存器的地址 0 开始读取的。用户可能读到了中间结果寄存器的结尾处（字节 07H），任何保留的数据位读取的都是逻辑 1，然后读取数据的循环冗余码，之后的数据读取的都是逻辑 1。如果不是所有的位置都要读取，则主机可以在任何时候发送一个复位脉冲终止。有效的页码是 00H～07H
48HxxH	复制中间结果寄存器：这个命令是将 DS2438 中的中间结果寄存器 page xxH 的内容复制到 DS2438 中的 EEPROM/SRAM 的 page xxH 中。在发送这个命令后，用户必须写入一个页码，确定寄存器中哪一页的中间结果寄存器需要复制。有效的页码是 00H～07H。在复制期间，状态/配置寄存器中的 NVB 位置 1。当复制完成后，这一位会重置为 0。如果主机在这个命令后发送了一个读时间槽，则 DS2438 将发送一个 0 到总线上，一直持续中间结果寄存器复制内容到 SRAM/EEPROM 的过程。当复制过程完成后，将会返回一个 1
B8HxxH	重新调用寄存器：这个命令将 EEPROM/SRAM page xxH 存储的值调取出来赋给中间结果寄存器 page xxH。为了读取 DS2438 寄存器上任意页的内容，这个命令后面必须接一个读 SPxx 的命令。有效的页码是 00H～07H

注意：

（1）温度转换需要 10 ms。

（2）A/D 转换需要 4 ms。

（3）EEPROM 写需要 10 ms。

例如，主机启用单个 DS2438 的 ICA、CCA 和 DCA，然后配置，如 CCA/DCA 信息映射到 EEPROM。电压 A/D 转换被配置，如 DS2438 将对电池电压（VDD）测量电压。

采样函数时序如表 7-27 所示。

表 7-27 采样函数时序

主 机 模 式	数据（最低有效位在前）	注 释
TX	Reset	读脉冲
RX	Presence	应答脉冲
TX	CCH	跳过 ROM
RX	4E00H	写 SP 00H 命令
TX	0FH	设置 ICA、CA、EE、AD 位
RX	Reset	复位脉冲
TX	Presence	应答脉冲
RX	CCH	跳过 ROM
TX	BEh00H	读 SP 00H 命令
RX	<9 data bytes>	读取暂存数据和 CRC
TX	Reset	复位脉冲
RX	Presence	应答脉冲
TX	CCH	跳过 ROM
RX	48h00H	复制 SP 00H 命令
TX	Read Slots	DS2438 返回"1"
RX	Reset	复位脉冲
TX	Presence	应答脉冲，结束

TX：发送；RX：接收；Presence：应答。

例如，主机发送一个温度和电压转换命令，然后在一个 DS2438 上读取温度、电池电压、电池电流。

DS2438 要求有严格的协议来确保数据的完整性。在一条总线上，协议包含几种类型的信号：复位脉冲、存在（应答）脉冲、写 0、写 1、读 0 和读 1。所有这些信号，除了存在（应答）脉冲，都能被总线主机初始化。关于 DS2438 底层单总线操作相关的时序与程序参考 7.1.2 节单总线通信时序。

7.5 单总线实现数据存储

7.5.1 DS2431 芯片简介

DS2431 是一款 1024 位单总线 EEPROM（电可擦除可编程 ROM）芯片，由 4 页存储区组成，每页 256 位。数据先被写入一个 8 字节暂存器中，经校验后复制到 EEPROM 存储器。该器件的特点是，4 页存储区相互独立，可以单独进行写保护或进入 EEPROM 仿真模式，在该模式下，所有位的状态只能从 1 变成 0。DS2431 通过一条单总线进行通信。通信采用了标准的单总线协议。每个器件都有不能更改的、唯一的 64 位 ROM 注册号，该注册号由工厂光刻写入芯片。在一个多点的单总线网络环境中，该注册号用作器件地址。DS2431 可在 2.8～5.25V 电压范围内进行读写操作。

DS2431 的 TSOC-6 封装与引脚分布如图 7-18 所示。

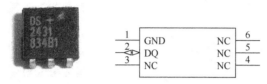

图 7-18　DS2431 的 TSOC-6 封装与引脚分布

引脚说明如下。

GND：芯片电源地引脚。

DQ：通信引脚，集控制、地址、数据和供电于一体。

NC：无连接引脚。

7.5.2　DS2431 电路设计与功能函数

DS2431 的应用电路如图 7-19 所示。

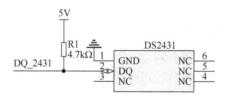

图 7-19　DS2431 的应用电路

电路原理说明：DS2431 为单总线接口芯片，其信号引脚通过一个 4.7kΩ 的电阻上拉到电源，该引脚集控制、地址、数据和供电于一体，因此连接到外部控制器只需要连接此引脚即可。

DS2431 最重要的功能就是读写暂存器数据，从而实现数据的存储与读取。

```
//DS2431写暂存器函数
//传入参数：addr为写入的地址；*p写入的数据
//返回值：0为写入失败  1为写入成功
bit DS2431_WriteScratchpad(unsigned int addr, unsigned char *p)
{   unsigned char TA1,TA2;
    unsigned char temp,i,checkwrite[11];
    unsigned char CRC[2];
    unsigned int crc_16;
    if (!skip_matchRom())                       //跳过ROM匹配
    {
        return 0;                               //操作失败
    }
    DelayN8us(1);                               //延时
```

```
        DS2431_WR_BYTE(0x0f);                    //发送WriteScratchpad命令
        DelayN8us(7);                            //延时等待完成
        //写入偏移地址 TA1、TA2
        TA1=(unsigned char)(addr&0xff);          //低位
        TA2=(unsigned char)((addr>>8)&0xff);     //高位
        DS2431_WR_BYTE(TA1);                     //写入地址低位
        DS2431_WR_BYTE(TA2);                     //写入地址高位
        //写入8字节数据
        for(i=0; i<8; i++)
        {
            temp=*p;
            DS2431_WR_BYTE(temp);                //写入数据
            p++;                                 //移动指针
        }
        p=p-8;                                   //将指针移回初始位置
        //读CRC
        for(i=0; i<2; i++)
        {
            CRC[i]=DS2431_RD_BYTE();             //读取CRC数据
        }
        checkwrite[0]=0x0f;                      //对要进行CRC校验的数据赋值
        checkwrite[1]=TA1;                       //对要进行CRC校验的数据赋值
        checkwrite[2]=TA2;                       //对要进行CRC校验的数据赋值
        for(i=0; i<8; i++)
        {
            checkwrite[i+3]=*p++;                //对要进行CRC校验的数据赋值
        }
        crc_16=crc16(checkwrite,11);             //CRC校验
        if(((crc_16>>8)|CRC[1])!=0xff)           //判断校验结果
            return 0;
        if(((crc_16&0xff)|CRC[0])!=0xff)         //判断校验结果
            return 0;
        return 1;
}
//DS2431读暂存器函数
//传入参数：*p读取到的数据的存放地址
//返回值：0为读取失败，1为读取成功
bit DS2431_ReadScratchpad(unsigned char *p)
{
    unsigned char i,checkread[12];
    unsigned char TA1,TA2,ES;
    unsigned char CRC[2];
    unsigned int crc_16;
    if (!skip_matchRom())                        //跳过ROM匹配
    {
        return 0;                                //操作失败
    }
```

```
        DelayN10us(1);
        DS2431WriteByte(0xAA);                    //发送读内存命令
        DelayN10us(5);                            //延时
        //读取 TA1、TA2、E/S
        TA1=DS2431ReadByte();
        TA2=DS2431ReadByte ();
        ES=DS2431ReadByte ();
        for (i=0; i<8; i++)
        {
            *p= DS2431ReadByte ();                //读取8字节数据
            p++;
        }
        p=p-8;                                    //指针移回初始位置
        for(i=0; i<2; i++)
        {
            CRC[i]= DS2431ReadByte ();            //读取CRC数据
        }
        checkread[0]=0xaa;                        //对要进行CRC校验的数据赋值
        checkread[1]=TA1;                         //对要进行CRC校验的数据赋值
        checkread[2]=TA2;                         //对要进行CRC校验的数据赋值
        checkread[3]=ES;                          //对要进行CRC校验的数据赋值
        for(i=4; i<12; i++)
            checkread[i]=*p++;                    //对要进行CRC校验的数据赋值
        crc_16=crc16(checkread,12);               // CRC校验
        if ( ((crc_16&0xff)|CRC[0]) != 0xff )//判断CRC校验的结果
        {
            return 0;
        }
        if ( ((crc_16>>8)|CRC[1]) != 0xff ) //判断CRC校验的结果
        {
            return 0;
        }
        return 1;
}
```

7.5.3　DS2431 操作原理

DS2431 包括 4 个主要数据部件：64 位光刻 ROM、64 位暂存器、4 个 32 字节 EEPROM 页及 64 位寄存器页，其方框图如图 7-20 所示。

每个 DS2431 都有唯一的 64 位 ROM 代码，其中前 8 位是一个单总线系列码，中间 48 位是唯一的序列号，后 8 位是前 56 位的 CRC（循环冗余校验）码。单总线 CRC 码通过一个包括移位寄存器和异或门的多项式发生器产生。该多项式为：$x^8 + x^5 + x^4 + 1$。

移位寄存器初始化时被清零。然后从系列码的最低有效位开始，每次移入一位。当系列码的最后一位被移入后，再移入序列号。当序列号的最后一位也被移入时，移位寄存器的值即为 CRC 码的值。继续移入 8 位 CRC 码后，移位寄存器所有位归零。64 位光刻 ROM 的数据格式如表 7-28 所示。

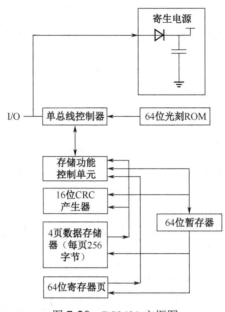

图 7-20 DS2431 方框图

表 7-28 64 位光刻 ROM 的数据格式

8 位 CRC 码	48 位序列号	8 位系列码（2DH）

数据存储器和寄存器位于一个线性地址空间。数据存储器和寄存器对读操作没有限制。DS2431 的 EEPROM 阵列共有 18 行，每行 8 字节。前 16 行被等分为 4 个存储器页（每页 32 字节），这 4 页为主数据存储器。可以通过设置寄存器行中相应的保护字节将每一页单独设置成开放（无保护）、写保护或 EPROM 模式。最后两行包括保护寄存器和保留字节。寄存器行包括 4 个保护控制字节，1 个复制保护字节，1 个工厂预置字节，以及 2 个用户/厂商 ID 字节。厂商 ID 可以是客户要求的标识码，用于帮助应用软件识别与 DS2431 有关的产品。要设置并注册一个定制的厂商 ID 请与工厂联系。最后一行为将来的应用所保留。未定义读写功能，不能使用这些操作。

除主 EEPROM 阵列外，还包含一个 8 字节易失性暂存器。向 EEPROM 阵列写入数据包括两个步骤。首先，数据先写到暂存器，然后被复制到主存储器阵列。这就允许用户在将数据复制到主存储器阵列前先对数据进行校验。器件仅支持整行（8 字节）复制操作。为保证复制操作中暂存器的数据有效，Write Scratchpad 命令提供的地址必须开始于一行的边界处，而且暂存器必须写入 8 个完整的字节。保护控制寄存器决定执行 Write Scratchpad 命令时输入数据如何被加载到暂存器。保护控制寄存器设置为 55H（写保护）时，输入的数据被忽略，位于目标地址的主存储器数据被加载到暂存器。保护控制寄存器设置为 AAH（EPROM 模式）时，输入数据与目标地址的主存储器数据进行逻辑与，计算结果被加载到暂存器。保护控制寄存器的其他任意设置值使相关存储器页处于不限制写操作的开放状态。保护控制字节设置成 55H 或 AAH 时，该字节自身也受写保护。保护控制字节设置成 55H 并不阻止复制操作。这就允许被写保护的数据在器件内部进行刷新（即用当前数据重新编程）。

复制保护字节用于更高的安全级别，仅应在其他所有保护控制字节、用户字节、写保护页被设置成最终值后才被使用。如果复制保护字节为 55H 或 AAH，则阻止所有试图向寄存器行和用户字节行复制的操作。此外，所有试图向写保护的主存储器页复制的操作（即刷新）也被阻止。

　　DS2431 使用 3 个地址寄存器：TA1、TA2 及 E/S（见表 7-29）。这些寄存器在许多其他单总线器件中很常见，但用法与 DS2431 略有不同。TA1 和 TA2 寄存器要求必须加载进行数据写入或读出的目标存储器地址。E/S 是一个只读的传输状态寄存器，用来校验写操作命令的输入数据完整性。E/S 寄存器的 E2:E0 位加载 Write Scratchpad 命令所输入的 T2:T0 位，每输入一个数据字节加 1。这实际上是一个 8 字节寄存器内部的字节结束偏移计数器。E/S 寄存器的第 5 位称作 PF，如果寄存器数据因掉电或主机发送的数据未能按要求填满整个寄存器而无效，则该位被置为逻辑 1。为了使写入寄存器数据有效，T2:T0 位必须为 0，而且主机必须发送完整 8 个字节数据。第 3、4、6 位没有定义功能；读数总为 0。E/S 寄存器的最高位称为 AA 或授权许可，作为指示寄存器数据已被复制到目标存储器地址的标志位，向寄存器中写入数据将清除此位。

表 7-29　地址寄存器

位	D7	D6	D5	D4	D3	D2	D1	D0
TA1	T7	T6	T5	T4	T3	T2	T1	T0
TA2	T15	T14	T13	T12	T11	T10	T9	T8
E/S（只读）	AA	0	PF	0	0	E2	E1	E0

　　操作 DS2431 应遵循以下顺序：初始化、ROM 功能指令、存储器功能指令、传输/数据。在单总线上的数据传输都以初始化序列开始。初始化时序由主机发送的一个复位脉冲紧随从机发送的应答脉冲组成。应答脉冲能让主机知道 DS2431 在总线上并已经做好准备。一旦主机监测到应答脉冲，就发送 DS2431 支持的 7 条 ROM 命令之一。所有的 ROM 命令长度为 8 位，这些命令如表 7-30 所示。

表 7-30　DS2431 的 ROM 命令

命　令	说　明
33H	读 ROM 命令（Read ROM）：此命令允许主机读取 DS2431 的 8 位系列码，唯一的 48 位序列号和 8 位 CRC 码。此命令适用于总线上仅有一个从机的情况。如果总线上连接了多个从机设备，当所有从机试图同时发送数据时，将会发生数据冲突（漏极开路输出下拉将产生一个线与的结果）。导致主机收到的系列码和 48 位序列号与 CRC 码不匹配
55H	匹配 ROM 命令（Match ROM）：主机发出该命令，后面跟 64 位 ROM 码，允许主机在多点总线上寻址一个特定的 DS2431。只有 DS2431 完全匹配 64 位 ROM 码，DS2431 才会响应随后的寄存器命令。所有的从机都不匹配 64 位的 ROM 码，DS2431 将会等待一个复位脉冲。这个命令能被用在有一个或多个设备的总线上，允许主机访问多点总线上的一个特定 DS2431。只有与该 64 位 ROM 码正确匹配的 DS2431 才会对后面的存储器功能命令做出反应。其他所有从机均等待下一个复位脉冲。这条命令既适用于单从机系统，也适用于多从机系统
F0H	搜索 ROM 命令（Search ROM）：系统刚启动时，主机可能并不知道有多少个设备挂在单总线上，也不知道它们具体的地址码。主机可利用总线上的线与特性，采用排除法来识别总线上所有从机的地址码。先发送地址码的最低有效位，主机针对每一位都发送三个时隙。第一个时隙，每个参与搜索的从机都输出各自地址码该位的值。第二个时隙，每个参与搜索的从机都输出该位的补码。第三个时隙，主机写入该位指定值。所有与该值不匹配的从机都不再参与搜索。如果主机两次读到的值均是 0，则说明从机该位的两个状态都存在。主机通过写入的状态值来选择搜索 ROM 码树的不同分支。经过一次完整搜索过程，主机即可知道某个从机的地址码。另外，搜索过程可以识别其余从机的地址码

命　令	说　明
CCH	跳过 ROM 命令（Skip ROM）：在一个单从机总线系统中，主机可使用此命令访问存储器而不需要提供 64 位 ROM 码，从而节省时间。如果总线上不止一个从机，则当一条 Read 命令紧跟一条跳过 ROM 命令发送时，会因多个从机同时发送数据而导致数据冲突（漏极开路输出下拉将产生一个线与结果）
A5H	重新开始命令（Resume）：为了最大限度地提高多点环境中的数据吞吐率，系统提供了 Resume 功能。此功能检查 RC 位的状态，如果置位，则直接把控制权交给存储器功能，与 Skip ROM 命令类似。RC 的置位只能通过成功地执行 Match ROM、Search ROM 或 Overdrive Match ROM 命令来实现。一旦 RC 置位，即可利用 Resume 命令重复访问此器件。访问总线上的其他器件会清除 RC 位，以防止两个或更多的从机同时响应 Resume 命令
3CH	高速跳过 ROM 命令（Overdrive Skip ROM）：如果在一个多点总线上发送该命令，则总线上所有支持高速模式的器件都被设置成高速模式。随后，为了寻址特定的高速模式器件，必须发出一个高速模式的复位脉冲，接着运用 Match ROM 或 Search ROM 命令。这样能够加速搜索过程。如果总线上有多个支持高速模式的从机，而且 Overdrive Skip ROM 命令后跟着一条 Read 命令，则会因多个从机同时发送数据而产生数据冲突（漏极开路输出下拉将产生一个线与结果）
69H	高速匹配 ROM 命令（Overdrive Match ROM）：通过 Overdrive Match ROM 命令，后面接以高速模式发送的 64 位 ROM 码，能够使总线主机在多点总线上访问一个特定的 DS2431，同时将其设置成高速模式。只有与该 64 位 ROM 码正确匹配的 DS2431 才会对后续的存储器功能命令做出反应。已经被前面的 Overdrive Skip ROM 或 Overdrive Match ROM 命令成功设置成高速模式的从机将继续保持高速模式。所有支持高速模式的从机在下一个持续时间最小为 480μs 的复位脉冲后回到标准速率。Overdrive Match ROM 命令适用于总线上有单个或多个器件的情况

DS2431 的命令设置如表 7-31 所示。

表 7-31　DS2431 的命令设置

命　令	说　明
0FH	写暂存器命令（Write Scratchpad）：Write Scratchpad 命令适用于数据存储器和寄存器页中的可写地址。为了保证暂存器中的数据能够被正确复制到存储器阵列中，用户必须保证该命令中的 8 个数据字节开始于一个有效行边界处。Write Scratchpad 命令接收无效地址和不完整的存储器行，但后续的 Copy Scratchpad 命令将被阻止。 　　发出 Write Scratchpad 命令后，主机必须首先发送 2 个字节的目标地址，接着发送要写入暂存器的数据。写入暂存器的数据起始字节偏移量为 T2:T0。ES 的 E2:E0 位加载起始字节偏移量，后面每收到一个数据字节就加 1。E2:E0 最终结果为最后被写入暂存器的完整字节的偏移量。它仅接收完整数据字节。 　　当执行 Write Scratchpad 命令时，DS2431 内部的 CRC 发生器随着主机的发送过程，计算整个数据流的 CRC 码始于命令代码，终止于最后一个数据字节。该 CRC 码由 CRC16 多项式生成，计算时首先清除 CRC 发生器，然后顺序移入 Write Scratchpad 命令代码（0FH）、目标地址（TA1 和 TA2）和所有数据字节。要注意的是，CRC16 计算时使用的是由主机实际发送的 TA1、TA2 和数据字节。主机可在任意时间终止 Write Scratchpad 命令。但如果写入数据达到暂存器上限（E2:E0 = 111B），则主机可发送 16 个读时隙并收到 DS2431 产生的 CRC 码。如果 Write Scratchpad 命令试图对写保护区域进行写入，则暂存器将加载存储器原有的数据，而不是主机发送的数据。类似地，如果目标地址页为 EPROM 模式，则暂存器加载的是存储器原有数据与主机发送数据位逻辑与的结果
AAH	读暂存器命令（Read Scratchpad）：Read Scratchpad 命令可以用来校验目标地址和暂存器数据的完整性。主机发送命令代码后开始读取数据。开头的 2 字节是目标地址，下一个字节是结束偏移量/数据状态字节（E/S），接着是暂存器数据，这些数据可能与主机发送的原始数据有所不同。当目标地址位于寄存器页、位于写保护或 EPROM 模式页时，这一点尤其重要。详细信息见 Write Scratchpad 命令说明。主机应先读完暂存器中所有数据（E2:E0 - T2:T0 + 1 字节），然后就可以收到反码的 CRC，该 CRC 码根据 DS2431 发送的数据产生。如果主机在收到 CRC 码后继续读取数据，则得到的所有数据均为逻辑 1

续表

命　令	说　明
55H	复制暂存器命令（Copy Scratchpad）：Copy Scratchpad 命令用来将暂存器中的数据复制到可写的存储器区域，发出 Copy Scratchpad 命令后，主机必须提供一个 3 字节的授权模式，该数据应该通过紧邻此条命令的前一个 Read Scratchpad 命令获得。该 3 字节模式数据必须与 3 个地址寄存器（依次为 TA1、TA2、E/S 中的数据正确匹配。如果授权码匹配，则目标地址有效，PF 标志位未被置位，目标存储器没有复制保护，AA（授权许可）标志位置位，才能开始执行复制操作。暂存器中的 8 字节数据全部被复制到目标存储器。器件内部的数据传输需要最多 tPROG，在此期间单总线上的电压必须保证不低于 2.8V。数据复制完成后会发送一组 "0" 和 "1" 交替的信号，直到主机发送复位脉冲为止。如果 PF 标志位被置位或目标存储器处于复制保护模式，则不会执行复制操作而且 AA 标志位不会被置位
F0H	读寄存器命令（Read Memory）：Read Memory 命令通常用于从 DS2431 读取数据。发出命令后，主机需要提供 2 字节的目标地址。在这 2 字节之后，主机开始读取始于目标地址的数据，可连续读至地址 008FH 处。如果继续读，读取结果将是逻辑 1。器件内部的 TA1、TA2、E/S，以及暂存器内容不受 Read Memory 命令影响

DS2431 要求有严格的协议来确保数据的完整性。在一条总线上，协议包含几种类型的信号：复位脉冲和应答脉冲的复位序列，写 0、写 1 和读数据。所有的这些信号，除应答脉冲外，总线主机发出其他所有信号的下降沿，DS2431 能以标准速度或高速两种模式通信。如果没有明确设置为高速模式，DS2431 就以标准速度通信。在高速模式下，所有波形均采用快速定时。关于 DS2438 底层单总线操作相关的时序与程序参考 7.1.2 节单总线通信时序。

7.6　本章小结与拓展

单总线不同于目前多数标准串行数据通信方式，其采用单条信号线，既传输时钟，又传输数据，而且数据传输是双向的。它具有节省 I/O 口线资源、结构简单、成本低廉、便于总线扩展和维护等诸多优点。

单总线适用于单个主机系统，能够控制一个或多个从机设备。当只有一个从机位于总线上时，系统可按照单节点系统操作；当多个从机位于总线上时，系统可按照多节点系统操作。

单总线的通信结构如图 7-21 所示。

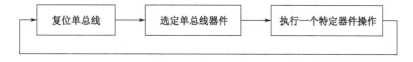

图 7-21　单总线的通信结构

所有的单总线接口芯片有一个共同的特征：无论是芯片内还是设备内，每个器件都有一个互不重复的、工厂光刻的序列号，因此，每个器件都是唯一的。这样就允许从众多连到同一总线的器件中独立选择任何一个器件。当 1 个、2 个甚至多个单总线器件能公用一条线路进行通信时，一般可以采用二进制位检索法依次查找每个器件。一旦器件的序列号已知，通过寻址该序列号，就可以唯一地选出该器件进行通信。

单总线的所有通信的第一步都需要总线控制器发出一个 "复位" 信号以使总线同步，然后选择一个受控器件进行随后的通信，这可以通过选择所有的受控器件或选择一个特定的受控器件（利用该器件的序列号进行选择）或通过对半检索法找到总线上的下一个受控器件来实现。

除复位信号外，单总线协议还定义了应答脉冲、写 0、读 0 和读 1 时序等几种信号类型。所有的单总线命令序列（复位、ROM 命令、功能命令）都是由这些基本的信号类型组成的。在这些信号中，除应答脉冲外，其他均由主机发送同步信号，并且发送的所有命令和数据都是字节的低位在前。

典型的单个芯片的单总线命令序列如下。

第一步：初始化。

第二步：ROM 命令（跟随需要交换的数据）。

第三步：功能命令（跟随需要交换的数据）。

其中，只读存储器（ROM）指令，一旦一个特定的器件被选中，那么在下次复位信号发出之前，所有其他器件都被挂起而忽略随后的通信。一旦一个器件被用于总线通信，主机就能向它发出特定的器件指令，对它进行数据读写。

每次访问单总线器件，必须严格遵守这个命令序列，如果出现序列混乱，则单总线器件不会响应主机。但是，这个准则对于搜索 ROM 命令和报警搜索命令例外，在执行两者中任何一条命令之后，主机如果不能执行其后续的功能命令，则必须返回至第一步。

7.7　本章习题

1．单总线为芯片供电的电路应该如何设计？这样设计的优缺点都有哪些？

2．一条单总线上是否可以挂接多个不同类型的单总线器件？怎样保证总线上同一时刻仅有一个从机与主机进行通信？

3．CRC 的原理是什么？有什么优点？

4．有如表 7-32 所示的待发送数据，按照相应的 CRC 规则，计算应该追加的 8 位二进制检验码序列。

表 7-32　习题 4

待 发 数 据	校 验 规 则	应追加的 CRC 数据
1010 0011	CRC-8	
1011 0010 1101 0111	CRC-8	
0111 0001 1001 1111	CRC-16	

5．利用 DS2401 编写一个程序，要求按下按键读取 DS2401 内部的 ROM 码，并显示在 12864 液晶屏上。

6．使用 DS18B20 制作一个电子温度计。要求：每 30s 在 12864 液晶屏上刷新一次数据，并利用串行口在计算机显示器上显示。

7．利用 DS2438 制作一个电池监测器。要求：电池组有唯一的 ID，按下按键时在 12864 液晶屏上显示电池组的 ID，并且在 12864 液晶屏上实时显示电池组的电压及温度，当电池组电压低于电池组的标称电压或电池组温度高于设定值时，蜂鸣器鸣响报警，并且在 12864 液晶屏上显示报警原因。

8．利用 DS18B20 和 DS2431 编写一个程序，以 30s 记录一次数据的频率，在 DS2431 中记录 10min 内室内温度的变化情况。

第 8 章 IIC 总线接口技术

IIC（Inter-Integrated Circuit）总线（许多文献中写为 I²C，为更好与程序对应，方便阅读，本书统一用 IIC）是 PHILIPS 公司提出的一种在器件之间通过两线式连接通信的接口。其通信电路简单，使用方便，已发展成为工业标准中常见的总线之一。目前，各大半导体公司推出了大量带有 IIC 总线接口的芯片，如 EEPROM 芯片、实时时钟、A/D 转换、D/A 转换、温度、LED/LCD 驱动、I/O 口等。

本章先简要介绍 IIC 总线及其工作原理，然后讲解如何通过单片机 I/O 口模拟 IIC 总线去连接控制各类具有 IIC 接口的芯片。为使读者快速理解 IIC 总线接口技术并能够加以应用，在讲解实例时先提供了详细的电路原理图及操作函数，然后再详细讲解所用 IIC 器件的工作原理。因此，未使用过 IIC 总线的读者可通过 8.1 节快速、简要地了解 IIC 总线接口技术，然后通过后续各节的实例，透彻地理解 IIC 总线接口技术，并且掌握典型的 IIC 器件的使用。而使用过 IIC 总线的读者可以跳过 8.1 节的内容，直接参照实例部分提供的电路图及操作函数快速地进行实际应用。在本章总结部分对 IIC 总线进行了相关问题的详细说明，可供读者查阅以理解原理且更好地掌握 IIC 总线接口技术。

8.1 IIC 总线接口技术原理

8.1.1 IIC 总线介绍

IIC 总线是 PHLIPS 公司推出的一种串行总线，是具备多主机系统所需的包括总线裁决和高低速器件同步功能的高性能串行总线。

IIC 总线只有两条双向信号线。一条是数据线 SDA，另一条是时钟线 SCL。IIC 总线通信连接图如图 8-1 所示。

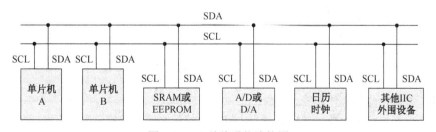

图 8-1　IIC 总线通信连接图

IIC 总线通过上拉电阻接电源正极。当总线空闲时，两条线均为高电平。连到总线上的任一器件输出的低电平，都将使总线的信号变低，即各器件的 SDA 和 SCL 都是线与关系。

　　每个接到 IIC 总线上的器件都有唯一的地址，这样可以保证在总线上同时存在多个器件时器件间不会相互干扰。主机与其他器件的数据传送可以由主机发送数据到其他器件，此时主机为发送器，总线上接收数据的器件为接收器；也可以由总线上的其他某一器件发送数据到主机，这时主机为接收器，总线上发送数据的器件为发送器。

　　在多主机系统中，可能同时有几个主机企图启动总线传送数据。为了避免混乱，IIC 总线要通过总线仲裁，以决定由哪一台主机控制总线。IIC 总线上的仲裁分为两部分：SCL 线的同步和 SDA 线的仲裁。SCL 线的同步是由于总线具有线与的逻辑功能，即只要有一个节点发送低电平，总线上就表现为低电平。当所有的节点都发送高电平时，总线才能表现为高电平。正是由于线与逻辑功能的原理，当多个节点同时发送时钟信号时，在总线上表现的是统一的时钟信号。这就是 SCL 线的同步原理。SDA 线的仲裁也是建立在总线具有线与逻辑功能的原理上的。节点在发送 1 位数据后，比较总线上所呈现的数据与自己发送的是否一致。是，继续发送；否，退出竞争。SDA 线的仲裁可以保证 IIC 总线系统在多个主节点同时企图控制总线时通信正常进行并且数据不丢失。IIC 总线系统通过仲裁只允许一个主节点可以继续占据总线。

8.1.2　IIC 总线通信时序

　　SDA 和 SCL 都是双向线路，IIC 总线上的数据信号 SDA（或时钟信号 SCL）是由所有连接到该信号线上的 IIC 器件 SDA 信号（或 SCL 信号）进行逻辑"与"产生的，都需要通过一个上拉电阻（通常情况下为 4.7kΩ，通常 IIC 总线通信频率为 100 kHz 时为 10 kΩ，频率为 400 kHz 和 1 MHz 时为 2 kΩ）连接到电源正端，当 IIC 总线空闲时，这两条线路都是高电平。连接到 IIC 总线的器件输出级必须是漏极开路或集电极开路才能执行线与的功能，图 8-2 所示为 IIC 总线接口电路结构。

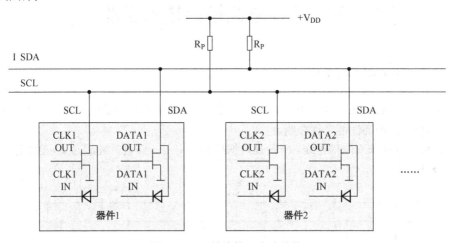

图 8-2　IIC 总线接口电路结构

　　1. IIC 总线的起始条件和停止条件

　　在 IIC 总线协议中，数据传输必须由主机发送的起始信号开始，以主机发送的停止信号结束，如图 8-3 所示。当 SCL 为高电平时，SDA 从高电平向低电平切换，这时表示主机产生起始信号（S）；当 SCL 为高电平时，SDA 由低电平向高电平切换，表示终止信号（P）。

　　IIC 总线在起始信号后被认为处于忙的状态，在终止信号后，IIC 总线被认为再次处于空闲状态。一般情况下起始信号（S）应在终止信号（P）后产生。但也可在起始信号（S）前不产生终止信号（P），这样的起始信号称为重复起始信号（Sr）。这样 IIC 总线将一直处于忙的状态，此时的重复起始信号（Sr）和起始信号（S）在功能上是一样的。

如果连接到 IIC 总线的器件具有 IIC 总线接口，那么用它们可以自动检测起始信号和终止信号。但是，若连接在 IIC 总线上的器件是没有 IIC 总线接口的微控制器，则在每个 SCL 时钟周期至少要采样 SDA 线两次，以判断有没有发生电平切换。

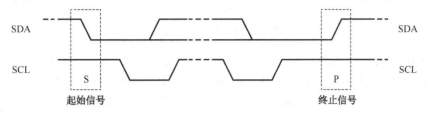

图 8-3　IIC 总线的起始条件和停止条件

2．IIC 总线的数据传输

在起始信号后，主机会向从机发送多个字节数据，该过程的数据传输格式如下。

（1）有效数据位。

SDA 线上每传输一个数据位 SCL 线上就产生一个时钟脉冲，且 SDA 线上的数据必须在时钟的高电平周期保持稳定，SDA 线的高或低电平状态只有在 SCL 线的时钟信号是低电平时才能改变，如图 8-4 所示。

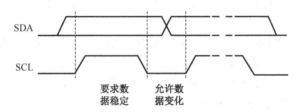

图 8-4　IIC 总线的有效数据位

（2）字节格式。

无论是主机还是从机，发送到 SDA 线上的每个字节必须为 8 位，每次传输可以发送的字节数量不受限制，每个字节后必须跟一个响应位（由主机接收器或从机接收器发送）。SDA 线上首先传输的是字节数据的最高位 MSB，最后传输的是最低位 LSB，如图 8-5 所示。

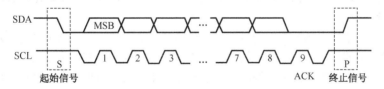

图 8-5　IIC 总线的字节格式

如果从机要完成一些其他功能（如一个内部中断服务程序）后才能接收或发送下一个完整的数据字节，则可以使 SCL 线保持低电平从而迫使主机进入等待状态；当从机准备好接收或发送下一个数据字节并释放 SCL 线后，数据的传输继续。

（3）响应。

数据传输必须带响应，相关的响应时钟脉冲由主机产生。在响应的时钟脉冲期间，发送器释放 SDA 线（高），同时接收器必须将 SDA 线拉低，使它在这个时钟脉冲的高电平期间保持稳定的低电平，如图 8-6 所示。

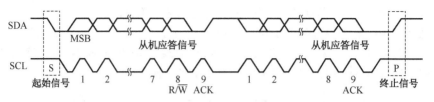

图 8-6　IIC 总线的响应位

若主机作为发送器，从机作为接收器，则当从机不能响应时（如它正在执行一些实时函数，已不能接收或发送数据），从机必须使数据线保持高电平作为非响应信号，然后主机产生一个终止信号（P）终止传输，或者产生重复起始信号（Sr）开始新的传输。

若主机作为接收器，从机作为发送器，则主机必须通过在接收数据的最后一个字节后不产生响应，向从机发送器通知数据结束。从机发送器必须释放数据线，允许主机产生一个终止信号（P）或重复起始信号（Sr）。

3. IIC 总线的寻址

通常情况下，主机会在起始信号（S）后的第一个字节发送一个从机地址用于决定选择哪一个从机。例外的情况是，也可能发送一个"广播呼叫"地址，用于寻址所有从机，使用这个地址时，理论上所有从机都会发出一个响应，但是，也可以使从机忽略这个地址，"广播呼叫"地址的第二个字节定义了要采取的行动。针对"广播呼叫"地址，这里不做过多分析，读者可以查询相关资料。

第一个字节的高 7 位组成了从机地址，而最低位（LSB）R/$\overline{\text{W}}$ 决定了报文的方向，如图 8-7 所示。第一个字节的最低位是"0"，表示主机会写信息到被选中的从机，在后续通信中，主机将作为发送器使用；"1"表示主机会从被选从机中读取信息，此时，主机作为发送器使用，但在后续通信中，主机将作为接收器使用。

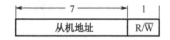

图 8-7　IIC 总线起始条件后的第一个字节

当发送了第一个地址后，系统中的每个器件都在起始条件后将地址字节的高 7 位与它自己的地址比较。如果地址完全相同，该器件就被主机选中进行通信，而从机是接收器还是发射器由 R/$\overline{\text{W}}$ 位决定。

从机地址由一个固定部分和一个可编程部分构成。由于在一个系统中可能有几个同样的器件，所以从机地址的可编程部分可使最大数量的相同器件连接到 IIC 总线上。器件可编程地址位的数量由它可使用的引脚决定。例如，如果器件有 4 个固定的和 3 个可编程的地址位，那么同一条总线上共可以连接 8 个相同的器件。

IIC 总线地址统一由 IIC 总线委员会实行分配，其中，两组编号为 0000XXX 和 1111XXX 的地址已被保留作为特殊用途，如表 8-1 所示。IIC 总线规定所给出的这些保留地址，使得 IIC 总线能与其他规定混合使用，只有那些能够以这种格式和规定工作的 IIC 总线兼容器件才允许对这些保留地址进行应答。

表 8-1　IIC 总线委员会规定的保留地址

从 机 地 址	R/$\overline{\text{W}}$ 位	描　　　述
0000000	0	"广播呼叫" 地址
0000000	1	起始地址
0000001	X	CBUS 地址
0000010	X	保留给不同的总线格式
0000011	X	保留到将来使用
00001XX	X	Hs 模式主机码
11111XX	X	保留到将来使用
11110XX	X	10 位从机寻址

4. IIC 总线的仲裁

在 IIC 某一条总线上可能会挂接几个都会对总线进行操作的主机，如果一个以上的主机需要同时对 IIC 总线进行操作，则 IIC 总线必须使用仲裁来决定哪一个主机能够获得总线的操作权。

（1）同步。

所有主机在 SCL 线上产生它们自己的时钟来传输 IIC 总线上的报文。数据只在时钟的高电平周期有效。因此，需要一个确定的时钟进行逐位仲裁。

时钟同步通过 "线与" 连接 IIC 总线接口到 SCL 线来执行。这就是说，SCL 线的高到低切换会使器件开始计数它们的低电平周期，而且一旦器件的时钟变成低电平，它就会使 SCL 线保持这种状态，直到时钟的高电平到来，如图 8-8 所示。但如果另一个时钟仍处于低电平周期，则这个时钟从低到高切换不会改变 SCL 线的状态，因此 SCL 线被由低电平周期最长的器件保持低电平，此时低电平周期短的器件会进入高电平的等待状态。

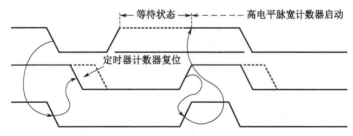

图 8-8　IIC 总线仲裁过程中的时钟同步

当所有的器件计数完毕它们的低电平周期后，SCL 线被释放并变成高电平。在这之后，器件时钟和 SCL 线的状态没有差别，而且所有器件会开始计数它们的高电平周期。首先完成高电平周期的器件会再次将 SCL 线拉低。

这样，产生的同步时钟的低电平周期由低电平时钟周期最长的器件决定，而高电平周期由高电平时钟周期最短的器件决定。

（2）仲裁。

主机只能在总线空闲时启动传输。两个或多个主机可能在起始条件的最小持续时间（$t_{\text{HD,STA}}$）内产生一个起始条件，结果在总线上产生一个规定的起始条件。

IIC 总线的仲裁是在时钟信号为高电平时，根据当前 SDA 线的状态来进行的。在仲裁期间，如果有其他主机已经在 SDA 线上发送一个低电平，则发送高电平的主机将会发现该时刻

SDA 线上的信号和自己发送的信号不一致，此时该主机自动被仲裁为失去对总线的控制权。图 8-9 显示了 IIC 总线中两个主机仲裁过程，当然它也包含更多的内容（由连接到总线的主机数量决定）。图中，产生 DATA1 的主机内部数据电平与 SDA 线的实际电平有一些差别，如果关断数据输出，就意味着总线连接了一个高电平输出，这不会影响赢得仲裁的主机的数据传输。

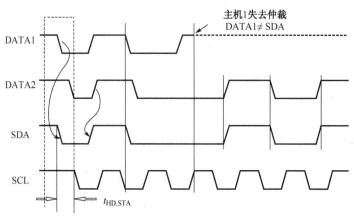

图 8-9 IIC 总线中两个主机的仲裁过程

8.1.3 IIC 总线 I/O 模拟

51 单片机不具有硬件 IIC 接口，需采用端口进行 IIC 通信时序的模拟。为了保证数据传输的可靠性，标准的 IIC 总线的数据传输有严格的时序要求。采用 51 单片机，对 IIC 的各通信协议的模拟函数设计如下。

```
//起始信号函数
void IIC_Start(void)
{
 SDA = 1;                    //初始化总线
 IIC_DELAY();                //稍作延时
 SCL = 1;                    //拉高时钟线
 IIC_DELAY();                //延时几微秒
 SDA = 0;                    //SDA产生下降沿，启动总线
 IIC_DELAY();
 SCL = 0;                    //准备数据发送，启动IIC之后传输线全部置0
}
//终止信号函数
 void IIC_Stop(void)
{
 SDA = 0;
 IIC_DELAY();                //稍作延时
 SCL = 0;
 IIC_DELAY();                //延时几微秒
 SCL = 1;                    //SCL先拉高
 IIC_DELAY();                //延时几微秒
 SDA = 1;                    //SCL拉高后，SDA产生上升沿，产生终止信号
 IIC_DELAY();                //延时几微秒
```

```c
}
//主机应答信号函数
void IIC_SendAck(void)
{
  SDA = 0;                            //SDA拉低
  IIC_DELAY();                        //延时
  SCL = 1;                            //SCL拉高
  IIC_DELAY();                        //延时，大于4μs
  SCL = 0;                            //在SDA拉低时，SCL先拉高后拉低
                                      //SCL保持拉高至少4μs表示应答"0"
  IIC_DELAY();                        //延时
}
//主机非应答信号函数
void IIC_SendNoAck(void)
{
  SDA = 1;                            //SDA拉高
  IIC_DELAY();                        //延时
  SCL = 1;                            //SCL拉高
  IIC_DELAY();                        //延时，大于4μs
  SCL = 0;                            //在SDA拉高时，SCL先拉高后拉低
                                      //SCL保持拉高至少4μs表示非应答"1"
  IIC_DELAY();                        //延时
}
//检测从机应答函数
bit IIC_WaitAck(void)
{
  unsigned char waitTime = 0xff;                //设置Ack信号超时数；避免误判
  SDA = 1;                                      //将数据线拉高
  IIC_DELAY();                                  //可省略
  SCL = 1;                                      //启动Ack脉冲
  IIC_DELAY();
  while(SDA)                                    //此时如果SDA为0则表示应答成
                                                //功，为高则表示还没有应答
  {
      waitTime--;                               //容错次数减1
      if(!waitTime)                             //若超出容错次数还未接收到应答
          {
              SCL = 0;                          //SCL=0
              IIC_Stop();                       //产生终止信号终止数据传输
              return 0;                         //返回0，表示失败
          }
      }
  SCL = 0;                                      //操作完成后确认SCL=0,此时SDA=0
  return 1;                                     //返回1，表示成功
}
//IIC总线写8位数据函数
void IIC_write_byte(unsigned char tx_byte)
```

```
{
  unsigned char i;
  for(i=0;i<8;i++)                  //用for循环依次发送数据
  {
    if(tx_byte & 0x80)
        SDA = 1;                    //Start函数中以把SCL拉低，数据直接发送
    else
        SDA = 0;
    IIC_DELAY();                    //可省略
    SCL = 1;
    IIC_DELAY();                    //延时
    SCL = 0;
    IIC_DELAY();                    //可省略
    tx_byte <<= 1;                  //数据右移，因为发送顺序：由MSB——>LSB
  }
}
//IIC总线读8位数据
unsigned char IIC_read_byte(void)
{
  unsigned char dat = 0;
  unsigned char i;
  for(i=0;i<8;i++)
  {
    SCL = 0;
    SDA = 1;                        //向I/O口写1后准备读入
    IIC_DELAY();                    //可省略
    SCL = 1;
    IIC_DELAY();
    dat <<= 1;                      //数据先左移准备接收
    if(SDA)                         //判断数据是0还是1
    {
        dat |= 0x01;
    }
  }
  SCL = 0;                          //SCL=0
  return dat;                       //返回读到的数据
}
```

8.2　IIC 总线实现数据存储

8.2.1　AT24C02 芯片简介

大多数嵌入式控制系统都需要非易失性存储器实现数据的保存。串行 EEPROM（也可写成 E^2PROM，本书中统一采用 EEPROM）由于具有外形小巧、提供字节级灵活性、低功耗和低成本等特点，成为非易失性存储器中广受欢迎的选择。

AT24C02 是一个 2000 位串行 CMOS 工艺的 EEPROM，内部含有 256 个 8 位字节。它支持标准的 IIC 总线接口，擦写次数可达 1 000 000 次、数据保存时间超过 200 年。其具有标准的 8 直插引脚 PDIP、表面贴片 SOIC、TSSOP 和 MSOP 封装。

AT24C02 的 PDIP-8 封装与引脚分布如图 8-10 所示。

图 8-10　AT24C02 的 PDIP-8 封装与引脚分布

引脚说明如下。

A0、A1、A2：芯片地址输入引脚，AT24C02 的器件地址表如表 8-2 所示。因此在对不同的地址输入引脚进行组合之后，连接到同一条总线上的器件最多可达 8 个。大部分应用中，地址输入引脚 A0、A1 和 A2 直接连到地（逻辑 0）或电源正端（逻辑 1）。对于这些引脚由单片机或其他可编程器件控制的应用，片选地址输入引脚必须在器件能够继续正常工作之前驱动为逻辑 0 或逻辑 1。

表 8-2　AT24C02 的器件地址表

bit7	bit6	bit5	bit4	bit3	bit2	bit1	bit0
1	0	1	0	A2	A1	A0	R/$\overline{\text{W}}$

GND：电源接地引脚。

SDA：IIC 总线接口的串行数据 I/O 口，是一个双向的漏极开路结构的引脚，容量扩展时可以将多片 24 系列的 SDA 引脚直接相连。因此，SDA 要求在该引脚与 VCC 之间接入上拉电阻。

SCL：IIC 总线接口的串行移位时钟控制引脚，是一个漏极开路结构的引脚，因此，SCL 要求在该引脚与 VCC 之间接入上拉电阻。

WP：硬件写保护控制引脚。当它为低电平时，正常读写操作；当它为高电平时，对 EEPROM 内部存储区域提供硬件写保护功能，即只能读不能写。

VCC：电源接正引脚。

8.2.2　AT24C02 电路设计与功能函数

AT24C02 的应用电路如图 8-11 所示。

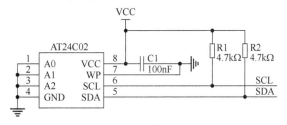

图 8-11　AT24C02 的应用电路

　　电路原理说明：A0、A1、A2 引脚接地，说明此时 AT24C02 的器件写地址为 0xA0；器件读地址为 0xA1。IIC 总线接口的 SDA 与 SCL 引脚由于均是漏极开路结构，因此分别接上拉电阻 4.7kΩ 到 VCC 电源正端。WP 引脚接地，表示 AT24C02 可进行正常读写操作。此外，考虑到电源的去耦与防干扰，在 VCC 与 GND 引脚接入一个 100nF 的电容。

　　对于 AT24C02 这个 EEPROM 芯片而言，最重要的功能操作为读写操作，从而方便实现存储与访问功能。

　　AT24C02 写数据函数：

```
//入口参数:data_addr是写入数据地址,范围是0~255,dat是要写入的数据内容
//返回值:0为写入失败；1为写入成功
bit EEP_write(uchar data_addr,uchar dat)
{
    IIC_Start();                      //启动总线
    IIC_write_byte(0xa0);             //发送器件地址
    IIC_WaitAck();                    //等待应答
    if(Test_Ack())return(0);
    IIC_write_byte(data_addr);        //发送器件写数据地址
    IIC_WaitAck();                    //等待应答
    if(Test_Ack())return(0);
    IIC_write_byte(dat);              //发送数据
    IIC_WaitAck();                    //等待应答
    if(Test_Ack())return(0);
    IIC_Stop();                       //结束总线
    return(1);
}
```

　　AT24C02 读数据函数：

```
//入口参数:data_addr是所需读数据地址, 范围是0~255
//返回值:读出的数据
uchar EEP_read(uchar data_addr)
{
    uchar dat;
    IIC_Start();                      //启动总线
    IIC_write_byte(0xa0);             //发送器件地址
    IIC_WaitAck();
    IIC_write_byte(data_addr);        //发送器件读数据地址
    IIC_WaitAck();
    IIC_Stop();
    IIC_Start();                      //重新启动总线
    IIC_write_byte(0xa1);
    IIC_WaitAck();
    dat=IIC_read_byte();              //读取数据
    IIC_SendAck();
    IIC_SendNoAck();                  //只读一个字节, 不确认
    IIC_Stop();                       //结束总线
    return(dat);
}
```

　　使用 AT24C02 的读写函数即可完成对 AT24C02 的读写访问与控制。例如，为了验证

AT24C02 中地址 1 的数据是否为 0xA5，不是的话进行写入 0xA5 的操作，从而实现对芯片中的地址 1 是否被写入 0xA5 数据的判断操作，相关代码如下。

```
unsigned char dat;              //定义变量
dat=AT24C02_read(0x01);         //读取地址1的内容
if(dat!= 0xA5)                  //判断地址1的内容是否为0xA5
{ AT24C02_write(1,0xA5);}       //对地址1写入0xA5
```

值得注意的是，单片机在对 AT24C02 执行写入数据操作之后，AT24C02 需要一定的时间（写周期 t_{WR}）来对所接收的数据进行写入操作。在这个写周期时间内，对 AT24C02 的输入操作无效，直到芯片将数据写入完毕，也就是写周期结束为止，AT24C02 的写周期时间为 5ms。

8.2.3　AT24C02 操作原理

AT24C02 的内部结构如图 8-12 所示。

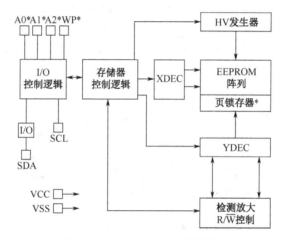

图 8-12　AT24C02 的内部结构

AT24C02 是一个支持标准 IIC 总线接口的 EEPROM 芯片，其内部包括对 I/O 控制逻辑、存储器控制逻辑等功能单元。EEPROM 内容的读写通过 IIC 总线接口实现。

如果 AT24C02 被定义为发送器，则发送数据到总线；如果 AT24C02 被定义为接收器，则 AT24C02 接收来自总线的数据。总线由主机（单片机）控制，AT24C02 是从机。主机提供串行时钟（SCL），控制总线访问和产生起始和停止条件。主机和从机皆可作为发送器或接收器，但必须由主机决定采取何种工作模式。

AT24C02 总线上的数据传输次序如图 8-13 所示。

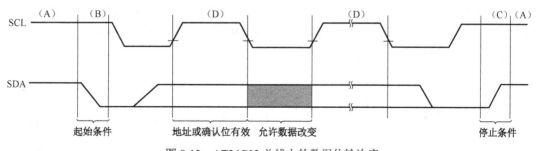

图 8-13　AT24C02 总线上的数据传输次序

（A）总线空闲：数据线和时钟线同时为高电平。

（B）启动数据传输：时钟（SCL）为高电平时，SDA线从高电平变为低电平表示产生起始条件。起始条件必须先于所有的命令产生。

（C）停止数据传输：时钟（SCL）为高电平时，SDA线从低电平变为高电平表示产生停止条件。所有操作都必须以停止条件结束。

（D）数据有效：数据线的状态表明数据何时有效。在起始条件之后，数据线在时钟处于高电平期间保持稳定。必须在时钟信号为低电平期间改变数据线。一个数据位对应一个时钟脉冲。数据的每次传输以起始条件开始，停止条件结束。在起始条件和停止条件之间传输的数据字节数目由主机决定。

确认信号：每一个被寻址的接收器在接收到每一字节数据后，应发送一个确认位。主机必须提供一个额外的时钟以传输确认位。在确认时钟脉冲内，器件确认需拉低SDA线。在确认时钟的高电平期间，SDA线以这种方式保持稳定的低电平。此外，还必须考虑建立时间和保持时间。写周期期间，AT24C02不会发出确认信号。读操作期间，主机必须发送一个结束信号给从机，而不是在从机输出最后一个数据字节之后产生一个确认位。在这种情况下，从机（AT24C02）将释放数据线为高电平，从而使主机能够产生停止条件，AT24C02总线上的确认时序如图8-14所示。

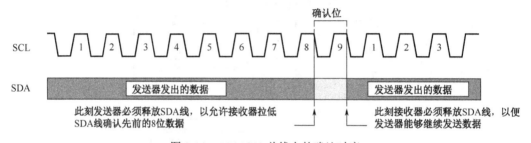

图8-14 AT24C02总线上的确认时序

AT24C02的字节写操作原理说明如下。

字节写操作以来自主机的起始位开始，4位控制码紧随其后（见图8-15）。接下来的3位是存储块寻址位（A2、A1、A0）。然后主发送器将 R/$\overline{\text{W}}$ 位（写操作时该位为逻辑低电平）发送到总线。从机在第9个时钟周期产生一个确认位。主机发送的第2字节是地址字节。AT24C02会对每一个地址字节进行确认，并把地址位锁存进其内部的地址计数器。送出地址字节后，AT24C02发出确认信号。主机在接收到该确认信号后即发送数据字，该数据字将被写入已寻址的存储器位置。AT24C02再次发出确认信号，之后主机产生停止条件，AT24C02启动内部写周期。如果在WP引脚为高电平时进行存储器写操作，则它会确认命令，但不会启动写周期，也不会写入数据，而会立即接收新的命令。写命令为1字节，在发送写命令后，内部地址计数器增加，指向下一个要寻址的位置。写周期期间，AT24C02不会对命令进行确认。

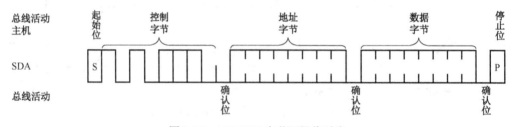

图8-15 AT24C02字节写操作时序

AT24C02 的字节读操作原理说明如下。

除了控制寄存器的 R/$\overline{\text{W}}$ 位设置为 1 外，读操作与写操作基本相同。但因为 AT24C02 内置了一个自动加 1 地址计数器，该计数器保留最后一次访问的地址，所以如果之前对地址"n"（n 为任意合法地址）进行读或写操作，则下一条读操作命令将可能从地址 $n+1$ 访问数据。这是 AT24C02 读字节数据函数为什么要先写入所读数据地址的原因。在接收到 R/$\overline{\text{W}}$ 位设置为 1 的控制字节后，AT24C02 发出确认信号，并发送 8 位数据字节。主机可以不对数据传输进行确认，产生停止条件，AT24C02 即停止发送数据，如图 8-16 所示。

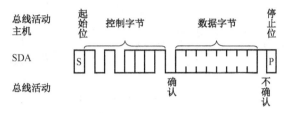

图 8-16　AT24C02 当前地址读时序

8.3　IIC 总线实现实时时钟

8.3.1　PCF8563 芯片简介

PCF8563 是 PHILIPS 公司推出的一款工业级内含 IIC 总线接口功能的具有极低功耗的多功能时钟、日历芯片。PCF8563 的报警功能、定时器功能、时钟输出功能及中断输出功能完成各种复杂的定时服务，甚至可为单片机提供看门狗功能，是一款性价比极高的时钟芯片，它已被广泛用于电表、水表、电话、传真机、便携式仪器及电池供电仪器仪表等产品领域。

PCF8563 具有标准的 8 直插引脚 PDIP、表面贴片 SOIC、SSOP 封装。

PCF8563 的 SOIC-8 封装与引脚分布如图 8-17 所示。

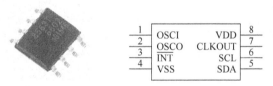

图 8-17　PCF8563 的 SOIC-8 封装与引脚分布

引脚说明如下。

OSCI：时钟振荡器输入。

OSCO：时钟振荡器输出。

$\overline{\text{INT}}$：中断输出，漏极开路，低电平有效，如果使用需要外接上拉电阻。

VSS：电源接地引脚。

SDA：IIC 总线接口的串行数据 I/O 口，是一个双向的漏极开路结构的引脚。SDA 要求在该引脚与 VCC 之间接入上拉电阻。

SCL：IIC 总线接口的串行移位时钟控制引脚，是一个漏极开路结构的引脚，SCL 要求在该引脚与 VCC 之间接入上拉电阻。

CLKOUT：时钟输出，漏极开路，如果使用需要外接上拉电阻。
VDD：电源接正引脚。

8.3.2　PCF8563 电路设计与功能函数

PCF8563 的应用电路如图 8-18 所示。

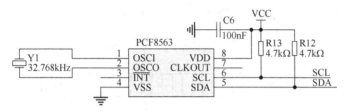

图 8-18　PCF8563 的应用电路

　　电路原理说明：IIC 总线接口的 SDA 与 SCL 引脚由于均是漏极开路结构的，因此分别接上拉电阻 4.7kΩ 到 VCC 电源正端。PCF8563 内部集成有 32.768kHz 的振荡器，因此外部只需接入 32.768kHz 的晶振提供芯片时钟即可。此外，考虑到电源的去耦与防干扰，在 VCC 与 GND 引脚接入一个 100nF 的电容。
　　对于 PCF8563 而言，最重要的功能就是读取当前时间和对时间进行修改设定，而这些操作就是对 PCF8563 内部寄存器的读写操作。
　　PCF8563 写数据函数：

```
//入口参数：addr是数据想要写入的地址；dat是想要写入的1字节数据
//返回值：如果写入成功则返回1，写入不成功则返回0
bit PCF8563_Write_Byte(unsigned char addr,unsigned char dat)
{
 IIC_Start();                        //启动IIC总线
 IIC_write_byte(0xA2);               //发送器件地址与写命令
 if(IIC_WaitAck()==0)return(0);      //检查器件是否应答，否则返回0
 IIC_write_byte(addr);               //发送数据所想要写入的地址
 if(IIC_WaitAck()==0)return(0);      //检查器件是否应答，否则返回0
 IIC_write_byte(dat);                //发送写入的数据
 if(IIC_WaitAck()==0)return(0);      //检查器件是否应答，否则返回0
 IIC_Stop();                         //停止总线
 return(1);                          //写入成功则返回1
}
```

　　PCF8563 读单字节数据函数：

```
//入口参数：addr是数据想要读取的地址，范围是0～255
//返回值：读到的数据
unsigned char PCF8563_Read_Byte(unsigned char addr)  /*单字节*/
{
 unsigned char dat;
 IIC_Start();                        //启动IIC总线
 IIC_write_byte(0xA2);               //发送器件地址与写命令
 if(IIC_WaitAck()==0)return(0);      //检查器件是否应答，否则返回0
 IIC_write_byte(addr);               //发送数据所想要写入的地址
```

```
    if(IIC_WaitAck()==0)return(0);        //检查器件是否应答，否则返回0
    IIC_Start();                          //重新启动IIC总线
    IIC_write_byte(0xA3);                 //发送器件地址与读命令
    if(IIC_WaitAck()==0)return(0);        //检查器件是否应答，否则返回0
    dat=IIC_read_byte();                  //读到芯片返回的1字节数据，由dat存储
    IIC_SendNoAck();                      //单片机发送非应位
    IIC_Stop();                           //停止总线
    return(dat);
}
```

PCF8563 读多字节数据函数：

```
//入口参数：addr是想要读数据的地址，范围是0～255；count是想要读数据的字节数
//buff是读回数据存放的首地址
//返回值：如果读数成功则返回1，读数不成功则返回0
bit PCF8563_Read_NByte(unsigned char addr,unsigned char count,
unsigned char *buff)
{
 unsigned char i;
 IIC_Start();                        //启动IIC总线
 IIC_write_byte(0xA2);               //发送器件地址与写命令
 if(IIC_WaitAck()==0)return(0);      //检查器件是否应答，否则返回0
 IIC_write_byte(addr);               //发送数据所想要写入的地址
 if(IIC_WaitAck()==0)return(0);      //检查器件是否应答，否则返回0
 IIC_Start();                        //重新启动IIC总线
 IIC_write_byte(0xA3);               //发送器件地址与读命令
 if(IIC_WaitAck()==0)return(0);      //检查器件是否应答，否则返回0
 for(i=0;i<count;i++)
 {
   buff[i]=IIC_read_byte();          //读到芯片返回的N字节数据，由数组buff存储
   if(i<count-1)
   IIC_SendAck();
 }
 IIC_SendNoAck();                    //单片机发送非应位
 IIC_Stop();
 return(1);
}
```

使用 PCF8563 的读写函数即可完成对 PCF8563 的访问与控制。例如，为了读出当前时间，相关代码如下。

```
void PCF8563_Read_Time()
{
    PCF8563_Read_NByte(SEC_DATA_BUF,3,time);
    PCF8563_Store[0]=time[0]&0x7f;        //读取秒
    PCF8563_Store[1]=time[1]&0x7f;        //读取分
    PCF8563_Store[2]=time[2]&0x3f;        //读取小时
}
```

对时间进行修改设定，相关代码如下。

```
void PCF8563_Set_Time()
{
```

```
    PCF8563_Write_Byte(SEC_DATA_BUF,PCF8563_TStore[0]);    //写入秒
    PCF8563_Write_Byte(MIN_DATA_BUF,PCF8563_TStore[1]);    //写入分
    PCF8563_Write_Byte(HOUR_DATA_BUF,PCF8563_TStore[2]);   //写入小时
}
```

8.3.3 PCF8563 操作原理

1. 内部结构与原理

PCF8563 的内部结构如图 8-19 所示。

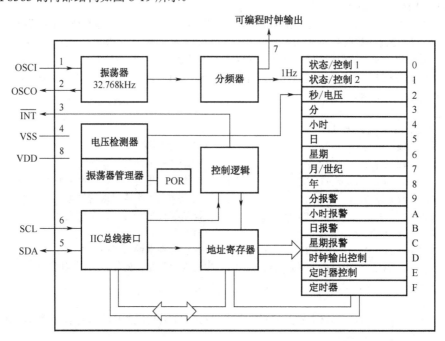

图 8-19 PCF8563 的内部结构

PCF8563 是个支持标准 IIC 总线接口的芯片，它提供 1 个可编程时钟输出，1 个中断输出和掉电检测器。它完全遵循 IIC 协议，所有的地址和数据通过 IIC 总线接口串行传递。PCF8563有 16 个 8 位寄存器：1 个可自动增量的地址寄存器，1 个内置 32.768kHz 的振荡器（带有 1个内部集成的电容），1 个分频器（用于给实时时钟 RTC 提供源时钟），1 个可编程时钟输出，1个定时器，1 个报警器，1 个电压检测器和 1 个 400kHz IIC 总线接口，等等。

PCF8563 内部有 16 个寄存器，现分述如下。

前 2 个寄存器（内存地址 00H，01H）用于状态/控制寄存器，主要控制芯片的工作模式与功能，其内容分别如表 8-3 和表 8-4 所示。

表 8-3 PCF8563 状态/控制寄存器 1（地址 00H）

位	名　称	功　　能
7	TEST1	0：正常模式；1：测试模式
5	STOP	0：计数；1：停止计数，分频器复位（时钟输出 32.768kHz 仍正常）
3	TESTC	0：正常模式；1：跳过上电复位
6,4,2,1,0	—	应写为 0

表 8-4　PCF8563 状态/控制寄存器 2（地址 01H）

位	名　称	功　能
7,6,5	—	应写为 0
4	TI/TP	中断输出方式
3	AF	定闹时间到标志
2	TF	定时器到标志
1	AIE	0：闹钟中断禁止；1：闹钟中断允许
0	TIE	0：定时器中断禁止；1：定时器中断允许

地址为 02H～08H 的存储空间是时钟/日历寄存器，用来存储当前的日期、星期和时间。地址为 09H～0CH 的存储空间用于闹钟寄存器，通过给分、小时、日和星期闹钟寄存器中的一个或多个加载有效的值，并将相应闹钟使能位（AIE）设置为逻辑"0"，则启动闹钟，当闹钟寄存器的值与对应的时钟寄存器的值相同时，闹钟标志（AF）置为高。当闹钟中断允许有效时，输出 $\overline{INT}$ 引脚被拉低，直到复位或用软件清除。地址 0DH 控制 CLKOUT 引脚的输出频率，地址 0EH 和 0FH 分别用于定时器控制寄存器和定时器寄存器。秒、分、小时、日、月、年、分报警、小时报警、日报警寄存器，编码格式为 BCD，星期闹钟寄存器和星期报警寄存器不以BCD 格式编码。当一个 RTC 寄存器被读时，所有计数器的内容被锁存，因此，在传送条件下，可以禁止对时钟/日历寄存器的错读。PCF8563 的时钟/日历寄存器如表 8-5 所示。

表 8-5　PCF8563 时钟/日历寄存器

地　址	寄存器名	bit7	bit6	bit5	bit4	bit3	bit2	bit1,0
02H	秒	VL	秒（00～59）BCD 码					
03H	分	—	分（00～59）BCD 码					
04H	小时	—	—	小时（00～23）BCD 码				
05H	日	—	—	日（01～31）BCD 码				
06H	星期	—	—	—	—	—	星期（0～6）	
07H	月/世纪	C	—	—	月（1～12）BCD 码			
08H	年	年（00～99）BCD 码						
09H	定闹分	AE	定闹分（00～59）BCD 码					
0AH	定闹小时	AE	—	定闹小时（00～23）BCD 码				
0BH	定闹日	AE	—	定闹日（01～31）BCD 码				
0CH	定闹星期	AE	—	—	—	—	定闹星期（0～6）	
0DH	时钟输出频率	FE	—	—	—	—	FD1	FD0
0EH	定时器控制	TE	—	—	—	—	TD1	TD0
0FH	定时	定时值						

2. 操作时序

PCF8563 的通信时序与标准 IIC 总线通信时序一致，可参阅前面 IIC 总线通信时序与对应的程序。

8.4　IIC 总线实现 A/D 转换

8.4.1　ADS1115 芯片简介

ADS1115 是具有 16 位分辨率的高精度 Δ-Σ 型模数转换器（ADC），它具有一个板上电压基准和时钟振荡器。数据通过一个 IIC 兼容型串行口进行传输：可以选择 4 个 IIC 从地址。ADS1115 采用 2.0～5.5V 的单工作电源。ADS1115 能够以高达每秒 860 个采样数据（SPS）的速率执行转换操作。ADS1115 具有一个板上可编程增益放大器（PGA），该 PGA 可提供从电源电压到低至 ±256mV 的输入范围，因而使之能够以高分辨率来测量大信号和小信号。另外，ADS1115 还具有一个输入多路复用器（MUX），可提供 2 个差分输入或 4 个单端输入。ADS1115 可工作于连续转换模式或单触发模式。后者在一个转换完成后将自动断电，可极大地降低空闲状态下的电流消耗。ADS1115 具有-40～+125℃的工作温度范围。

ADS1115 具有标准的 TSSOP-10 与 QFN-10 封装。ADS1115 的 TSSOP-10 封装与引脚分布如图 8-20 所示。

图 8-20　ADS1115 的 TSSOP-10 封装与引脚分布

8.4.2　ADS1115 电路设计与功能函数

ADS1115 的应用电路如图 8-21 所示。

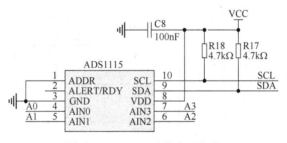

图 8-21　ADS1115 的应用电路

电路原理说明：IIC 总线接口的 SDA 与 SCL 引脚由于均是漏极开路结构的，因此分别接上拉电阻 4.7kΩ 到 VCC 电源正端。ADDR 决定 IIC 通信地址，接地时读写地址为 0x91 和 0x90。AIN0～AIN3 是模拟采集引脚，连接外部所需测量电压信号即可。考虑到电源的去耦与防干扰，在 VCC 与 GND 引脚接入一个 100nF 的电容。

对于 ADS1115 而言，最重要的功能就是进行 A/D 转换和读取转换值，而这些操作就是对 ADS1115 内部寄存器的读写操作。

ADS1115 写数据函数：

```
//入口参数：通道值
//返回值：无
void ADS1115_Write_REG(unsigned char channel)
{
channel=(channel<<4)|0x40;                  //单端测量模式
IIC_Start();                                //发送起始信号
IIC_write_byte(ADS1115_WRITE_REG);          //发送从机地址及写命令
IIC_WaitAck();                              //等待应答
IIC_write_byte(CONFIG_REG);                 //发送从机寄存器地址，这里为配置寄存器
IIC_WaitAck();                              //等待应答
IIC_write_byte((0x84|channel));             //选择模拟输入通道
IIC_WaitAck();
IIC_write_byte(0xE3);                       //FS=4.096,连续转换，禁止比较器
IIC_WaitAck();
IIC_Stop();                                 //发送停止信号
}
```

ADS1115 读数据函数：

```
//入口参数：无
//返回值：读取到的数据,int型
unsigned int ADS1115_Read_REG(void)
{
unsigned char MSB,LSB;
IIC_Start();
IIC_write_byte(ADS1115_WRITE_REG);          //从器件地址+写命令
IIC_WaitAck();                              //等待应答
IIC_write_byte(CONVERSION_REG);             //指定转换寄存器
IIC_WaitAck();                              //等待应答
IIC_Stop();                                 //发送停止信号
IIC_Start();
IIC_write_byte(ADS1115_READ_REG);           //读命令
IIC_WaitAck();                              //等待应答
MSB=IIC_read_byte();                        //读转换寄存器高字节
IIC_SendAck();                              //单片机发送应答位
LSB=IIC_read_byte();                        //读转换寄存器低字节
IIC_SendAck();                              //单片机发送应答位
IIC_Stop();                                 //发送停止信号
return ((unsigned int)((MSB<<8)|LSB));
}
```

使用上述函数即可完成对 ADS1115 的访问与控制。例如，为了验证 ADS1115 函数的正确性，我们设计函数循环转换 AIN0、AIN1、AIN3 这 3 个通道的数据，并通过液晶屏显示，相关代码如下。

```
while(1)
{
ADS1115_Write_REG(0);                       //选择通道0
Delay_10ms();                               //延时一段时间
dat=ADS1115_Read_REG();                     //读取通道0数据
```

```
    LCD_write_string(0,2,"通道0:");        //在液晶屏的第2行显示"通道0"
    LCD_Write_char(3,2,(unsigned char)(dat>>8)/16,(unsigned
char)(dat>>8)%16);          //在液晶屏的第2行显示所采集到的16位A/D值，这里是高8位
    LCD_Write_char(4,2,(unsigned char)dat/16,(unsigned char)dat%16);
    //在液晶屏的第2行显示所采集到的16位A/D值，这里是低8位
    ADS1115_Write_REG(1);              //选择通道1
    Delay_10ms();                      //延时一段时间
    dat=ADS1115_Read_REG();            //读取通道1数据
    LCD_write_string(0,3,"通道1:");        //在液晶屏的第3行显示"通道1"
    LCD_Write_char(3,3,(unsigned char)(dat>>8)/16,(unsigned
char)(dat>>8)%16);
    //在液晶屏的第3行显示所采集到的16位A/D值，这里是高8位
    LCD_Write_char(4,3,(unsigned char)dat/16,(unsigned char)dat%16);
    //在液晶屏的第3行显示所采集到的16位A/D值，这里是低8位
}
```

值得注意的是，ADS1115 转换数据需要一定的时间，应该在开始转换后延时一段，再读取转换完的数据。ADS1115 转换速率可以在配置寄存器中配置，根据自己的配置来延时即可。

8.4.3　ADS1115 操作原理

ADS1115 的内部结构如图 8-22 所示。

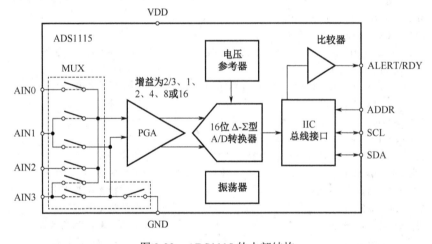

图 8-22　ADS1115 的内部结构

ADS1115 内部包括电压参考器、振荡器、多路复用器（MUX）、可变增益放大器（PGA）、16 位 Δ-Σ 型 A/D 转换器等功能单元。其内部有 5 个寄存器，分别是指针寄存器、转换寄存器、配置寄存器、上限寄存器和下限寄存器。通过 IIC 总线接口可以对它们进行操作，控制芯片的工作方式和功能实现。

指针寄存器用于指定数据读写。指针寄存器使用最低两位来指明所要读写的数据寄存器，表 8-6 描述了 ADS1115 中的寄存器与指针寄存器的对应关系。

表 8-6　ADS1115 中的寄存器与指针寄存器的对应关系

bit7~bit2	bit1	bit0	寄 存 器
000000	0	0	转换寄存器（只读）
000000	0	1	配置寄存器（读写）
000000	1	0	下限寄存器（读写）
000000	1	1	上限寄存器（读写）

转换寄存器是 16 位只读寄存器，最新的 A/D 转换结果以二进制补码形式存放其内部。在复位或上电时，转换寄存器被清零，并且一直保持为 0 直到第一次转换完成。ADS1115 的转换寄存器的数据格式如表 8-7 所示。

表 8-7　ADS1115 的转换寄存器的数据格式

bit15	bit14	bit13	bt12	bit11	bit10	bit9	bit8
D15	D14	D13	D12	D11	D10	D9	D8
bit7	bit6	bit5	bit4	bit3	bit2	bit1	bit0
D7	D6	D5	D4	D3	D2	D1	D0

配置寄存器是 16 位读写寄存器，可用于控制 ADS1115 的工作模式、输入选择、采样速率、PGA 设置和比较器模式，其默认值为 0x8583H。ADS1115 的配置寄存器的数据格式如表 8-8 所示。

表 8-8　ADS1115 的配置寄存器的数据格式

bit15	bit14	bit13	bt12	bit11	bit10	bit9	bit8
OS	MUX2	MUX1	MUX0	PGA2	PGA1	PGA0	MODE
bit7	bit6	bit5	bit4	bit3	bit2	bit1	bit0
DR2	DR1	DR0	COMP_MODE	COMP_POL	COMP_LAT	COMP_QUE1	COMP_QUE0

各数据位的说明如下。

OS：工作状态/单次转换开始位。此位决定了芯片的工作状态，仅在关断模式下，可以向该位写 1。在写状态下，此位为 0 无影响，为 1 则开始单次转换（在掉电情况下）；在读状态下，此位为 0 说明芯片正在进行 A/D 转换，为 1 说明芯片此时没有进行 A/D 转换。

MUX[2:0]：输入多路复用器配置位。这些位用来配置输入多路复用器，确定输入引脚。

000 : AINP = AIN0 和 AINN = AIN1（默认）　　　100 : AINP = AIN0 和 AINN = GND

001 : AINP = AIN0 和 AINN = AIN3　　　　　　101 : AINP = AIN1 和 AINN = GND

010 : AINP = AIN1 和 AINN = AIN3　　　　　　110 : AINP = AIN2 和 AINN = GND

011 : AINP = AIN2 和 AINN = AIN3　　　　　　111 : AINP = AIN3 和 AINN = GND

PGA[2:0]：可编程增益放大器配置位。

000 : FS = ±6.144V　　　　　　　　　　　　100 : FS = ±0.512V

001 : FS = ±4.096V　　　　　　　　　　　　101 : FS = ±0.256V

100 : FS = ±2.048V（默认）　　　　　　　　110 : FS = ±0.256V

011 : FS = ±1.024V　　　　　　　　　　　　111 : FS = ±0.256V

MODE：工作模式位。此位控制芯片当前工作模式，为 0 时是连续转换，为 1 时是掉电单次转换（默认）。

DR[2:0]：采样速率设置位。

000：8SPS	100：128SPS（默认）
001：16SPS	101：250SPS
010：32SPS	110：475SPS
011：64SPS	111：860SPS

COMP_MODE：比较器模式设置位。此位控制比较器的工作模式。它确定比较器是作为传统的比较器还是作为窗口比较器使用。当为 0 时作为传统的滞后比较器（默认），当为 1 时作为窗口比较器。

COMP_POL：比较器极性控制位。此位控制着 ALERT/RDY 的极性，当它为 0 时比较器输出低电平（默认），当它为 1 时比较器输出高电平。

COMP_LAT：锁存比较器控制位。当它为 0 时不锁存比较器（默认），当它为 1 时对比较器进行锁存。

COMP_QUE[1:0]：比较器队列和禁用位。这两位执行双功能。当它设置为"11"时，禁用比较器功能，并且把 ALERT/ RDY 引脚置为高电平；当它设置为其他值时，其控制的连续转换超过上限或下限阈值所需的数值后通过 RDY 引脚输出警报。

00：转换一次后输出	01：转换两次后输出
10：转换四次后输出	11：禁用比较器（默认）

上限寄存器和下限寄存器用于设置比较器的比较阈值。比较器所使用的上限值和下限值都存储在这 2 个 16 位寄存器中。这 2 个寄存器数据存储格式与转换寄存器一样，都是二进制补码形式，高位在前，低位在后。

ADS1115 的通信时序与标准 IIC 总线通信时序一致，可参阅前面 IIC 总线通信时序与对应的程序。

8.5　IIC 总线实现 D/A 转换

8.5.1　DAC8571 芯片简介

DAC8571 是一个小型低功耗，带有 IIC 兼容 2 线串行口的 16 位电压输出 D/A 转换。其工作电源范围为 2.7～5.5V，5V 供电时损耗仅为 160μA。输出负载电流在 1mA 以下时，输出电压曲线基本保持水平无跌落。DAC8571 需要一个外部参考电压来设置输出电压范围。片上具有轨到轨缓冲器，建立时间小于 10μs。

DAC8571 的 TSSOP-8 封装与引脚分布如图 8-23 所示。

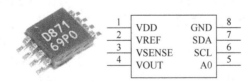

图 8-23　DAC8571 的 TSSOP-8 封装与引脚分布

引脚说明如下。

VDD：模拟电压输入。

VREF：正参考电压输入。

VSENSE：模拟感应电压输出。

VOUT：D/A 转换模拟电压输出。

A0：设备地址选择。

SCL：串行时钟输入。

SDA：串行数据输入/输出。

GND：接地参考点。

8.5.2　DAC8571 电路设计与功能函数

DAC8571 的应用电路如图 8-24 所示。

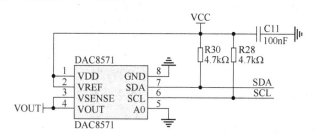

图 8-24　DAC8571 的应用电路

电路原理说明：IIC 总线接口的 SDA 与 SCL 引脚由于均是漏极开路结构的，因此分别接上拉电阻 4.7kΩ 到 VCC 电源正端。A0 决定 IIC 通信地址，接地时读写地址为 0x99 和 0x98。VSENSE 引脚连接至 VOUT 表示感应电压为输出电压，相当于对输出电压进行缓冲。VOUT 是模拟电压输出引脚，连接外部所需电压控制的引脚即可。VREF 是参考电压引脚，连接至 VCC 表示参考电压为电源电压。考虑到电源的去耦与防干扰，在 VCC 与 GND 引脚接入一个 100nF 的电容。

DAC8571 是一款 D/A 转换芯片，故其主要的功能是进行 D/A 转换。首先需要对 DAC8571 进行配置，配置函数设计如下。

```
//入口参数：mode,进行模式选择。0x20：快速模式；0x00：低电压模式
//返回值：无
void DAC8571_Init(unsigned char mode)
{
 IIC_Start();                      //开始信号
 IIC_write_byte(WRITE_REG);        //发送从机地址+写命令
 IIC_WaitAck();                    //等待应答
 IIC_write_byte(0x11);             //发送控制字节，选择输出模式POWER_DOWN模式
 IIC_WaitAck();                    //等待应答
 IIC_write_byte(mode);             //发送数据字高字节，选择模式
 IIC_WaitAck();                    //等待应答
 IIC_write_byte(0x00);             //发送数据字低字节
 IIC_WaitAck();                    //等待应答
 IIC_Stop();                       //停止信号
}
```

初始化完成后，就可以进行 D/A 转换了。转换完成后需将模拟量进行刷新输出，具体的函

数设计如下。

```
//入口参数：dat，所进行转换的数字值，0～65535
//返回值：无
void DAC8571_Output_Now(unsigned int dat)
{
unsigned int DA_Value;
DA_Value=dat;                        //转换数据，V_OUT=V_REF*D/65536
IIC_Start();                         //开始信号
IIC_write_byte(WRITE_REG);           //发送从机地址+写命令
IIC_WaitAck();                       //等待应答
IIC_write_byte(Updata_Output);       //发送控制字节，选择输出模式为快速输出
IIC_WaitAck();                       //等待应答
IIC_write_byte((unsigned char)(DA_Value>>8));      //发送数据字高字节
IIC_WaitAck();                       //等待应答
IIC_write_byte((unsigned char)DA_Value);           //发送数据字低字节
                                     //发送完成后，D/A更新输出
IIC_WaitAck();                       //等待应答
IIC_Stop();                          //停止信号
}
```

使用上述函数即可完成对 DAC8571 的访问与控制。例如，为了验证 DAC8571 函数的正确性，设计函数循环输出最大值（0xFFFF）与最小值（0x0000），形成方波，相关代码如下。

```
DAC8571_Init(0x20);                  //设置成快速模式
while(1)
{
    DAC8571_Output_Now(0xFFFF);      //输出最大值，对应最高电压
    Delay_500ms();
    DAC8571_Output_Now(0x0000);      //输出最小值，对应最低电压
    Delay_500ms();
}
```

8.5.3 DAC8571 操作原理

DAC8571 的内部结构如图 8-25 所示。

DAC8571 内部包括 16 位 D/A 转换器、寄存器、掉电控制逻辑等功能单元。其输出电压与参考电压、转换数值的关系如下。

$$V_{OUT} = V_{REF} \times \frac{D}{65536}$$

DAC8571 的 IIC 总线接口，有标准、快速和高速三种通信速率模式可选，最高速率可达 3.4MHz 串行时钟频率。

在标准/快速模式、标准/快速模式及 POWER-DOWN 输出模式下，主机向 DAC8571 写入数据的格式及步骤如表 8-9 和表 8-10 所示。

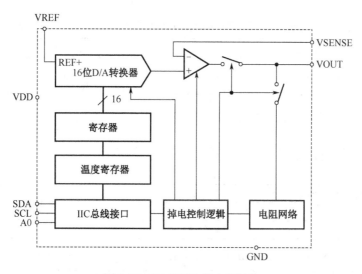

图 8-25　DAC8571 的内部结构

表 8-9　主机向 DAC8571 写入数据的格式及步骤（标准/快速模式）

发 送 器	MSB	6	5	4	3	2	1	LSB	备　注
主机	开始								开始序列
主机	1	0	0	1	1	A0	0	R/$\overline{\text{W}}$	写地址（LSB=0）
DAC8571	应答								
主机	0	0	Load1	Load0	0	Brcsel	0	PD0	控制字（PD0=0）
DAC8571	应答								
主机	D15	D14	D13	D12	D11	D10	D9	D8	写数据高 8 位
DAC8571	应答								
主机	D7	D6	D5	D4	D3	D2	D1	D0	写数据低 8 位
DAC8571	应答								
主机	停止或重新开始								结束

表 8-10　主机向 DAC8571 写入数据的格式及步骤（标准/快速模式及 POWER_DOWN 输出模式）

发 送 器	MSB	6	5	4	3	2	1	LSB	备　注
主机	开始								开始序列
主机	1	0	0	1	1	A0	0	R/$\overline{\text{W}}$	写地址（LSB=0）
DAC8571	应答								
主机	0	0	Load1	Load0	0	Brcsel	0	PD0	控制字（PD0=1）
DAC8571	应答								
主机	PD1	PD2	PD3	0	0	0	0	0	写数据高 8 位
DAC8571	应答								
主机	0	0	0	0	0	0	0	0	写数据低 8 位
DAC8571	应答								
主机	停止或重新开始								结束

在标准/快速模式下，主机从 DAC8571 中读数据的格式及步骤如表 8-11 所示。

在高速模式下，主机向 DAC8571 写入数据的格式及步骤如表 8-12 所示。

表 8-11　主机从 DAC8571 中读数据的格式及步骤（标准/快速模式）

发 送 器	MSB	6	5	4	3	2	1	LSB	备 注
主机	开始								开始序列
主机	1	0	0	1	1	A0	0	R / $\overline{W}$	读地址（LSB=1）
DAC8571	应答								
DAC8571	D15	D14	D13	D12	D11	D10	D9	D8	高 8 位
主机	应答								
DAC8571	D7	D6	D5	D4	D3	D2	D1	D0	低 8 位
主机	应答								
DAC8571	C7	C6	C5	C4	C3	C2	C1	C0	控制字
主机	不应答								
主机	停止或重新开始								结束

表 8-12　主机向 DAC8571 写入数据的格式及步骤（高速模式）

发 送 器	MSB	6	5	4	3	2	1	LSB	备 注
主机	开始								开始序列
主机	0	0	0	0	1	×	×	×	高速模式主码
	无应答								没有设备应答高速模式主码
主机	重新开始								
主机	1	0	0	1	1	A0	0	R / $\overline{W}$	写地址（LSB=0）
DAC8571	应答								
主机	0	0	Load1	Load0	0	Brcsel	0	PD0	控制字（PD0=0）
DAC8571	应答								
主机	D15	D14	D13	D12	D11	D10	D9	D8	写数据高 8 位
DAC8571	应答								
主机	D7	D6	D5	D4	D3	D2	D1	D0	写数据低 8 位
DAC8571	应答								
主机	停止或重新开始								结束

在高速模式下，主机从 DAC8571 中读数据的格式及步骤如表 8-13 所示。

表 8-13　主机从 DAC8571 中读数据的格式及步骤（高速模式）

发 送 器	MSB	6	5	4	3	2	1	LSB	备 注
主机	开始								开始序列
主机	0	0	0	0	1	×	×	×	高速模式主码
	无应答								没有设备应答高速模式主码
主机	重新开始								
主机	1	0	0	1	1	A0	0	R / $\overline{W}$	读地址（LSB=1）
DAC8571	应答								
DAC8571	D15	D14	D13	D12	D11	D10	D9	D8	高 8 位
主机	应答								
DAC8571	D7	D6	D5	D4	D3	D2	D1	D0	低 8 位
主机	应答								
DAC8571	C7	C6	C5	C4	C3	C2	C1	C0	控制字
主机	不应答								
主机	停止或重新开始								结束

地址字节是从主机接收到起始条件后的第一个字节。前 5 位从机地址（MSB）出厂时预设为 10011，下一位是设备选择位 A0，接着是 0 和读写方向位（R/$\overline{W}$）。DAC8571 从机地址格式如表 8-14 所示。

表 8-14　DAC8571 从机地址格式

MSB							LSB
1	0	0	1	1	A0	0	R/$\overline{W}$

传递一个有效地址的应答脉冲后，DAC8571 需要一个控制字节 C[7:0]，其控制字节的功能如表 8-15 所示。

表 8-15　DAC8571 的控制字节的功能

C[7]	C[6]	C[5]	C[4]	C[3]	C[2]	C[1]	C[0]	M[7:5]	
		Load1	Load0		Brcsel		PD0		功　　能
0	0	0	0	0	0	0	0	数据	用数据写临时寄存器
0	0	0	0	0	0	0	1	见表 8-16	用掉电命令写临时寄存器
0	0	0	1	0	0	0	0	数据	用数据写临时寄存器和加载 D/A 转换器
0	0	0	1	0	0	0	1	见表 8-16	掉电模式
0	0	1	0	0	0	0	0	×	掉电或用临时寄存器更新 D/A 转换器

DAC8571 内部包含上电复位电路，在上电期间控制着输出电压。在上电期间，D/A 转换器内部全为 0，输出电压也为 0V，一直保持到一个有效的写序列写入 D/A 转换器。DAC8571 包含 5 种电压模式设置，当 C[0]=1 时，可以编程控制这些模式，如表 8-16 所示。

表 8-16　DAC8571 电压模式设置（C[0]=1）

M[7]	M[6]	M[5]	工　作　模　式
0	0	0	低压模式，默认
0	0	1	快速设置模式
0	1	×	掉电模式，输出电阻为 1kΩ
1	0	×	掉电模式，输出电阻为 100kΩ
1	1	×	掉电模式，输出为高阻

8.6　IIC 总线实现温度测量

8.6.1　TMP101 芯片简介

TMP101 是 TI 公司生产的基于 IIC 总线串行口的低功耗、高精度智能温度传感器，其内部集成有温度传感器、A/D 转换器、IIC 总线串行口等。宽泛的温度测量范围和较高的分辨率使其广泛应用于多领域的温度测量系统、多路温度测控系统及各种恒温控制装置。

TMP101 具有以下特点。

（1）带有 IIC 总线，通过串行口（SDA、SCI）实现与单片机的通信，其 IIC 总线上可挂接 3 个 TMP101，构成多点温度测控系统。

（2）温度测量范围为–55～125℃，9～12 位 A/D 转换精度，12 位 A/D 转换的分辨率达 0.0625℃。被测温度值以符号扩展的 16 位数字量方式串行输出。

（3）电源电压范围宽（+2.7～+5.5V），静态电流小（待机状态下仅为 0.1μA）。

（4）内部具有可编程的温度上限寄存器、下限寄存器及报警（中断）输出功能，内部的故障排队功能可防止因噪声干扰引起的误触发，从而提高温控系统的可靠性。

TMP101 硬件连接简便，运行时除 SDA、SCI 和 ALERT 线上需要加上拉电阻外，不需要外接器件。TMP101 采用 SOT23-6 封装，其封装与引脚分布如图 8-26 所示。

图 8-26　TMP101 的 SOT23-6 封装与引脚分布图

引脚说明如下。

SCL：时钟信号。

GND：电源接地引脚。

ALERT：总线报警（中断）输出引脚，漏极开路输出，如果使用需要外接上拉电阻。

V+：电源引脚。

ADD0：IIC 总线的地址选择引脚。

SDA：串行数据 I/O 口。

8.6.2　TMP101 电路设计与功能函数

TMP101 的应用电路如图 8-27 所示。

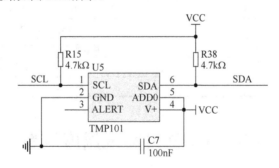

图 8-27　TMP101 的应用电路

电路原理说明：IIC 总线接口的 SDA 与 SCL 引脚由于均是漏极开路结构的，因此分别接上拉电阻 4.7kΩ 到 VCC 电源正端。ADD0 决定 IIC 通信地址，接 VCC 时读写地址为 0x95 和 0x94。考虑到电源的去耦与防干扰，在 VCC 与 GND 引脚接入一个 100nF 的电容。

TMP101 是温度管理和热保护理想的芯片，它的主要功能是进行温度采集，所以其重要的操作为读温度值。

TMP101 的 12 位温度函数设计如下。

```c
//入口参数说明：无
//返回值：读到的12位温度值
unsigned int TMP101_read(void)
{
  unsigned char MSB,LSB;
  IIC_Start();              //开始信号
  IIC_write_byte(0x94);     //写0x94，器件地址
  IIC_WaitAck();            //等待应答
  IIC_write_byte(0x00);     //写读取地址,读温度寄存器
  IIC_WaitAck();            //等待应答
  IIC_Stop();               //结束信号
  IIC_Start();              //开始信号
  IIC_write_byte(0x95);     //写0x95，读命令
  IIC_WaitAck();            //等待应答
  MSB = IIC_read_byte();    //读出高8位数据
  IIC_SendAck();            //发送应答信号
  LSB = IIC_read_byte();    //读出高8位数据
  IIC_SendAck();            //发送应答信号
  IIC_Stop();               //结束信号
  return ((unsigned int)((MSB<<8)|LSB));
}
```

在读取温度值之前，需要对 TMP101 进行初始化，相关初始化配置函数设计如下。

```c
//入口参数说明：无
//返回值：无
void TMP101_init()
{
  IIC_Start();              //开始信号
  IIC_write_byte(0x94);     //写0x94，器件地址
  IIC_WaitAck();            //等待应答
  IIC_write_byte(0x01);     //写配置命令Pointer Register Type
  IIC_WaitAck();            //等待应答
  IIC_write_byte(0xfe);     //写数据，12位转换模式
  IIC_WaitAck();            //等待应答
}
```

初始化 TMP101 后，即可用读 12 位数据的函数读出 12 位的温度值。通过数据手册可以得知，读出的 12 位温度值乘以 0.0625 就可以得到实际的温度值，相关代码如下。

```c
float tmp_101;            //定义浮点变量
TMP101_init();            //初始化TMP101
Delay_10ms();             //延时一小段
dat=TMP101_read();        //读取转换出的温度值
dat = dat >> 4;           //右移4位，只保留温度值的12位
tmp_101 = (dat*0.0625);   //读出的12位温度乘以0.0625就转化成了实际温度值
```

8.6.3 TMP101 操作原理

TMP101 的内部结构如图 8-28 所示。

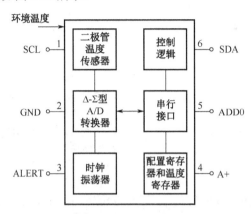

环境温度

图 8-28   TMP101 的内部结构

TMP101 内部包括二极管温度传感器、Δ-Σ 型 A/D 转换器、时钟振荡器、控制逻辑等功能单元。TMP101 的功能实现和工作方式主要由内部的 5 个寄存器来确定，这些寄存器分别是指针寄存器、温度寄存器、配置寄存器、温度上限寄存器和温度下限寄存器。

指针寄存器用于指定数据读写的寄存器。指针寄存器使用最低 2 位来指明所要读写的数据寄存器，表 8-17 描述了 TMP101 中的寄存器与指针寄存器的对应关系，bit1/bit0 的上电复位值为 00。

表 8-17   TMP101 中的寄存器与指针寄存器的对应关系

bit7～bit2	bit1	bit0	寄 存 器
000000	0	0	温度寄存器（只读）
000000	0	1	配置寄存器（读写）
000000	1	0	温度下限寄存器（读写）
000000	1	1	温度上限寄存器（读写）

TMP101 的温度寄存器是 12 位只读寄存器，用于存储输出的最新转换值，需要一次读取 2 字节以获得数据，前面 12 位表示温度值其余的保持为 0，数据格式如表 8-18 所示。其次，上电和复位后温度寄存器的值保持为 0℃直到第一次转换结束。

表 8-18   TMP101 的温度寄存器的数据格式

温度寄存器高字节								温度寄存器低字节				
bit7	bit6	bit5	bit4	bit3	bit2	bit1	bit0	bit7	bit6	bit5	bit4	bit3～bit0
T11	T10	T9	T8	T7	T6	T5	T4	T3	T2	T1	T0	0000

配置寄存器是 8 位读写的寄存器，用于存储温度传感器的运行模式控制位，读写操作时先操作 MSB（最高有效位）。TMP101 的配置寄存器的数据格式如表 8-19 所示。上电复位后配置寄存器的所有位为 0，但上电/复位后读取 OS/ALERT 位，其值为 1。

表 8-19　TMP101 的配置寄存器的数据格式

bit7	bit6	bit5	bit4	bit3	bit2	bit1	bit0
OS/ALERT	R1	R0	F1	F0	POL	TM	SD

各数据位的说明如下。

R1/R0：温度传感器分辨率配置位。通过对该两位的配置，可以控制温度传感器的转换分辨率，同时也可以控制转换时间，而且分辨率越高，转换时间也就越长。

F1/F0：错误队列配置位。只有温度连续超过限制 n 次后，报警才会输出，参数 n 由 F1/F0 来设置，设置错误队列的目的是用来防止环境噪声对报警输出的影响。

POL：ALERT 极性位。通过 POL 的设置，可以使控制器和 ALERT 输出的极性一致。

TM：设置器件工作于比较模式还是中断模式，TM 为 1 时工作于中断模式，TM 为 0 时工作于比较模式。

SD：设置器件是否工作于关断模式，SD 为 1 时是关断模式，SD 为 0 时是正常模式。

OS/ALERT：在关断模式下，向该位写 1，可以开启一次温度转换；在比较模式下，该数据位可提供比较模式的状态。

与温度寄存器相同，温度上限寄存器和温度下限寄存器都是 12 位的寄存器，占用 2 字节，前面 12 位表示温度值，其余的保持为 0，可以通过读写命令对温度上/下限寄存器进行读写。

TMP101 的通信时序与标准 IIC 总线通信时序一致，可参阅前面 IIC 总线通信时序与对应的程序。

8.7　本章小结与拓展

IIC 总线只有在总线空闲时才可启动数据传输。在数据传输期间，当时钟线为高电平时，无论何时，数据线都必须保持稳定。在时钟线为高电平时，改变数据线将视为起始或停止条件。数据发送 8 位要跟随 1 位应答位，数据发送时要先发送器件地址和读写命令，对应地址的器件则会响应，然后再发送要操作的寄存器地址及读写位，最后才是数据的传输。

要想快速控制 IIC 总线接口的器件，首先要知道其寄存器的信息和地址，然后编写驱动程序，驱动程序的编写主要包括器件的初始化函数、发送数据函数和读取数据函数。底层通信是一样的，包括 IIC 总线的启动、停止、发送 8 位字节和接收 8 位字节及应答信号的程序。

8.8　本章习题

1．IIC 总线上的上拉电阻的作用是什么？可以省略吗？

2．IIC 总线系统如何区分总线上的不同器件？用什么样的方式来保证通信时对其中一个器件的操作不会被其他器件错误地接收？

3．理论上一条 IIC 总线可以挂接的设备是无限制的吗？如何计算一条 IIC 总线可挂接的设备？

4．IIC 总线仲裁在什么情况下会发生？仲裁过程会导致数据丢失吗？

5．制作一个电池电量指示器，利用 ADS1115 转换芯片读出电池电压，并将电池电压分为 5 个等级，不同的电压等级对应不同的 LED 的数量。

6．制作一个电子日历，利用 PCF8563 将当前时间显示到液晶屏上。

7．编写程序：每隔 10s 从 ADS1115 中读取当前电池电压，并存入 AT24C02。采用 PCF8563 每隔 1min 读出 AT24C02 中的电压值求平均，并显示到液晶屏上。

第9章 SPI 总线技术

SPI（Serial Peripheral Interface）总线是由 Freescale 公司（现已被 NXP 公司收购）推出的一种串行外设接口，广泛用于单片机和外围扩展芯片之间的串行连接，现已发展成为一种工业标准。其简单易用，各大半导体公司推出了大量的带有 SPI 的 EEPROM、实时时钟、A/D 转换、D/A 转换、温度测量、LED/LCD 驱动、I/O 口扩展等芯片。

本章先简要介绍 SPI 总线及其工作原理，然后讲解通过单片机模拟 SPI 总线连接各类 SPI 芯片的实例。为达到快速学习与应用的目的，在实例内容的讲述上率先给出了电路图及操作函数。因此未使用过 SPI 总线的读者可在通过 9.1 节简要了解一下 SPI 后，快速通过后续各节的实例来实现相应的功能。而使用过 SPI 的读者可以跳过 9.1 节，直接查看各实例的电路图与操作函数。实例部分还给出了相应芯片的内部结构与原理。此外，本章总结部分对 SPI 总线进行了相关问题的详细说明，可供读者查阅来理解原理并更好地掌握 SPI 总线技术。

9.1 SPI 总线技术原理

9.1.1 SPI 总线介绍

串行外设接口（Serial Peripheral Interface，SPI）是 Freescale 公司推出的一种串行外设接口，用于单片机和外围扩展芯片之间的串行连接，它是单片机与外围电路通信的重要方式之一。SPI 总线为全双工通信总线，数据传输速度总体来说比 IIC 总线要快很多，速度可达到 Mbps 级。其信号线少，协议简单，在主机的移位脉冲下，数据按位传输，一般情况下，高位在前，低位在后。

SPI 一般有 4 个引脚，分别为 $\overline{SS}$、MOSI、MISO、SCK（SPICLK），各个引脚的定义如下。

（1）从机选择引脚 $\overline{SS}$（Slave Select）。

若一个单片机的 SPI 工作于主机方式，则置 $\overline{SS}$ 引脚为高电平。若一个单片机的 SPI 工作于从机方式，则当 $\overline{SS}$=0 时，表示主机选中了该从机，反之则未选中该从机。通常情况下，单片机作为主机，外围芯片作为从机。对于单主单从（One Master and One Slave）系统，可以采用图 9-1 所示的接法。对于一个主机带多个从机的系统，$\overline{SS}$ 引脚可以有多个，每一个从机对应一个 $\overline{SS}$ 引脚。不工作时，主机的 $\overline{SS}$ 引脚输出高电平，需要选择从机时，主机输出对应从机的 $\overline{SS}$ 引脚的低电平。

（2）主出从入引脚 MOSI（Master Out/Slave In）。

主出从入引脚 MOSI 是主机输出、从机输入数据。此时，单片机被设置为主机方式，主机送向从机的数据从该引脚输出。如果单片机被设置为从机方式，则来自主机的数据从该引脚输入。

（3）主入从出引脚 MISO（Master In/Slave Out）。

从机的数据从该引脚输入主机，如果单片机被设置为从机方式，则送向主机的数据从该引脚输出。

（4）SPI 串行时钟引脚 SCK（SPI Serial Clock）。

SCK 用于控制主机与从机之间的数据传输。串行时钟信号只能由主机发出，经主机的 SCK 引脚输出给从机的 SCK 引脚，从而控制整个数据传输过程。一般而言，在主机启动一次传送过程中，自动产生 8 个时钟周期信号从 SCK 引脚输出，SCK 信号的一个跳变进行一位数据的移位传送。

不同的厂家对 SPI 引脚的定义会有些许差异，名字会有变化，如时钟信号命名为 SCLK，使能引脚命名为 CS；甚至有的芯片的引脚是按照类似 SDI、SDO 的方式来命名的，这是站在器件的角度根据数据流向来定义的。

SDI：串行数据输入。

SDO：串行数据输出。

在这种情况下，当主机与从机连接时，就应该用一方的 SDO 连接另一个方的 SDI。

SPI 单主机-单从机连接示意图如图 9-1 所示。

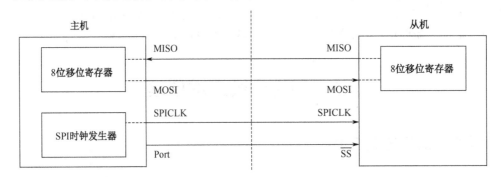

图 9-1　SPI 单主机-单从机连接示意图

图 9-1 中，主机通过片选线（$\overline{\text{SS}}$）来确定要通信的从机。这就要求从机的 MISO 引脚具有三态特性，使得该口线在器件未被选通时表现为高阻抗。此时，SPI 的时钟由主机（Master）控制，在时钟移位脉冲下，数据按位传输，高位在前，低位在后（MSB first）。移位寄存器为 8 位，所以每一工作过程相互传输 8 位数据，工作从主机发出启动传输信号开始，要传输的数据装入 8 位移位寄存器，同时产生 8 个时钟信号从 SPICLK 引脚依次送出，在 SPICLK 信号的控制下，主机中 8 位移位寄存器的数据依次从 MOSI 引脚送出，通过从机的 MOSI 引脚送入它的 8 位移位寄存器中。在此过程中，从机的数据也通过 MISO 引脚送到主机中。所以称之为全双工主-从连接（Full-Duplex Master-Slave Connections）。

如图 9-2 所示，多个从机共享时钟线、数据线，可以直接并接在一起；而各从机的片选线则单独与主机连接，受主机控制。在一段时间内，主机只能通过某条片选线激活一个从机，进行数据传输，而此时其他从机的时钟线和数据线接口都应保持高阻状态，以免影响当前数据传输的进行。

在简单应用系统中，有时还会用到三线制的 SPI，此时 SPI 工作在半双工的模式，只能分时进行发或收。SPI 主机提供时钟，发起对从机的读写操作。只有在主机发出通知后，从机接收时钟，被动地响应主机的读写数据请求。在考虑简化电路的要求下，有时还会将片选线直接接入固定电平。

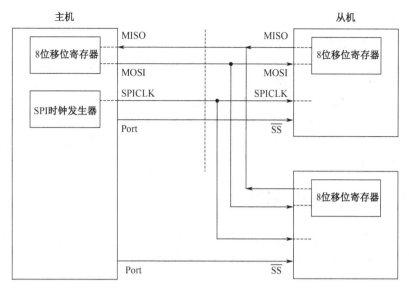

图 9-2　SPI 单主机-多从机连接示意图

9.1.2　SPI 总线通信时序

　　SPI 是在同步时钟信号 SCK 的控制下完成数据传输的，但在不同的场合下，时钟信号的相位与极性可能要求不一样。根据控制位时钟相位（CPHA）和时钟极性（CPOL）的不同，数据线和时钟线产生 4 种可能的时序，如图 9-3 所示。

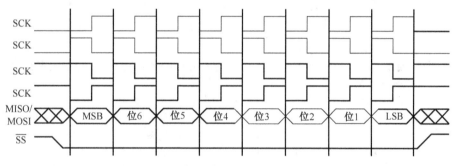

图 9-3　4 种时序

　　其中，时钟极性（CPOL）表示 SPI 在空闲时，时钟信号是高电平还是低电平。若 CPOL 设为 1，那么该设备在空闲时 SCK 引脚下的时钟信号为高电平。当 CPOL 被设为 0 时则相反。

　　时钟相位（CPHA）表示 SPI 设备是在 SCK 引脚上的时钟信号变为上升沿时触发数据采样，还是在时钟信号变为下降沿时触发数据采样。若 CPHA 被设为 1，则 SPI 设备在时钟信号变为下降沿时触发数据采样，在上升沿时发送数据。当 CPHA 被设为 0 时则相反。主机和从机必须使用同样的时序模式才能正常通信。

　　当 CPHA=0、CPOL=0 时，MISO 引脚上的数据在第一个 SCK 沿跳变之前就已经上线了，而为了保证正确传输，MOSI 引脚的 MSB 位必须与 SCK 的第一个边沿同步，在 SPI 传输过程中，首先将数据上线，然后同步时钟信号的上升沿，SPI 的接收方捕捉位信号，在时钟信号的一个周期结束时（下降沿），下一位数据信号上线，再重复上述过程，直到一个字节的 8 位信号传输结束。

　　当 CPHA=1、CPOL=0 时，MISO 引脚和 MOSI 引脚上数据的 MSB 位必须与 SCK 的第一个边沿同步，在 SPI 传输过程中，首先将数据上线，然后同步时钟信号的下降沿，SPI 的接收方捕捉位信号，在时钟信号的一个周期结束时（上升沿），下一位数据信号上线，再重复上述过程，直到一个字节的 8 位信号传输结束。

　　当 CPHA=1，CPOL=1 时，MISO 引脚和 MOSI 引脚上数据的 MSB 位在 SCK 的第一个边沿同步，在 SPI 传输过程中，首先将数据上线，然后同步时钟信号的下降沿，SPI 的接收方捕捉位信号，在时钟信号的一个周期结束时（上升沿），下一位数据信号上线，再重复上述过程，直到一个字节的 8 位信号传输结束。

9.1.3　SPI 总线 I/O 模拟

　　51 单片机不带硬件 SPI，这时就需要用 I/O 模拟 SPI 时序进行通信了。前文介绍过 SPI 的通信时序有 4 种，下面以时钟极性（CPOL=0）与时钟相位（CPHA=0）为例，设计其通信程序。

```
//SPI写入一字节函数，CPOL=0且CPHA=0
//此时默认情况下SCK为低电平，在时钟的后沿输出数据
//输入参数：8位要写入的数据
//返回值：无
void SPI_Send_Dat(unsigned char dat)
{
  unsigned char n;
  for(n=0;n<8;n++)
   {
    SCK=0;                       //时钟线低
    if(dat&0x80)
      MOSI =1;                   //判断接下来要发送的数据是0还是1
    else
      MOSI =0;
    dat<<=1;                     //数据左移一位
    SCK =1;                      //时钟线拉高
  }
  SCK=0;                         //数据发送完毕，将时钟线拉低
}
//SPI读入一字节函数，CPOL=0且CPHA=0
//此时默认情况下SCK为低电平，对每个周期的第一个时钟沿进行采样
//输入参数：无
//返回值：读取到的数据
unsigned char SPI_Receiver_Dat(void)
{
 unsigned char n ,dat,bit_t;
 for(n=0;n<8;n++)
  {
    SCK=0;                       //时钟线低
    dat<<=1;                     //先接收高位再接收低位，所以数据左移一位
    if(MISO==1)
      dat|=0x01;                 //MISO为高电平，读到此位为1
```

```
      else
         dat&=0xfe;                  //读到0, 0xfe= 1111 1110
      SCK=1;                         //拉高时钟线
   }
   SCK=0;                            //数据读取完毕，拉低时钟线
   return dat;                       //返回读到的数据
}
```

对于 16 位 SPI 的操作，与 8 位数据读写类似，只是需要进行两次操作。

9.2　SPI 总线实现数据存储

9.2.1　AT93C46 芯片简介

AT93C46 是 1KB 的串行 EEPROM 存储器芯片。每个寄存器都可通过四线制 SPI 总线串行读出。AT93C46 内部有一个指令缓存器储存输入的串行数据，再由指令译码控制逻辑与内部频率产生器，在指定的地址对数据进行读取或写入操作。

AT93C46 可采用 8 脚 DIP、8 脚 SOIC 或 8 脚 TSSOP 的封装形式。AT93C46 的 PDIP-8 封装与引脚分布如图 9-4 所示。

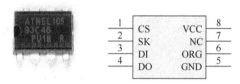

图 9-4　AT93C46 的 PDIP-8 封装与引脚分布

引脚说明如下。

CS：芯片选择引脚，高电平有效，低电平时进入等待模式。在连续的指令之间，CS 信号必须持续保持至少 250ns 的低电平，才能保证芯片正常工作。

SK：串行数据时钟输入引脚，在时钟的上升沿，操作码、地址和数据位进入器件或从器件输出。在发送序列时，时钟最好不停止，以防止读写数据的错误。

DI：串行数据输入引脚。

DO：串行数据输出引脚，用于输出数据；在地址擦/写周期或芯片擦/写周期时，该引脚用于提供忙/闲信息。

GND：电源接地引脚。

ORG：存储器构造配置引脚，内部的一个 1MΩ 的电阻将 ORG 拉高到 VCC。该引脚接 VCC 或悬空时，输出为 16 位；接 GND 时，输出为 8 位。

NC：串行数据输出引脚。

VCC：电源接正引脚，2.7～5.5V，一般接 5V。

9.2.2　AT93C46 电路设计与功能函数

AT93C46 的应用电路如图 9-5 所示。

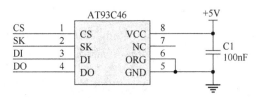

图 9-5　AT93C46 的应用电路

电路原理说明如下。

AT93C46 的应用电路非常简单，除去正常的 SPI 的 CS、SK、DI、DO 接口连接到单片机外，ORG 引脚接地，表示输出的字节为 8 位。考虑到电源的去耦与防干扰，在 VCC 与 GND 引脚接入一个 100nF 的电容。

对于 AT93C46 这个 EEPROM 芯片而言，最重要的功能为读写操作，从而方便实现存储与访问功能。

AT93C46 的存储器写函数如下。

```
//输入参数：addr是要写入的地址；dat是要写入的数据
//返回值：无
void AT93C46_write(unsigned char addr,unsigned char dat)
{
  AT93C46_write_enable();        //芯片使能
  AT93C46_erase(addr);           //写数据前擦除同样地址的数据
  addr<<=1;                      //地址位左移一位
  AT93C46_CS=1;                  //选中AT93C46芯片
  send(WRITE_D,3);     //AT93C46写入写指令由数据手册可知WRITE_D=0xa0
  send(addr,7);                  //AT93C46写入数据到指定的地址,A6～A0
  send(dat,8);                   //写入数据
  AT93C46_CS=0;                  //释放片选引脚
  delayNUs(6);                   //延时
  AT93C46_CS=1;                  //选中芯片
  while(AT93C46_DO)              //检测并等待写完
  {
     AT93C46_SCK =0;   delayNUs(2);
     AT93C46_SCK=1;    delayNUs(2);
  }
  AT93C46_CS=0;                  //释放片选
  delayNUs(6);                   //延时
  AT93C46_write_disenable();     //芯片失能
}
```

AT93C46 写使能的函数如下。

```
//AT93C46写使能的函数
//输入参数：无
//返回值：无
void AT93C46_write_enable(void)
{
  AT93C46_CS=1;              //选中芯片
  send(EWEN_D,10);          //发送使能命令
  AT93C46_CS=0;             //释放片选
```

```
      delayNUs(6);               //延时
   }
```

参照 SPI 时序，AT93C46 写数据的函数如下。

```
//AT93C46写数据的函数
//输入参数：dat为要写入的数据；bit_count为要写入的数据的位数
//返回值：无
void send(unsigned char dat,unsigned char bit_count)
{
  unsigned char i;
  for(i=0;i<bit_count;i++)
  {
   if(dat&0x80)
     AT93C46_MOSI = 1;               //要写入的数据为1
   else
     AT93C46_MOSI = 0;               //要写入的数据为0
   dat<<=1;                          //左移，准备写入下一位
   AT93C46_SCK=0;  delayNUs(6);      //延时
   AT93C46_SCK=1;  delayNUs(6);      //延时
  }
}
```

AT93C46 的存储器读某一地址的函数如下。

```
//AT93C46的存储器读某一地址的数据函数
//输入参数：addr为要读的地址
//返回值：读到的数据
unsigned char  AT93C46_read(unsigned char  addr)
{
    uchar data_r;
    AT93C46_CS=1;                //选中芯片
    addr<<=1;                    //数据左移，按照从高到低的顺序传送
    send(READ_D,3);             //发送读指令
    send(addr,7);               //发送要读得地址
    data_r=receive();           //接收数据
    AT93C46_CS=0;               //释放片选引脚
    return(data_r);            //返回读到的数据
}
```

参照 SPI 时序，从 AT93C46 读一字节数据的函数如下。

```
//从AT93C46读一字节的数据函数
//输入参数：无
//返回值：读到的数据
unsigned char receive(void)
{
  unsigned char in_data=0;
  unsigned char j;
  AT93C46_MISO = 1;                //拉高数据读入引脚
  while(AT93C46_MISO)              //等待数据读入脚被从机拉低
  {
    AT93C46_SCK=0;   delayNUs(2);
```

```
        AT93C46_SCK=1;      delayNUs(2);
    }
    for(j=0;j<8;j++)                          //读入数据
    {
        AT93C46_SCK=0;    delayNUs(6);
        AT93C46_SCK=1;    delayNUs(6);
        in_data<<=1;                          //数据左移，从高到低读入
        if(AT93C46_DO)
          in_data|=0x01;                      //读到1
        else
          in_data&=0xfe;                      //读到0
    }
    AT93C46_SCK=0;      delayNUs(6);
    AT93C46_SCK=1;      delayNUs(6);
    return(in_data);                          //返回读到的数据
}
```

9.2.3　AT93C46 操作原理

AT93C46 内部有一个指令缓存器储存输入的串行数据，再由指令译码控制逻辑与内部频率产生器，在指定的地址将数据作为读取或写入的动作。AT93C46 有 7 个功能指令，如表 9-1 所示。

表 9-1　AT93C46 的功能指令

操　作	指　令		BYTE 存取（8 位）		WORD 存取（16 位）		说　　明
	SB	OP	地　址	数　据	地　址	数　据	
READ	1	10	A6～0		A5～0		读取指定地址的数据，由 DO 输出
ERASE	1	11	A6～0		A5～0		擦除指定地址的内容=1
EWDS	1	00	00X XXXX		00 XXXX		禁止擦除/写入动作
WRAL	1	00	01X XXXX	D7～0	01 XXXX	D15～0	写入指定数据填满到全部地址
ERAL	1	00	10X XXXX		10 XXXX		清除全部地址的内容=1
EWEN	1	00	11X XXXX		11 XXXX		使能擦除/写入动作
WRITE	1	01	A6～0	D7～0	A5～0	D15～0	将 DI 的数据写入到指定的地址

其中，SB 为起始位，OP 为操作码。

READ：允许数据从指定的地址读出，当接收到有效的输入信号时，数据将会被放在输出缓存器内，随着频率信号上升同步输出，在 DO 输出数据前会先输出一个"假的位"，这与起始位的功能一样，再由 D15 一直输出到 D0 为止。读指令用于从指定的单元中把数据从高位到低位输出至 DO，但逻辑"0"位先于数据位输出。值得指出的是，读指令在时钟的上升沿触发，且需经过一段时间方可稳定。为防止出错，建议在读指令结束后，再输出 2～3 个时钟脉冲。

ERASE：擦除指令，将所指定的地址数据位全部用"1"取代，需要在 EWEN 的状态下才有效。该指令用于强迫指定地址中所有数据位都为"1"。一旦信息在 DI 上被译码，就需使 CS 信号至少保持 250ns 的低电平，然后将 CS 置为高电平，此时 DO 会指示"忙"标志。DO 为"0"，

表示编程正在进行；DO 为 "1"，表示该指定地址的寄存器单元已擦除完毕，可以执行下一条指令了。

　　EWDS：当完成数据写入后，必须执行此指令使 AT93C46 变成 EWDS 的状态，保护数据避免被噪声或短暂的电磁波等因素干扰，否则 EWEN 的状态会一直延续到电源被移除为止，当再次给电时，AT93C46 会自动恢复到 EWDS 的状态。

　　WRAL：用 WRAL 指令对全部地址写入数据。

　　ERAL：将所有地址的数据位用 1 取代，并需要在 EWEN 的状态下才有效。

　　EWEN：使能指令。当 AT93C46 接上电源时，会处于 EWDS 的状态；因此，如果要将数据写入内存，就必须先改变为 EWEN 的状态，这样一来 WRITE、WRAL、ERASE 和 ERAL 才能成为有效的指令。一旦进入 EWEN 的状态，除非执行 EWDS 指令或将电源关闭，否则 EWEN 的状态会一直维持下去。为了保护芯片内的数据，建议在每一个写周期后都执行一次 EWDS 指令。READ 指令的执行与 EWEN 和 WEDS 指令无关。因此该指令必须在所有编程模式前执行，一旦该指令执行后，只要外部没有断电就可以对芯片进行编程。

　　WRITE：允许数据写入指定的地址，需要在 EWEN 的状态下才有效。写指令时，先写地址，然后将 16 位或 8 位数据写入到指定的地址中。当 DI 输出最后一个数据位后，在时钟的下一个上升沿以前，CS 必须为低电平，且需至少保持 250ns，然后将 CS 置为高电平。需要说明的是，写周期时，每写一个字节需耗时 4ms。

9.3　SPI 总线实现实时时钟

9.3.1　DS1302 芯片简介

　　DS1302 是美国 Maxim 公司推出的一款高性能、低功耗的实时时钟芯片，附加 31 字节静态 RAM。它支持三线的 SPI 总线，可一次传送多个字节的时钟信号和 RAM 数据。实时时钟可提供秒、分、时、日、星期、月和年，每个月的天数与闰年的天数可以自动调整。时钟操作可通过 AM/PM 指示决定采用 24 小时格式或 12 小时格式，DS1302 工作时功耗很低，保持数据和时钟信息时功率小于 1mW。DS1302 广泛应用于测量系统中实现数据与出现该数据的时间同时记录，其具有标准的 8 直插引脚 PDIP、表面贴片 SOIC 等封装。

　　DS1302 的 PDIP-8 封装与引脚分布如图 9-6 所示。

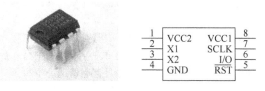

图 9-6　DS1302 的 PDIP-8 封装与引脚分布

引脚说明如下。

　　VCC2：主电源引脚，2.0～5.5V。当 $V_{CC2} > V_{CC1} + 0.2V$ 时，由 VCC2 引脚向 DS1302 供电，当 $V_{CC2} < V_{CC1}$ 时，由 VCC1 引脚向 DS1302 供电。

　　X1：时钟信号输入引脚，一般连接 32.768kHz 石英晶振，当采用外部时钟输入连接到 X1 时，X2 浮空。

X2：时钟信号输出引脚，一般连接 32.768kHz 石英晶振。

GND：电源接地引脚。

$\overline{RST}$：复位引脚，内部有 40kΩ 电阻下拉到地，读写时必须置高电平，SPI 三线接口时的片选。

I/O：数据输入/输出口，内部有 40kΩ 电阻下拉到地，SPI 三线接口时的双向数据线。

SCLK：串行时钟输入，内部有 40kΩ 电阻下拉到地，SPI 三线接口时的时钟线。

VCC1：备份电源引脚，常用来连接供电备用电池。

9.3.2　DS1302 电路设计与功能函数

DS1302 的应用电路如图 9-7 所示。

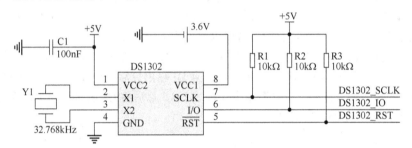

图 9-7　DS1302 的应用电路

电路原理说明：考虑电源的去耦与防干扰，在 VCC2 与 GND 引脚接入一个 100nF 的电容。X1 与 X2 之间接入一个 32.768kHz 的晶振为芯片提供时钟。SPI 总线的 $\overline{RST}$、I/O、SCLK 接口由于均有内部下拉电阻，因此分别接上拉电阻 10kΩ 到 VCC 电源正端。备用电源引脚 VCC1 外接一个 3.6V 的电池，从而在 VCC 电源为 0 时依然为芯片提供工作电压。

对于 DS1302 这个时钟芯片而言，最重要的功能为时钟读写操作，从而方便实现对时间的访问与修改功能。

DS1302 修改时钟函数如下。

```
//输入参数：无
//返回值：无
void DS1302_SetTime(void)
{
    SetTime(0x80,Second);        //往秒寄存器地址中写入变量
    SetTime(0x82,Minute);        //往分寄存器地址中写入变量
    SetTime(0x84,Hour);          //往小时寄存器地址中写入变量
    SetTime(0x86,Day);           //往日寄存器地址中写入变量
    SetTime(0x88,Month);         //往月寄存器地址中写入变量
    SetTime(0x8A,Week);          //往星期寄存器地址中写入变量
    SetTime(0x8C,Year);          //往年寄存器地址中写入变量
    DS1302_SetProtect(1);        //修改时间之后，对芯片写保护
}
```

DS1302 向寄存器写入时间的函数如下。

```
//输入参数：Address是寄存器的地址；Value是写入的值
//返回值：无
```

```
void SetTime(unsigned char Address,unsigned char Value)
{
 DS1302_SetProtect(0);
 Write1302(Address, ((Value/10)<<4 | (Value%10)));//变成BCD码
}
```

DS1302 读取时钟函数设计如下。

```
//输入参数: 无
//返回值: 将读到的数据存入全局变量中
void DS1302_GetTime(void)
{
 unsigned char ReadValue;
 ReadValue = Read1302(0x81);
 Second = ((ReadValue&0x70)>>4)*10 + (ReadValue&0x0F);
 ReadValue = Read1302(0x83);
 Minute = ((ReadValue&0x70)>>4)*10 + (ReadValue&0x0F);
 ReadValue = Read1302(0x85);
 Hour = ((ReadValue&0x30)>>4)*10 + (ReadValue&0x0F);
 ReadValue = Read1302(0x87);
 Day = ((ReadValue&0x30)>>4)*10 + (ReadValue&0x0F);
 ReadValue = Read1302(0x89);
 Month = ((ReadValue&0x10)>>4)*10 + (ReadValue&0x0F);
 ReadValue = Read1302(0x8B);
 Week = ReadValue&0x07;
 ReadValue = Read1302(0x8D);
 Year = ((ReadValue&0xF0)>>4)*10 + (ReadValue&0x0F);
}
```

DS1302 写保护设置函数设计如下。

```
//输入参数: flag=0为无保护; flag=1为开启保护
//返回值: 无
void DS1302_SetProtect(unsigned char flag)
{
 if(flag)
     Write1302(0x8E,0x80);
 else
     Write1302(0x8E,0x00);
}
```

DS1302 初始化函数设计如下。

```
//输入参数: 无
//返回值: 无
void DS1302_Init(void)
{ Write1302(0x8E,0x00);        //打开寄存器写入
   Write1302(0x84,0x00);        //设置24小时制
   Write1302(0x80,0x00);        //00启动时钟
   Write1302(0x8E,0x80);        //关闭寄存器操作
}
```

9.3.3 DS1302 操作原理

DS1302 的内部结构如图 9-8 所示。

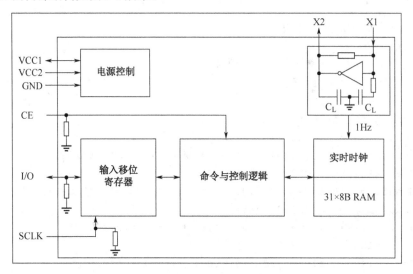

图 9-8 DS1302 的内部结构

DS1302 有 1 个控制寄存器、12 个日历及时钟寄存器和 31 个 RAM。其控制寄存器如表 9-2 所示。

表 9-2 DS1302 的控制寄存器

bit7	bit6	bit5	bit4	bit3	bit2	bit1	bit0
1	RAM/CK	A4	A3	A2	A1	A0	R/$\overline{W}$

控制寄存器用于存放 DS1302 的控制命令字,DS1302 的 $\overline{RST}$ 引脚回到高电平后写入的第一个字就为控制命令。它用于对 DS1302 读写过程进行控制。

bit7：固定为 1。

bit6：RAM/CK 位，置 1 为片内 RAM，置 0 为日、小时寄存器选择位。

A4～A0：地址位，用于选择进行读写的日、小时寄存器或片内 RAM。

bit0：读写选择，置 0 为写，置 1 为读。

DS1302 的器件时钟地址表如表 9-3 所示。

表 9-3 DS1302 的器件时钟地址表

寄存器名称	bit7	bit6	bit5	bit4	bit3	bit2	bit1	bit0
	1	RAM/CK	A4	A3	A2	A1	A0	R/$\overline{W}$
秒寄存器	1	0	0	0	0	0	0	0 或 1
分寄存器	1	0	0	0	0	0	1	0 或 1
小时寄存器	1	0	0	0	0	1	0	0 或 1
日寄存器	1	0	0	0	0	1	1	0 或 1
月寄存器	1	0	0	0	1	0	0	0 或 1
星期寄存器	1	0	0	0	1	0	1	0 或 1

续表

寄存器名称	bit7	bit6	bit5	bit4	bit3	bit2	bit1	bit0
	1	RAM/CK	A4	A3	A2	A1	A0	R/$\overline{W}$
年寄存器	1	0	0	0	1	1	0	0 或 1
写保护寄存器	1	0	0	0	1	1	1	0 或 1
慢充电寄存器	1	0	0	1	0	0	0	0 或 1
时钟突发模式	1	0	1	1	1	1	1	0 或 1
RAM0	1	1	0	0	0	0	0	0 或 1
…	1	1	…	…	…	…	…	0 或 1
RAM30	1	1	1	1	1	1	0	0 或 1
RAM 突发模式	1	1	1	1	1	1	1	0 或 1

　　DS1302 共有 12 个寄存器，其中有 7 个与日历、时钟相关，存放的数据为 BCD 码。因此结合上述内容，DS1302 的时钟寄存器操作表如表 9-4 所示。

表 9-4　DS1302 的时钟寄存器操作表

READ	WRITE	bit 7	bit 6	bit 5	bit 4	bit 3	bit 2	bit 1	bit 0	RANGE
81H	80H	CH		10 Second			Second			00～59
83H	82H			10 Minute			Minutes			00～59
85H	84H	12/$\overline{24}$	0	10 $\overline{AM/PM}$	Hour		Hour			1～12/0～23
87H	86H	0	0	10 Date			Date			1～31
89H	88H	0	0	0	10 Month		Month			1～12
8BH	8AH	0	0	0	0	0		Day		1～7
8DH	8CH			10 Year			Year			0～99
8FH	8EH	WP	0	0	0	0	0	0	0	—
91H	90H	TCS	TCS	TCS	TCS	DS	DS	RS	RS	—

　　其中：

（1）数据都为 BCD 码。

（2）小时寄存器的 D7 位为 12 小时格式/24 小时格式的选择位，为 1 时选 12 小时格式；为 0 时选 24 小时格式。为 12 小时格式时，D5 位为 1 表示上午，D5 位为 0 表示下午，D4 位为小时的十位；为 24 小时格式时，D5、D4 位为小时的十位。

（3）秒寄存器中的 CH 位为时钟暂停位，当为 1 时，振荡器停止，时钟暂停；当为 0 时，时钟开始启动。

（4）写保护寄存器中的 WP 为写保护位，当 WP=1 时，写保护；当 WP=0 时，未写保护。当对日、小时寄存器或片内 RAM 进行写操作时，WP 应清零；当对日、小时寄存器或片内 RAM 进行读操作时，WP 一般置 1。

（5）慢充电寄存器用于控制从 VCC2 向 VCC1 充电操作功能。TCS 位为控制慢充电的选择，当它为 1010 才能使慢充电工作。DS 为二极管选择位。DS 为 01 选择一个二极管，DS 为 10 选择两个二极管，DS 为 11 或 00 充电器被禁止，与 TCS 无关。RS 用于选择连接在 VCC2 与 VCC1 之间的电阻，RS 为 00，充电器被禁止，与 TCS 无关，电阻选择情况如表 9-5 所示。

表 9-5　电阻选择情况

RS 位	电 阻 器	阻　　值
00	无	无
01	R1	2kΩ
10	R2	4kΩ
11	R3	8kΩ

　　DS1302 片内有 31 个 RAM 单元，对片内 RAM 的操作有两种方式：单字节方式和多字节方式。当控制命令字为 C0H～FDH 时是单字节方式，命令字中的 D5～D1 用于选择对应的 RAM 单元，其中奇数为读操作，偶数为写操作。

　　当控制命令字为 FEH、FFH 时是多字节方式（RAM 突发模式），多字节方式可一次性把所有的 RAM 单元内容进行读写操作。FEH 为写操作，FFH 为读操作。

　　DS1302 的单字节方式读操作时序如图 9-9 所示。

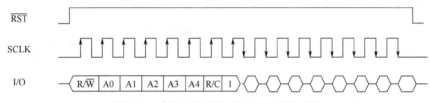

图 9-9　DS1302 的单字节方式读操作时序

```
/*函数功能:读取DS1302某地址的数据
*输入参数:ucAddr表示DS1302地址
*返回值:读取的数据
*/
uchar Read1302(uchar ucAddr)
{
  uchar ucData;
  DS1302_CLK = 0;            //DS1302_CLK口初始化
  DS1302_RST = 0;            //DS1302_RST口初始化
  DS1302_RST = 1;            //DS1302_RST口初始化
  InputByte(ucAddr|0x01);    //写地址
  DelayNUs(4);
  ucData = OutputByte();     //读1字节数据
  DS1302_CLK = 0;            //DS1302_CLK口恢复初始状态
  DS1302_RST = 0;            //DS1302_RST口恢复初始状态
  DS1302_RST = 1;            //DS1302_RST口恢复初始状态
  return(ucData);
}
```

DS1302 的单字节方式写操作时序如图 9-10 所示。

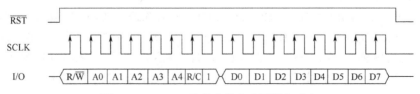

图 9-10　DS1302 的单字节方式写操作时序

```
/*DS1302固定地址写入数据
*输入参数:ucAddr表示DS1302地址, ucData表示要写的数据
*返回值:无
*/
void Write1302(unsigned char DS_Addr,unsigned char DS_Data)
{
    DS1302_CLK = 0;                     //DS1302_CLK口初始化
    DS1302_RST = 0;                     //DS1302_RST口初始化
    DS1302_RST = 1;                     //DS1302_RST口初始化
    DS1302_Write_Byte(DS_Addr);         //写地址
    DelayNUs(4);                        //延时
    DS1302_Write_Byte(DS_Data);         //写1字节数据
    DS1302_CLK = 1;Delay_4us();
    DS1302_RST = 0;Delay_4us();
}
```

置 $\overline{RST}$ 高电平启动输入/输出过程,在 SCLK 时钟的控制下,控制命令字写入 DS1302 的控制寄存器,根据写入的控制命令字,依次读写内部寄存器或片内 RAM 单元的数据。

对于日、小时寄存器,根据控制命令字,一次可以读写一个日、小时寄存器,也可以一次读写 8 字节,对所有的日、小时寄存器写的控制命令字为 0BEH,读的控制命令字为 0BFH。

对于片内 RAM 单元,根据控制命令字,一次可读写 1 字节,一次也可读写 31 字节。当数据读写完成后,$\overline{RST}$ 变为低电平结束输入/输出过程。无论是命令字还是数据,1 字节传送时都是低位在前,高位在后,每一位的读写都发生在时钟的上升沿。

若要向 DS1302 写入分钟信息,则先要写第 1 字节(命令字节)0x82,然后再写第 2 字节 0x38。DS1302 的 RAM 区包含 31 字节的 SRAM,可用于保存数据。因为 DS1302 具有备份电池,可以保证学习板电源关闭后,这些数据仍然被保存。

DS1302 的 RAM 区列表如表 9-6 所示。

表 9-6　DS1302 的 RAM 区列表

C1H	C0H		00~FFH
C3H	C2H		00~FFH
C5H	C4H		00~FFH
...	...		...
FDH	FCH		00~FFH

从表 9-6 中可以看出,如果想要向 RAM 区的第 1 个地址位写入数据 0xFF,则在第 1 字节写入 0xC0,第 2 字节写入 0xFF。如果想要读取 RAM 区的第 1 个地址位的数据,则需要在第 1 字节写入 0xC1,然后读第 2 个字节即可。

总之,要想正确地读写数据,获取 DS1302 中相应的时间信息,就要遵照 DS1302 的地址/命令字节格式来进行操作。

之前所介绍的通信帧,是单次模式的通信帧,突发模式(批量读写模式)的通信帧与单次模式的类似,第 1 个字节也是命令帧,但后续会有多个数据字节。$\overline{RST}$ (CE)的上升沿/下降沿作为帧开始与结束的信号。在一帧数据通信期间,$\overline{RST}$ (CE)要保持高电平。

可以分别对寄存器区或 RAM 区进行突发模式访问,从两个区的起始地址开始,连续读出或写入若干字节。对于寄存器区的突发读写的命令为 0xBF/0xBE;对于 RAM 区的突发读写的

命令为 0xFF/0xFE。对于突发模式（批量读写模式）感兴趣的读者可以通过 DS1302 芯片的数据手册了解更详细的内容。

9.4 SPI 总线实现 A/D 转换

9.4.1 TLC2543 芯片简介

TLC2543 是 TI 公司的 12 位串行 A/D 转换器芯片，使用开关电容逐次逼近技术完成 A/D 转换过程。它可以直接与 SPI 器件进行连接，不需要其他外部逻辑，可在高达 4MHz 的串行速率下与主机进行通信。TLC2543 除具有高速的转换速度外，片内还集成了 14 路多路开关。其中 11 路为外部模拟量输入，3 路为片内自测电压输入。其采样率为 66kbps，线性误差为 ±1LSBmax。在转换结束后，EOC 引脚变为高电平，转换过程中由片内时钟系统提供时钟，无须外部时钟。在 A/D 转换器空闲期间，可以通过编程方式进入断电模式，此时器件耗电只有 25pA，常用于仪器仪表中。

TLC2543 的 PDIP-20 封装与引脚分布如图 9-11 所示。

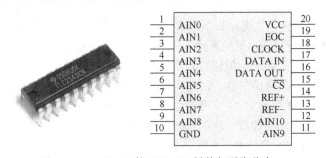

图 9-11 TLC2543 的 PDIP-20 封装与引脚分布

引脚说明如下。

AIN0～AIN10：模拟量输入引脚。输入信号由内部多路器选通。对于 4.1MHz 的输入/输出 CLOCK，驱动源阻抗必须小于或等于 50Ω，而且用 60pF 电容来限制模拟输入电压的斜率。

GND：电源接地引脚。

REF-：负基准电压引脚。基准电压的低端，通常接到地端。

REF+：正基准电压引脚。基准电压的正端（通常为 VCC）被加到 REF+，最大的输入电压范围由加于本引脚与 REF-引脚的电压差决定。

$\overline{\text{CS}}$：片选引脚，电平由高变低时，内部计数器复位。电平由低变高时，在设定时间内禁止。

DATA OUT：转换结果的三态串行数据输出引脚。

DATA IN：串行数据输入引脚。由 4 位的串行地址输入来选择模拟量输入通道。

CLOCK：输入/输出时钟引脚。CLOCK 接收串行输入信号并完成以下 4 个功能。

● 在 CLOCK 的前 8 个上升沿，8 位输入数据存入输入数据寄存器。

● 在 CLOCK 的第 4 个下降沿，被选通的模拟输入电压开始向电容充电，直到 CLOCK 的最后一个下降沿为止。

● 将前一次转换数据的其余 11 位输出到 DATA OUT 引脚，在 CLOCK 的下降沿时数据开始变化。

● CLOCK 的最后一个下降沿，将转换的控制信号传送到内部状态控制位。

EOC：转换结束引脚。在最后的 CLOCK 下降沿之后，EOC 从高电平变为低电平并保持到转换完成和数据准备传输为止。

VCC：电源接正引脚。

9.4.2　TLC2543 电路设计与功能函数

TLC2543 的应用电路如图 9-12 所示。

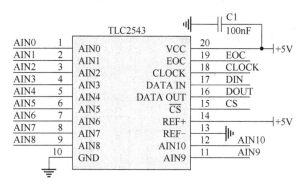

图 9-12　TLC2543 的应用电路

电路原理说明：TLC2543 的应用电路非常简单，除去正常的 SPI 的 $\overline{CS}$、DATA OUT、DATA IN、CLOCK 接口连接到单片机外，EOC 引脚也连接单片机，REF-引脚接地，REF+引脚连接电源，表示模拟输入电压的范围为 0 到电源电压。此外，考虑到电源的去耦与防干扰，在 VCC 与 GND 引脚接入一个 100nF 的电容。

对于 TLC2543 而言，最重要的功能为读取 A/D 转换值操作，从而方便实现后续数据处理功能。

TLC2543 读取 A/D 转换值的函数设计如下。

```
/* TLC2543 读出上一次 A/D 值（12 位精度），并开始下一次转换
*TLC5618D/A转换为三线串行方式
*输入参数：channal为要读的通道
*返回值：读到的10位数据   */
unsigned int TLC2543_read(unsigned char channal)
{
  unsigned char i = 0;
  unsigned char commond = (unsigned char)((channal<<4)&0xf0);
  unsigned int adc_value = 0;
  TLC2543_CS = 0;                    //选中TLC2543
  for(i=0; i<12; ++i)
  {
    TLC2543_SCK = 0;                 //拉低时钟线
    adc_value <<= 1;                 //数据左移，数据按照从高到低的顺序传输
    if(commond&0x80)    TLC2543_MOSI = 1;   //写1
      else              TLC2543_MOSI = 0;   //写0
    TLC2543_SCK = 1;                          //拉高时钟线
    if(TLC2543_MISO)    adc_value |= 0x001; //读到1
```

```
        else                    adc_value &= 0xffe;  //读到0
        commond <<= 1;
    }
    TLC2543_SCK = 0;                                //数据读取结束总线恢复初始状态
    TLC2543_CS  = 1;                                //释放片选
    return adc_value;                               //返回读到的数据
}
```

TLC2543 利用此函数即可进行简单的 A/D 转换。但注意在转换结束后，一定要有必要的延时，从而满足 TLC2543 的转换时间。

9.4.3　TLC2543 操作原理

TLC2543 的内部结构如图 9-13 所示。

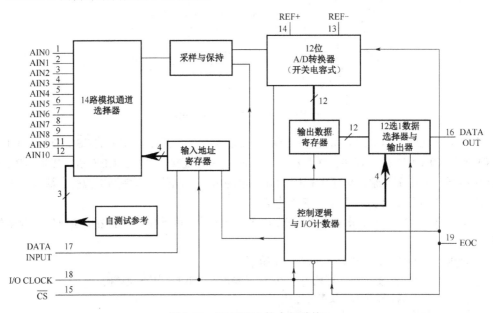

图 9-13　TLC2543 的内部结构

其内部控制寄存器有 8 位，数据格式如表 9-7 所示。

表 9-7　TLC2543 的内部寄存器的数据格式

bit7	bit6	bit5	bit4	bit3	bit2	bit1	bit0
D7	D6	D5	D4	D3	D2	D1	D0

内部控制寄存器的设定数据为高位导前，内部控制寄存器各个位的基本功能如下。

D7～D4：作为片内 14 个通道多路选择器的控制位用于 11 路模拟量和 3 个校准电压的选择，以及掉电模式的设定。

0000：通道选择为 AIN0	0001：通道选择为 AIN1
0010：通道选择为 AIN2	0011：通道选择为 AIN3
0100：通道选择为 AIN4	0101：通道选择为 AIN5
0110：通道选择为 AIN6	0111：通道选择为 AIN7

1000：通道选择为 AIN8　　　　　　1001：通道选择为 AIN9

1010：通道选择为 AIN10　　　　　1011：测试电压选择为（$V_{\text{REF+}} - V_{\text{REF-}}$）/ 2

1100：测试电压选择为 $V_{\text{REF-}}$　　　1101：通道选择为测试电压选择为 $V_{\text{REF+}}$

1110：掉电模式

D3、D2：用于转换后数据串行输出位数的选择，共有 3 位数可供选择：8 位、12 位、16 位。

01：8 位（精度较低）　　　　　　X0：12 位（标准位数）

11：16 位（低 4 位为 0，便于 16 位串行数据传输）

D1：为"0"时表示输出数据的最大位导前，为"1"时表示最小位导前。

D0：为"0"时表示输出数据是单极性（无符号二进制），为"1"时表示双极性（有符号二进制）。

值得注意的是，为减少由 $\overline{\text{CS}}$ 噪声引起的误差，在 $\overline{\text{CS}}$ 为下降沿后需等待 1.425μs 以上，这是因为内部电路在相应内部控制寄存器输入信号前需要等待一个设置时间。

转换的工作包括两个周期：I/O 周期和转换周期 t_{conv}。I/O 周期完成对内部控制寄存器的置数和在 DATA OUTPUT 引脚数据的输出；转换周期由 I/O 时钟同步的内部时钟来控制。在转换周期开始时，EOC 输出变为低电平；当转换完成时，EOC 输出变为高电平，输出数据寄存器锁存。

上电后，$\overline{\text{CS}}$ 的电平必须从高到低开始一次 I/O 周期。内部控制寄存器被置为 0，并且 EOC 为低电平。为了对芯片初始化，$\overline{\text{CS}}$ 被转为高电平再到低电平以开始下一次 I/O 周期。第一次转换结果可能不准确，应忽略。

在采样周期中，当对内部控制寄存器进行设定、确定模拟信号通道后，芯片即开始对选定的输入信号进行采样。采样开始于 I/O 时钟的第 4 个下降沿。保持采样方式直到第 8、12 或 16 个 I/O 时钟下降沿，当然这取决于对内部控制寄存器有关数据长度的设定。从最后一个 I/O 时钟下降沿到 EOC 的延迟时间之后，EOC 输出电平变低表示采样周期已结束，转换周期开始。在 EOC 输出电平变低后，所选通的模拟信号端的变化不会影响转换的结果。转换结束后，EOC 输出电平再次变高，转换结果被存入输出数据寄存器。EOC 的上升沿使转换器返回到复位状态，以便开始新的转换周期。若在转换中 $\overline{\text{CS}}$ 为无效（即高电平），则当 $\overline{\text{CS}}$ 为下降沿时，转换数据的第 1 位在 DATA OUTPUT 引脚，如图 9-14 所示；若在转换中 $\overline{\text{CS}}$ 为有效（即低电平），则在 EOC 的上升沿，当 $\overline{\text{CS}}$ 为低电平时，转换数据的第 1 位会出现在 DATA OUTPUT 引脚上，如图 9-15 所示。

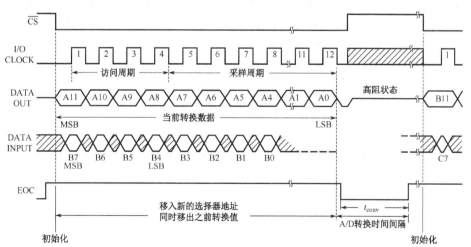

图 9-14　高位优先的 12 位时序（$\overline{\text{CS}}$ 无效）

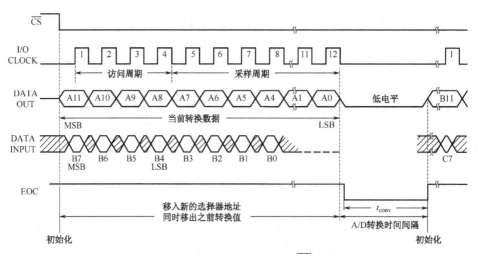

图 9-15　高位优先的 12 位时序（$\overline{\text{CS}}$ 有效）

在掉电方式中，芯片内部处于低电流待机状态。当一个"1110"二进制通道选择地址数在前 4 个 I/O 时钟内置入输入数据寄存器时，就选择了掉电方式，在第 4 个 I/O 时钟下降沿时被激活。这时芯片不进行转换工作，而是在输出数据寄存器中保持上次转换的结果，直至一个非"1110"的通道选择地址数被置入输入数据寄存器，即选通一个有效的通道，芯片进入新的 A/D 转换的周期。

值得注意的是，为了最大限度地减少 $\overline{\text{CS}}$ 噪声引起的误差，内部电路在 $\overline{\text{CS}}$ 下降沿之后等待一个建立时间，然后才能响应控制输入信号。因此，在 $\overline{\text{CS}}$ 建立时间达到最小值之前，不应该给任何地址时钟信号。

9.5　SPI 总线实现 D/A 转换

9.5.1　TLC5618 芯片简介

TLC5618 为美国德州仪器公司 1999 年推出的产品，是具有串行口的 D/A 转换器芯片，其输出为电压型，最大输出电压是基准电压值的两倍。它带有上电复位功能，即可以将 D/A 转换器复位至全零，比早期电流型输出的 D/A 转换器使用方便。它只需要通过 3 条串行总线就可以完成 10 位数据的串行输入，易于控制，适用于测试仪表及工业控制场合。它具有标准的 8 直插引脚 PDIP、表面贴片 SOIC 等封装。

TLC5618 的 PDIP-8 封装与引脚分布如图 9-16 所示。

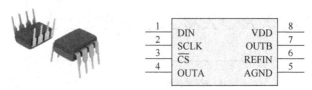

图 9-16　TLC5618 的 PDIP-8 封装与引脚分布

引脚说明如下。

DIN：串行数据输入引脚。

SCLK：串行时钟输入引脚。

$\overline{CS}$：片选引脚，低电平有效。

OUTA：模拟输出 A。

AGND：模拟地。

REFIN：基准输入引脚。

OUTB：模拟输出 B。

VDD：电源正电压。

9.5.2　TLC5618 电路设计与功能函数

TLC5618 的应用电路如图 9-17 所示。

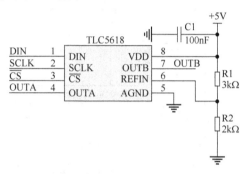

图 9-17　TLC5618 的应用电路

电路原理说明：TLC5618 的应用电路除去正常的 SPI 的 DIN、SCLK、$\overline{CS}$ 接口连接到单片机外，REFIN 通过电阻分压接到 2V，表示参考电压为 2V，芯片最大输出电压为参考电压的 2 倍，即 4V。也可以在 REFIN 接入电压基准芯片实现高精度的参考电压输入。此外，考虑到电源的去耦与防干扰，在 VCC 与 GND 引脚接入一个 100nF 的电容。

对于 TLC5618 而言，最重要的功能为对 D/A 转换进行写操作，从而实现输出想要的模拟电压功能。

TLC5618 进行 D/A 转换函数如下。

```
//输入参数：channel为进行D/A转换的通道；vcon为要输出的模拟量
//返回值：无
void dac5618(unsigned char channel,unsigned int vcon)
{
unsigned char i;
unsigned int svcon;
if(channel == 0X01)              //若选择的是通道A
svcon=vcon|0xC000;              //vcon最高位置1,选择TLC5618的A通道,2.5μs
if(channel == 0X02)              //若选择的是通道B
svcon=vcon|0x4000;              //选择TLC5618的B通道,2.5μs
TLC5618_CS=0;                   //选中TLC5618
TLC5618_SCK=1;                  //时钟线拉高
for(i=0;i<16;i++)               //写入数据
```

```
{
    if(svcon&0x8000)   TLC5618_MISO = 1;    //写1
    else        TLC5618_DIN = 0;            //写0
    svcon<<=1;                      //数据左移，为写入下一个数据做准备
    TLC5618_CLK=0;                  //时钟线拉低产生下降沿写入数据
    TLC5618_CLK=1;                  //时钟线拉高
  }
  TLC5618_CS=1;                     //数据写入完成，释放片选
}
```

9.5.3　TLC5618 操作原理

TLC5618 的内部结构如图 9-18 所示。

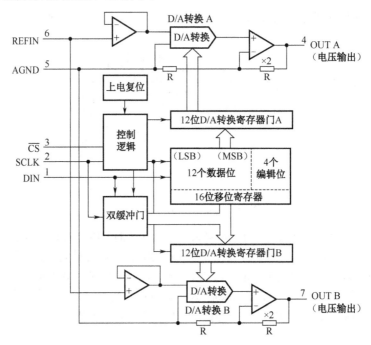

图 9-18　TLC5618 的内部结构

可以看出，TLC5618 的内部 16 位移位寄存器分为高 4 位可编程控制位、低 12 位数据位，数据格式如表 9-8 所示。

表 9-8　TLC5618 的内部 16 位移位寄存器的数据格式

← 可编程控制位 →				← 数据位 →		
D15	D14	D13	D12	D11	12 位数据位	D0

TLC5618 的可编程控制位（D15～D12 位）的功能如表 9-9 所示。

TLC5618 的工作时序如图 9-19 所示。可以看出，只有当片选 $\overline{\text{CS}}$ 为低电平时，串行输入数据才能被移入 16 位移位寄存器。当 $\overline{\text{CS}}$ 为低电平时，在每一个 SCLK 时钟的上升沿将 DIN 的一位数据移入 16 位移寄存器。注意，二进制最高有效位被导前移入。接着，在 $\overline{\text{CS}}$ 的上升沿将 16 位移位寄存器的 10 位有效数据锁存于 10 位 D/A 转换器中，供 D/A 电路进行转换；当片选 $\overline{\text{CS}}$ 为

高电平时，串行输入数据不能被移入 16 位移位寄存器中。注意，$\overline{CS}$ 的上升沿和下降沿都必须发生在 SCLK 为低电平期间。

表 9-9　TLC5618 的可编程控制位的功能

可编程控制位				设 备 功 能
D15	D14	D13	D12	
1	×	×	×	将串行口寄存器的数据写入锁存器 A，并用缓冲锁存数据更新锁存器 B
0	×	×	0	写入锁存器和双缓冲锁存器
0	×	×	1	只写入双缓冲锁存器
×	0	×	×	设置时间为 12.5μs
×	1	×	×	设置时间为 2.5μs
×	×	0	×	上电操作
×	×	1	×	掉电模式

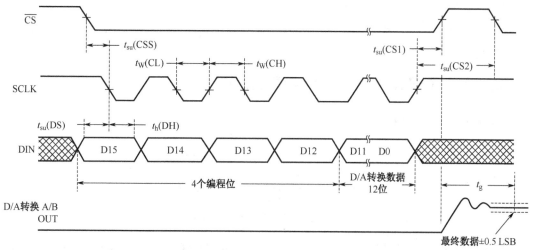

图 9-19　TLC5618 的工作时序

9.6　SPI 总线实现温度测量

9.6.1　TMP122 芯片简介

TMP122 数字化温度传感器是 TI 公司推出的一款数字温度传感器芯片，该芯片适用于恶劣环境的现场温度测量，测量温度范围为 -40～+125℃，在 -25～+85℃ 范围内测量所得温度的精确度在 0.5℃ 以内（最大为 1.5℃），TMP122 具有 50μA 的极低工作电流、仅为 0.1μA 的关断电流，以及 2.7～5.5V 的电源电压范围等卓越特性，因此是低功耗应用的最佳选择。此外，TMP122 还可为报警引脚提供 9～12 位的可编程精度及可编程设置点。

TMP122 集温度测量和 A/D 转换于一体，具有 SPI 总线结构，而且数字量输出不用标定，可以直接与单片机连接。其体积小巧，非常适合用它组成超小型温度测量装置。它还可以在诸如计算机外设热保护、恒温控制器、电池管理与环境监控等对空间要求严格的低功耗系统构成的测温装置中使用。

TMP122 的 SOT23-6 封装与引脚分布如图 9-20 所示。

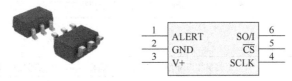

图 9-20　TMP122 的 SOT23-6 封装与引脚分布

引脚说明如下。

ALERT：温度报警输出引脚。

GND：电源接地引脚。

V+：电源接正引脚。

SCLK：串行时钟线。

$\overline{\text{CS}}$：使能引脚，低电平有效。

SO/I：SPI 数据输出/输入引脚。

9.6.2　TMP122 电路设计与功能函数

TMP122 的应用电路如图 9-21 所示。

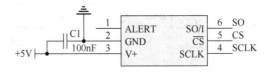

图 9-21　TMP122 的应用电路

电路原理说明：TMP122 的应用电路除去正常的 SPI 的 SCLK、CS、SO/I 引脚连接到单片机外，ALERT 报警输出引脚悬空不引出，此时不使用该功能，如果需要使用，则该引脚应接上拉电阻输出到单片机引脚。此外，考虑到电源的去耦与防干扰，让温度转换稳定，在 VCC 与GND 引脚接入一个 100nF 的电容。

对于 TMP122 而言，最重要的功能为进行温度读取操作，从而实现后续的温度监控等功能。TMP122 的温度读取函数设计如下。

```
//输入参数：无
//返回值：读到的12位温度数据
int readtmp122(void)
{
 unsigned char i;
 int  tm;
 tmp122_SCK=0;              //为上升沿做准备
 tmp122_CS=1;              //下降沿启动A/D转换
 tmp122_CS=0;              //选中TMP122
 tmp122_MISO = 1;
 for(i=0;i<16;i++)        //读取数据
  {
```

```
        tm<<=1;
        if(tmp122_MISO)
          tm=tm|0X01;            //若读到1将tm位置1
        tmp122_SCK=1;
        tmp122_SCK=0;            //产生一个时钟沿，读取一位数据
    }
        tmp122_CS=1;            //释放片选
        return tm;             //返回读到的温度
    }
```

9.6.3　TMP122 操作原理

TMP122 的内部结构如图 9-22 所示。

TMP122 功能的实现和工作方式由其内部的 5 个寄存器确定，这些寄存器分别是指针寄存器、温度寄存器、配置寄存器、温度上限寄存器和温度下限寄存器。

指针寄存器用于指定数据的读写。指针寄存器使用最低两位来指明所要读写的数据寄存器，表 9-10 表述了 TMP122 中的寄存器与指针寄存器的对应关系，bit1/bit0 的上电复位值为 0/0。

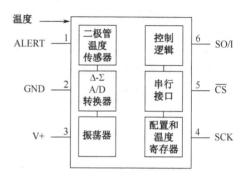

图 9-22　TMP122 的内部结构

表 9-10　TMP122 中的寄存器与指针寄存器的对应关系

bit7～bit2	bit1	bit0	寄　存　器
000000	0	0	温度寄存器（只读）
000000	0	1	配置寄存器（读写）
000000	1	0	温度下限寄存器（读写）
000000	1	1	温度上限寄存器（读写）

TMP122 的温度寄存器是 16 位只读寄存器，用于存储输出最新转换值，其数据格式如表 9-11 所示，前面 13 位表示温度值，D2 是 1，D1、D0 是高阻态。另外，上电和复位后温度寄存器的值保持为 0℃直至第一次转换结束。

表 9-11　TMP122 的温度寄存器的数据格式

D15	D14	D13	D12	D11	D10	D9	D8	D7	D6	D5	D4	D3	D2	D1	D0
T12	T11	T10	T9	T8	T7	T6	T5	T4	T3	T2	T1	T0	1	Z	Z

配置寄存器是 16 位可读写的寄存器，用于存储温度传感器的运行模式控制位，读写操作时先操作 MSB（最高有效位）。TMP122 的配置寄存器的数据格式如表 9-12 所示。上电或复位后除 R1/R0 为 1/1 外，配置寄存器的其他位均为 0。

表 9-12　TMP122 的配置寄存器的数据格式

D15	D14	D13	D12	D11	D10	D9	D8	D7	D6	D5	D4	D3	D2	D1	D0
0	0	0	0	D1	D0	R1	R0	F1	F0	POL	TM1	TM0	0	1	0

TMP122的关机模式可以用于关掉除串行口以外的所有设备电路。当写命令的低8位全为1、一次转换完成或电流消耗小于1μA时，可以触发关机模式。为了避免关机模式，可以在发送任何命令时，使它的低8位不全为0。开机默认为主动模式。

TMP122的恒温模式位（TM1/TM0）指示设备是否处在比较模式、中断模式或中断比较模式。TMP122模式设置如表9-13所示，上电默认处于比较模式。

表9-13　TMP122模式设置

TM1	TM0	操 作 模 式
0	0	比较模式
0	1	中断模式
1	0	中断比较模式
1	1	—

TMP122的极性位（POL）用来调整ARLET引脚的输出极性。默认情况下POL=0，此时ALERT引脚将输出低电平报警信号，不同模式下报警信号电平如图9-23所示。

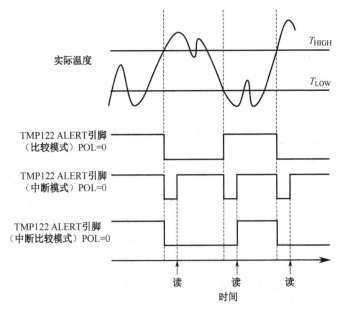

图9-23　不同模式下报警信号电平

当测量温度超过设定温度上限或温度下限时，就会产生故障。故障队列（F1/F0）的设置是为了防止由于环境噪声或连续故障测量而触发TMP122的报警功能。TMP122故障设置如表9-14所示。

表9-14　TMP122故障设置

F1	F0	连续故障数目
0	0	1
0	1	2
1	0	4
1	1	6

温度上限寄存器和温度下限寄存器都是 16 位的寄存器，可以通过读写命令对它们进行读写。温度上限寄存器的前 13 位表示温度值，后 3 位分别为 110，数据格式如表 9-15 所示；温度下限寄存器的前 13 位与其类似，但后 3 位分别为 100，数据格式如表 9-16 所示。

表 9-15　TMP122 的温度上限寄存器的数据格式

D15	D14	D13	D12	D11	D10	D9	D8	D7	D6	D5	D4	D3	D2	D1	D0
H12	H11	H10	H9	H8	H7	H6	H5	H4	H3	H2	H1	H0	1	1	0

表 9-16　TMP122 的温度下限寄存器的数据格式

D15	D14	D13	D12	D11	D10	D9	D8	D7	D6	D5	D4	D3	D2	D1	D0
L12	L11	L10	L9	L8	L7	L6	L5	L4	L3	L2	L1	L0	1	0	0

SCK 是串行时钟线，ALERT 是开漏输出的温度报警输出，使用时需要在此引脚接一个上拉电阻，其余引脚不用接。为了稳定，2、3 引脚电源之间要接一个 0.1μF 的滤波电容。TMP122 用严格的通信协议来保证各位数据传输的正确性和完整性，12 位精度的温度转换时间典型值是 240ms，最大值为 320ms。数据和命令的传输都是高位在先。

9.7　本章小结与拓展

SPI 是一种高速的、全双工、同步的通信总线。在芯片的引脚上只占用 4 条线，为 PCB 的布局上节省空间，正是出于这种简单易用的特性，SPI 总线得到了大规模的使用。

SPI 的通信原理很简单，它以主从方式工作，这种方式通常有一个主机和一个或多个从机，仅需 4 条线，单向传输时可以是 3 条，甚至是 2 条（固定片选）。SPI 的各引脚定义如下。

MOSI：主机输出数据，从机输入数据。

MISO：主机输入数据，从机输出数据。

SCK：串行时钟引脚，由主机产生。

$\overline{SS}$：从机选择引脚，由主机控制。

SCK 时钟信号由主机控制，当没有时钟跳变时，从机不采集或传送数据，允许同时完成数据的输入和输出。不同的 SPI 设备的实现方式不尽相同，但它们的通信原理是一致的，区别主要是空闲时钟电平与数据改变采集时间。SPI 的 4 种工作方式如下。

（1）CPHA=0，CPOL=0：第一个跳变沿数据被采样，空闲时 SCK 为低电平。

（2）CPHA=1，CPOL=0：第二个跳变沿数据被采样，空闲时 SCK 为低电平。

（3）CPHA=0，CPOL=1：第一个跳变沿数据被采样，空闲时 SCK 为高电平。

（4）CPHA=1，CPOL=1：第二个跳变沿数据被采样，空闲时 SCK 为高电平。

SPI 作为一种高效的数据传输方式，具有很多优点，但在设计 SPI 时，需要注意以下几个问题。

（1）从机所能接收的 SPI 时钟频率要大于主机所给时钟频率，否则主机时钟频率太快，将导致从机接收到的数据不正确。

（2）SPI 一般要求从机先工作，然后主机才可以发送数据。因为如果主机开始发送命令时，若从机尚未工作，会导致从机所接收到数据是错位的，而这种错误难以发现。一般是通过使能信号 $\overline{SS}$ 来实现让从机先工作的。

（3）在一主多从系统中，公用 SPI（MOSI、MISO、SCK 接口）时，主机只能通过使能信号 $\overline{SS}$ 来分时与各个从机通信。如果同时使能多个从机，将会出现未知错误。

9.8　本章习题

1．SPI 有几种工作模式？它们之间核心的区别是什么？

2．当 SPI 总线上有三个设备时，主机上需要占用多少个 I/O 口，主机如何使总线上同一时刻只有一个从机占用总线？

3．现有一条 CPOL=0 且 CPHA=0 的 SPI 总线，若要在总线上传输数据 0x0A，请画出其通信时序图。

4．利用 TLC2543 监测实际供电电压与设计供电电压之间的差别，并在 LCD 上显示压差。

5．利用 TLC5618 产生一个 1.2V 的电压。

6．采用 DS1302 与 TMP122 设计一个时钟，要求具有日期时间显示和温度显示功能。

7．设计一个生日提醒闹钟，要求：在 AT93C46 中按照编号（2 位）生日（月、日各 2 位）的格式存储两个人的生日，读取 DS1302 中的日期，要求在生日的三天前早上 9:00 蜂鸣器鸣响提示，并在 LCD 上显示是谁的生日及日期，按键确认后关闭提示，否则在接下来的两天内在同一时间均发出提示。

第 10 章　单片机外部总线扩展

在一般的应用中，采用单片机的最小系统搭配一定的功能电路能发挥单片机体积小、成本低的优点。但在需求复杂时，考虑到多个功能电路连接控制的需要，单片机的最小系统不能满足要求，需要扩展相应的外围芯片，这就是系统扩展。

本章介绍基于单片机外部总线扩展原理，采用外加译码器芯片的方式充分扩展外部功能电路，并给出具体的应用实例。本章的重点是希望读者能够从单片机的典型总线扩展思想中掌握系统扩展方法、常用扩展芯片及扩展电路，进而能够实现内部总线扩展的系统设计。建议读者精读 10.1 节，练习 10.2 节。

10.1　单片机外部总线扩展原理

10.1.1　系统总线结构

单片机虽然具有一定的片上资源，但终究有限，当本身资源少于实际需求时，就要进行系统扩展。对于单片机而言，它带有内部总线，可以扩展控制对象，其直接寻址能力从 0X0000 到 0XFFFF。总线扩展一般包括存储器、I/O 口、A/D 和 D/A、键盘/显示器等。在总线模式下，不同对象共享总线，独立编址、分时复用总线，单片机通过地址选择访问对象，完成与各对象之间的信息传递。

对于单片机而言，常用单片机的外部连线有地址总线（AB）、数据总线（DB）和控制总线（CB）。其三总线结构如图 10-1 所示。

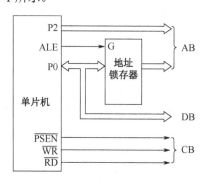

图 10-1　单片机三总线结构

1. 地址总线（AB）

在地址总线上传送的是地址信号，用于存储单元和 I/O 口的选择。地址总线是单向的，地址信号只能由单片机向外送出。地址总线的数目决定可直接访问的存储单元的数目，如 n 位地址，可以产生 2^n 个连续地址编码，因此可访问 2^n 个存储单元，即通常所说的寻址范围为 2^n 地址单元。其中 P2 口用作高 8 位地址总线，P0 口用作地址/数据分时复用口，它通过锁存器用作低 8 位地址总线。

2. 数据总线（DB）

数据总线用于在单片机与总线芯片之间或单片机与 I/O 口之间传送数据。单片机系统数据总线的位数与单片机处理数据的字长一致。51 单片机是 8 位字长，所以数据总线的位数也是 8 位。数据总线是双向的，可以进行两个方向的数据传送。

3. 控制总线（CB）

控制总线实际上是一组控制信号线，包括单片机发出的，以及从其他芯片传送给单片机的信号线，其方向为单向。

$\overline{\text{PSEN}}$：片外程序存储器访问允许信号，低电平有效。当 CPU 从外部程序存储器读取指令或常数时，该信号有效，CPU 通过数据总线读指令或常数。扩展外部程序存储器时，用该信号作为程序存储器的独处允许信号。在 CPU 访问外部数据存储器期间，该信号无效。

$\overline{\text{WR}}$：片外数据存储器写信号，低电平有效。

$\overline{\text{RD}}$：片选数据存储器读信号，低电平有效。

ALE：地址锁存信号。当 CPU 访问外部器件时，利用 ALE 信号的脉冲信号锁存出现在 P0口的低 8 位地址，因此把 ALE 称为地址锁存信号。

单片机三总线时序如图 10-2 所示。

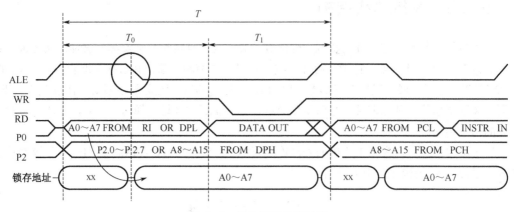

图 10-2　单片机三总线时序

从图 10-2 中可知，单片机完成一次总线（读、写）操作周期为 T，P0 口分时复用，在 T_0期间，P0 口送出低 8 位地址，在 ALE 的下降沿完成数据锁存，送出低 8 位地址信号。在 T_1 期间，P0 口作为数据总线使用，送出或读入数据，数据的读写操作在读（$\overline{\text{RD}}$）、写（$\overline{\text{WR}}$）控制信号的低电平期间完成。

需要注意的是，在控制信号（读信号、写信号）有效期间，P2 口输出高 8 位地址，配合数据锁存器输出的低 8 位地址，实现 16 位地址总线，即从 0X0000 到 0XFFFF 的范围寻址。此外，由于 CPU 不能同时执行读操作、写操作，所以读信号、写信号不能同时有效。

10.1.2　系统总线具体实现

P0 口作为地址/数据分时复用口，既作为地址线的低 8 位口，又作为数据通信口。如果系统功能需求较少，不需要进行 16 位地址寻址，则单片机的 P2 口可直接作为高 8 位地址总线使用，因此在一些简单系统电路中，常使用 P2 直接编址驱动。例如，使用 P2.7 口（A15）直接译码驱动数码管显示，如图 10-3 所示。

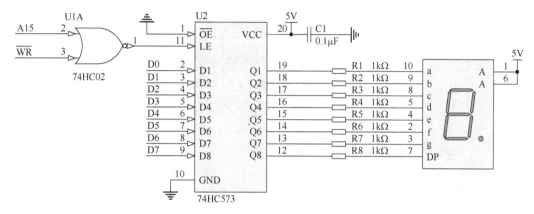

图 10-3　P2.7 口直接译码驱动数码管显示

图 10-3 中，读选通信号 $\overline{WR}$ 与 A15（P2.7）经过或非门 74HC02 来提供 74HC573 的使能信号。当执行外部寻址时，只有当地址 A15 满足"0"时，写信号才可作为 74HC573 的高电平使能信号输入，完成数据锁存。

P2 口为地址线的 A8～A15，因此可寻址 8 位，如实现 8 个数码管的驱动。使用 P2 口直接寻址方式的电路简单，但有效地址数太少，不适合复杂系统设计。

单片机的 16 位寻址功能是通过锁存器来实现的。常用的锁存器有 74HC373、74HC573（功能与 74HC373 一致，引脚排布不一样）、74HC374 等。通过锁存器可以实现高电平锁存或低电平锁存。锁存器主要用于锁存低 8 位地址。

以 74HC373 为例，单片机的 16 位总线寻址电路如图 10-4 所示。

74HC373 的 8 个输入端 D1～D8 分别与 P0.0～P0.7 相连，LE 为 74HC373 的数据控制端。当 LE 为高电平时，74HC373 的输出随数据变化；当 LE 为低电平时，输出被锁存在已建立的数据电平上，保持不变，直到 LE 出现高电平。将 LE 用地址锁存信号 ALE 控制，当 ALE 为 1 时，LE 有效，P0 口提供的低 8 位地址信号被 74LS373 锁存，其输出 Q8～Q1 即为地址信号 A7～A0；当 ALE 为 0 时，单片机用 P0 口传送指令代码或数据，此时，LE 无效，地址信号 A7～A0 保持不变，从而保证了单片机访问外部芯片期间地址信号不会发生变化。这样就实现了低 8 位地址的锁存。

P2 为 16 位地址线的高 8 位，P2.0～P2.7 分别对应 A8～A15。P2 口与 P0 口组合实现 16 位地址寻址。

构建好单片机的 16 位总线后，就可以对应连接并控制总线上的存储器或芯片了。鉴于现今单片机芯片不断出新，单片机内部存储器容量已经越来越大，所以本书不具体介绍如何扩展及如何读写外部存储器，而是介绍利用三总线的原理与读写外部存储器的原理来实现对外部电路的控制。例如，人机接口电路、时钟芯片、A/D 和 D/A 芯片等。

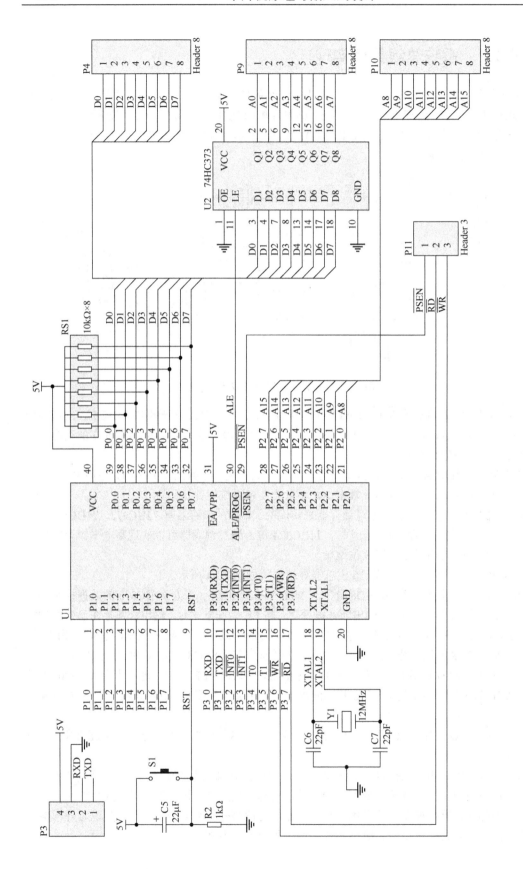

图 10-4　单片机的 16 位总线寻址电路

10.1.3　总线上的地址译码

总线上的地址译码就是选中总线上的电路设备（控制地址），一般外部设备为低电平选择有效。前文已经介绍了基于 P2 口的直接译码、锁存低 8 位的 16 位地址译码。对于更复杂的系统，可以采用外加译码器的方式实现更加灵活的地址译码。

以常用的 3-8 译码器芯片 74HC138 为例讲解，电路如图 10-5 所示。其中 3-8 译码器芯片 74HC138 的使能端 $\overline{OE1}$ 与 $\overline{OE2}$ 接地。OE3 连接至 A15，而对应的控制输入端 A、B、C 分别连接至 A12、A13、A14。

从图 10-5 中可知，地址 ADD0～ADD7 对应连接到 74HC138 的输出 $\overline{Y0}$～$\overline{Y7}$，则 ADD0～ADD7 对应的控制地址分别如下。

ADD0：0X8000～0X8FFF。

ADD1：0X9000～0X9FFF。

ADD2：0XA000～0XAFFF。

ADD3：0XB000～0XBFFF。

ADD4：0XC000～0XCFFF。

ADD5：0XD000～0XDFFF。

ADD6：0XE000～0XEFFF。

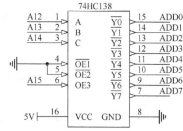

图 10-5　74HC138 地址译码电路

ADD7：0XF000～0XFFFF。

以 ADD0 为例进行说明：要使 $\overline{Y0}$ 输出低电平，需要 A15 为高电平，A14、A13、A12 均为低电平，则对应成 16 位地址的高 4 位必须是"1000"，低 12 位无效，对应成十六进制数就是 0X8000～0X8FFF。

得到外部设备的地址即可进行选择控制。以图 10-6 为例，图中发光二极管 D1～D8 接到电源 5V，分别经过限流电阻 1kΩ 到锁存器 74HC373 的输出端 Q1～Q8。74HC373 的数据输入端 D1～D8 接到 16 总线中的数据通信口 D0～D7。74HC373 的使能端 $\overline{OE}$ 接地。当 ADD0 地址被选中时，ADD0 为低电平，经过非门 74HC04 之后变成高电平，74HC373 的数据控制端 LE 有效，74HC373 的输出 Q1～Q8 等于输入 D1～D8。而当地址 ADD0 没有被选中时，ADD0 为高电平，经过非门之后，变成低电平，输出被锁存在已建立的数据电平上，保持不变。这样即可实现对发光二极管 D1～D8 的控制。在这个控制过程中，实现的是两个步骤是地址的选取和数据的传送，也就是实现数据输出到外部设备的功能。

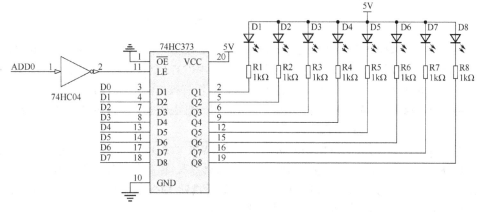

图 10-6　地址译码举例

10.1.4 总线地址读写

在图 10-5 所示的电路中并没有加入 $\overline{\text{WR}}$ 、$\overline{\text{RD}}$ 引脚就实现了对外部地址的选择控制，在实际应用中，更多的设计是加入 $\overline{\text{WR}}$ 、$\overline{\text{RD}}$ 引脚进行读写控制，如图 10-7 所示。

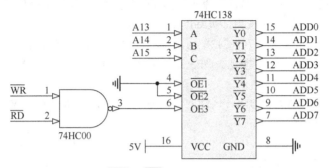

图 10-7 采用 $\overline{\text{WR}}$ 、$\overline{\text{RD}}$ 引脚的外部地址读写控制

当单片机不执行外部设备读写操作时，$\overline{\text{WR}}$ 、$\overline{\text{RD}}$ 两个信号均为高电平，与非门 74HC00 输出低电平，74HC138 不工作，输出高阻，单片机执行读写外部设备时，$\overline{\text{WR}}$ 、$\overline{\text{RD}}$ 两个信号中必有一个有效（要变为低电平），从而与非门输出高电平，74HC138 开始工作，其输出 $\overline{\text{Y0}}$ ～ $\overline{\text{Y7}}$ 此时由 A13、A14、A15 控制。

在功能电路部分加入 $\overline{\text{WR}}$ 引脚控制，所设计电路如图 10-8 所示。

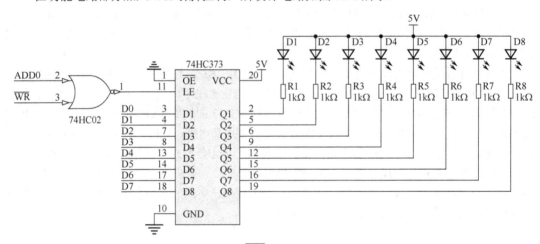

图 10-8 采用 $\overline{\text{WR}}$ 引脚的外部地址控制

在 74HC373 的数据控制端 LE 采用或非门 74HC02 控制。当 ADD0 地址被选中的同时，$\overline{\text{WR}}$ 此时也是低电平，两者经过或非门之后变成高电平。74HC373 的数据控制端 LE 有效，74HC373 的输出 Q1～Q8 等于输入 D1～D8。而当地址 ADD0 没有被选中时，ADD0 为高电平，即使有别的设备进行写操作，74HC373 的数据控制端 LE 也一直为低电平。74HC373 的输出被锁存在已建立的数据电平上，保持不变。

与不加入 $\overline{\text{WR}}$ 、$\overline{\text{RD}}$ 引脚控制的电路相比，采用 $\overline{\text{WR}}$ 、$\overline{\text{RD}}$ 引脚控制的方式节约了地址线，也更符合外部设备读写控制的本意，但增加了门电路译码，提高了外部电路成本。

在应用 C 语言实现对外部地址读写时，使用地址指针 XBYTE。它在库文件 absacc.h 中的定义：指向外部存储器的 0000H 单元，其宏定义如下。

```
#define XBYTE [(unsigned char volatile xdata *) 0]
```

因此，XBYTE 后面方括号[]中的内容是指数组首地址 0000H 的偏移地址，如 XBYTE[0X2000] 是访问偏移地址为 0X2000 的设备。例如：

```
XBYTE[0X8000] = 0X55;
```

对外部地址 0X8000 写入 0X55。其中高 8 位 80 为 P2 口输出，低 8 位 00 为 P0 口输出。先输出地址，然后送出数据。

```
dat = XBYTE[0X8000];
```

读取外部地址 0X8000 的值，赋给 dat 变量。读的过程也是先输出地址，然后再读入数据。

10.2　外部总线实现人机接口

10.2.1　总线扩展电路设计

采用 74HC573 锁存单片机低 8 位地址总线电路如图 10-9 所示。

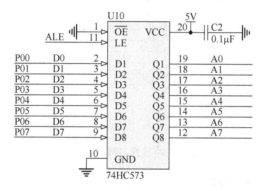

图 10-9　采用 74HC573 锁存单片机低 8 位地址总线电路

采用 74HC138 进行外部地址译码电路如图 10-10 所示。

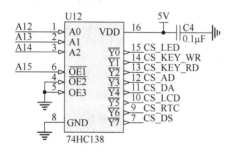

图 10-10　采用 74HC138 进行外部地址译码电路

74HC138 的输出对应的控制地址分别如下。

CS_LED：0X8000～0X8FFF。

CS_KEY_WR：0X9000～0X9FFF。

CS_KEY_RD：0XA000～0XAFFF。

CS_AD：0XB000～0XBFFF。

CS_DA：0XC000～0XCFFF。

CS_LCD：0XD000～0XDFFF。

CS_RTC：0XE000～0XEFFF。

CS_DS：0XF000～0XFFFF。

10.2.2　发光二极管与数码管驱动

1. 外部总线驱动发光二极管

8 路发光二极管的驱动电路如图 10-11 所示。其中 74HC573 的 LE 引脚由地址选通信号 CS_LED 与 $\overline{\text{WR}}$ 信号共同控制。74HC573 的输出为低电平时发光二极管发光，否则不亮。

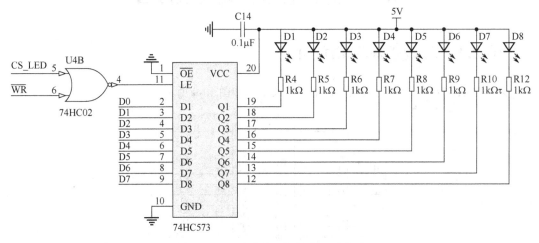

图 10-11　8 路发光二极管的驱动电路

宏定义发光二极管的控制地址：

```
#define  LED_ADDR XBYTE[0X8000]
```

对发光二极管进行控制时，只需对地址赋值即可，例如：

```
LED_ADDR = 0X0F;          //高4位输出低电平，低4位输出高电平
```

实验现象：D1～D4 不亮，D5～D8 发光。

```
LED_ADDR = 0XF0;          //高4位输出高电平，低4位输出低电平
```

实验现象：D1～D4 发光，D5～D8 不亮。

2. 外部总线驱动数码管

共阳极数码管的驱动电路如图 10-12 所示。其中 74HC573 的 LE 引脚由地址选通信号 CS_DS 与 $\overline{\text{WR}}$ 信号共同控制。74HC573 的输出连接至数码管的各位。74HC573 各位输出为低时对应的数码管位发光，否则不亮。

宏定义数码管的控制地址：

```
#define  Digital_ADDR XBYTE[0XF000]
```

共阳极数码管 0～F 的编码可定义为数组：

```
unsigned char code Digital_table[]={0xc0,0xf9,0xa4,0xb0,0x99,0x92,0x82,
0xf8,0x80,0x90,0x88, 0x83,0xc6,0xa1,0x86,0x8e};
```

对数码管进行显示控制时，只需对地址赋值即可，例如：

```
Digital_ADDR = Digital_table[0];          //显示数字0
Digital_ADDR = Digital_table[10];         //显示字符A
```

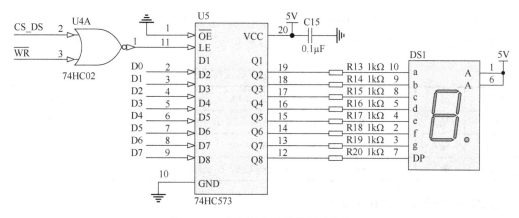

图 10-12　共阳极数码管的驱动电路

10.2.3　LCD1602 驱动

LCD1602 是一款字符型液晶，是一种专门用来显示字母、数字、符号等的点阵型液晶模块。它由若干个 5×7 或 5×11 等点阵字符位组成，每个点阵字符位都可以显示一个字符，每位之间有一个点距的间隔，每行之间也有间隔，起到了字符间距和行间距的作用。LCD1602 可显示两行，每行 16 个字符，具有体积小、功耗低、显示内容丰富、超薄轻巧等优点。LCD1602 的外形与引脚分布如图 10-13 所示。

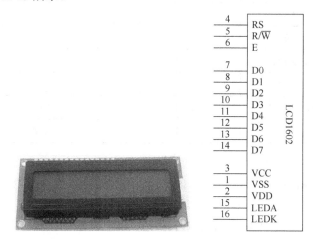

图 10-13　LCD1602 的外形与引脚分布

LCD1602 引脚功能说明如下。

第 1 脚：VSS 为电源地。

第 2 脚：VDD 接 5V 电源正极。

第 3 脚：VCC 为液晶显示器对比度调整引脚，接正电源时对比度最低，接地电源时对比度最高。

第 4 脚：RS 为寄存器选择，高电平 1 时选择数据寄存器、低电平 0 时选择指令寄存器。

第 5 脚：R/$\overline{\text{W}}$ 为读写信号线，高电平时进行读操作，低电平时进行写操作。

第 6 脚：E 为使能（Enable）引脚，高电平时读取信息，负跳变时执行指令。

第 7～14 脚：D0～D7 为 8 位双向数据引脚。

第 15、16 脚：空脚或背灯电源。15 脚背灯正极，16 脚背灯负极。

LCD1602 操作说明如表 10-1 所示。

表 10-1　LCD1602 操作说明

读状态	输入	RS=低，R/$\overline{W}$=高，E=高	输出	D0～D7=状态字
写指令	输入	RS=低，R/$\overline{W}$=低，D0～D7=指令码，E=上升沿	输出	无
读数据	输入	RS=高，R/$\overline{W}$=高，E=高	输出	D0～D7=数据
写数据	输入	RS=高，R/$\overline{W}$=低，D0～D7=数据，E=上升沿	输出	无

LCD1602 的指令如表 10-2 所示。

表 10-2　LCD1602 的指令

序　号	指　令	RS	R/$\overline{W}$	D7	D6	D5	D4	D3	D2	D1	D0
1	清显示	0	0	0	0	0	0	0	0	0	1
2	光标返回	0	0	0	0	0	0	0	0	1	*
3	输入方式设置	0	0	0	0	0	0	0	1	I/D	S
4	显示开关控制	0	0	0	0	0	0	0	D	C	B
5	光标或字符移位	0	0	0	0	0	1	S/C	R/L	*	*
6	功能设置	0	0	0	0	1	DL	N	F	*	*
7	置字符发生存储器地址	0	0	0	1	字符发生存储器地址					
8	置数据存储器地址	0	0	1	显示数据存储器地址						
9	读忙标志或地址	0	1	BF	计数器地址						
10	写数到 CGRAM 或 DDRAM	1	0	要写的数据内容							
11	从 CGRAM 或 DDRAM 读数	1	1	读出的数据内容							

其中，为方便计算，"*"可用 0 代替。

在输入方式设置指令中：

I/D=0：AC 为自动减 1 计数器，操作数据后 AC 自动减 1。

I/D=1：AC 为自动加 1 计数器，操作数据后 AC 自动加 1。

S：设置写入字符数据时是否允许画面滚动/光标移动（AC 自动变化），S=0 禁止，S=1 允许。

在显示开关控制指令中：

D 表示显示开关：D=1 为开，D=0 为关。

C 表示光标开关：C=1 为开，C=0 为关。

B 表示闪烁开关：B=1 为开，B=0 为关。

在光标或字符移位指令中：

S/C=1：画面平移一个字符位；S/C=0：光标平移一个字符位。

R/L=1：右移；R/L=0：左移。

在功能设置指令中：

DL=1，8 位数据接口；DL=0，4 位数据接口。

N=1，两行显示；N=0，一行显示。

F=1，5×10 点阵字符；F=0，5×7 点阵字符。

LCD1602 的驱动电路如图 10-14 所示。其中，E 引脚由地址选通信号 CS_LCD 与 $\overline{WR}$ 和 $\overline{RD}$ 信号共同控制。三者通过与非门连接至 E 引脚。根据 LCD1602 操作说明，当 A0 为高电平、A1 为低电平时，读写信号为低电平，CS_LCD 为低电平，此时 E 引脚为高电平，即可通过 D0～ D7 写入数据。当 A0 为低电平、A1 为低电平时，读写信号为低电平，CS_LCD 为低电平，此 时 E 引脚为高电平，即可通过 D0～D7 写入指令码。

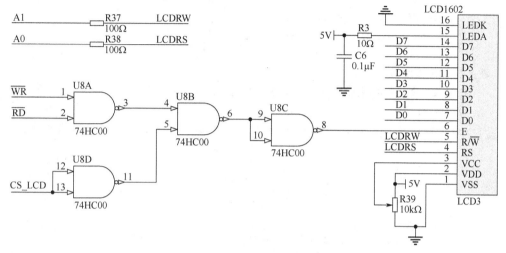

图 10-14　LCD1602 的驱动电路

对应电路连接，相关程序定义与函数如下。

定义 LCD1602 操作地址：

```
#define  LCD_WR_COM  XBYTE[0XD000];        //写入命令
#define  LCD_WR_DAT  XBYTE[0XD001];        //写入数据
```

发送命令函数：

```
//输入参数：comm为所需要写入的命令值
//返回值：无
void  LCD_SendComm(uint8 comm)
{
    LCD_WR_COM = comm;              //向LCD发送命令comm
    DelayShort(100);               //延时一小段，避免液晶没有准备好
}
```

液晶初始化函数：

```
//输入参数：无
//返回值：无
void  LCD_Init(void)
{
    LCD_SendComm(0x02);            //软复位
    LCD_SendComm(0x3C);            //设置LCD_模式(系统方式设置)，6
    LCD_SendComm(0x0C);            //打开LCD_显示，无光标，4
    LCD_SendComm(0x06);            //字符向地址递增，光标移动，3
    LCD_SendComm(0x14);            //重新设为光标移动，向右移，5(单指令)
```

```
    LCD_SendComm(0x01);                    //清屏
}
```

向液晶写入数据函数：

```
//输入参数：odate为需要写入的数据
//返回值：无
void  LCD_SendDate(uint8 odate)
{
    LCD_WR_DAT = odate;
    DelayShort(100);
}
```

液晶显示位置函数：

```
//输入参数：x为横坐标（0～15），y为纵坐标（0～1）
//返回值：无
void LCD_set_xy( unsigned char x, unsigned char y )   //设置地址函数
{
    unsigned char address;
    if (y == 0)
      address = 0x80 + x;        //第1行
    else
      address = 0xc0 + x;        //第2行
    LCD_SendComm(address);
}
```

液晶显示字符函数：

```
//输入参数：x为横坐标（0～15），y为纵坐标（0～1），dat为要显示的字符
//返回值：无
void LCD_write_char( unsigned x,unsigned char y,unsigned char dat)
//写字符函数
{
    LCD_set_xy( x, y );
    LCD_SendDate(dat);
}
```

以在第 1 行第 2 个位置显示字符 A 为例，编写如下代码即可实现：

```
LCD_write_char(0,1,'A');
```

10.2.4　矩阵键盘驱动

矩阵键盘的驱动电路如图 10-15 所示。其中 74HC573 的 LE 引脚由地址选通信号 CS_KEY_WR 与 $\overline{WR}$ 信号共同控制，其引脚 Q1～Q4 输出按键扫描信号。74HC245 的 $\overline{OE}$ 引脚由地址选通信号 CS_KEY_RD 与 $\overline{RD}$ 信号共同控制，从而实现对按键值（所对应的引脚 B0～B3）读取。

宏定义按键的控制地址：

```
#define  KEY_WR_ADDR  XBYTE[0X9000]  //写地址，实现按键扫描电平输出
#define  KEY_RD_ADDR  XBYTE[0XA000]  //读地址，实现按键值读取
```

设计按键扫描函数：

```
//输入参数：无
```

```
                                      //返回值：扫描的按键值
unsigned char KEY_Scan(void)
{
 unsigned char key_state,keyvalue;
 keyvalue = 0;
 KEY_WR_ADDR = 0X0E;                  //Q1输出低电平，Q2～Q4输出高电平
 key_state = KEY_RD_ADDR;             //读取B0～B3电平
 if((key_state&0X0F) == 0X0E)         //如果读取值为0X0E，即S5按键按下
 {keyvalue = 5;}                      //将按键值赋予变量keyvalue
 if((key_state&0X0F) == 0X0D)         //如果S4按键按下
 {keyvalue = 4;}                      //将按键值赋予变量keyvalue
 if((key_state&0X0F) == 0X0B)         //如果S3按键按下
 {keyvalue = 3;}                      //将按键值赋予变量keyvalue
 if((key_state&0X0F) == 0X07)         //如果S2按键按下
 {keyvalue = 2;}                      //将按键值赋予变量keyvalue
 KEY_WR_ADDR = 0X0D;                  //低2位扫描输出低电平
 key_state = KEY_RD_ADDR;             //读取B0～B3电平
 if((key_state&0X0F) == 0X0E)         //如果S9按键按下
 {keyvalue = 9;}                      //将按键值赋予变量keyvalue
 if((key_state&0X0F) == 0X0D)         //如果S8按键按下
 {keyvalue = 8;}                      //将按键值赋予变量keyvalue
 if((key_state&0X0F) == 0X0B)         //如果S7按键按下
 {keyvalue = 7;}                      //将按键值赋予变量keyvalue
 if((key_state&0X0F) == 0X07)         //如果S6按键按下
 {keyvalue = 6;}                      //将按键值赋予变量keyvalue
 KEY_WR_ADDR = 0X0B;                  //低3位扫描输出低电平
 key_state = KEY_RD_ADDR;             //读取B0～B3电平
 if((key_state&0X0F) == 0X0E)         //如果S13按键按下
 {keyvalue = 13;}                     //将按键值赋予变量keyvalue
 if((key_state&0X0F) == 0X0D)         //如果S12按键按下
 {keyvalue = 12;}                     //将按键值赋予变量keyvalue
 if((key_state&0X0F) == 0X0B)         //如果S11按键按下
 {keyvalue = 11;}                     //将按键值赋予变量keyvalue
 if((key_state&0X0F) == 0X07)         //如果S10按键按下
 {keyvalue = 10;}                     //将按键值赋予变量keyvalue
 KEY_WR_ADDR = 0X07;                  //低4位扫描输出低电平
 key_state = KEY_RD_ADDR;             //读取B0～B3电平
 if((key_state&0X0F) == 0X0E)         //如果S17按键按下
 {keyvalue = 17;}                     //将按键值赋予变量keyvalue
 if((key_state&0X0F) == 0X0D)         //如果S16按键按下
 {keyvalue = 16;}                     //将按键值赋予变量keyvalue
 if((key_state&0X0F) == 0X0B)         //如果S15按键按下
 {keyvalue = 15;}                     //将按键值赋予变量keyvalue
 if((key_state&0X0F) == 0X07)         //如果S14按键按下
 {keyvalue = 14;}                     //将按键值赋予变量keyvalue
 return keyvalue;                     //返回按键值
}
```

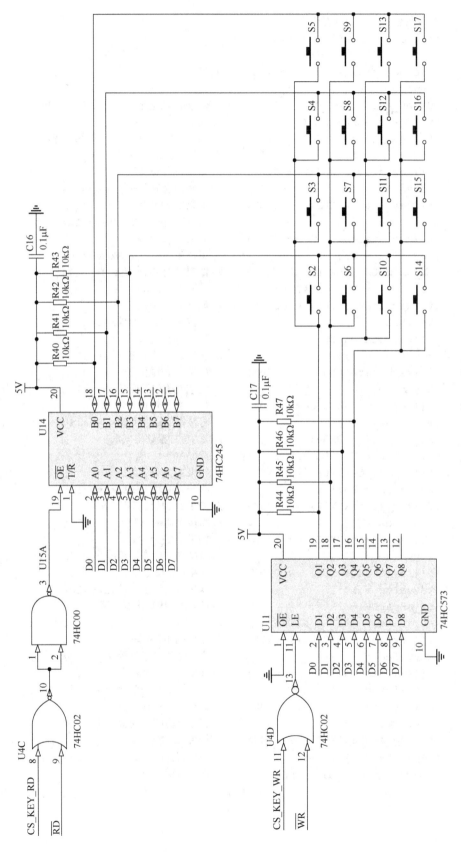

图 10-15　矩阵键盘的驱动电路

按键扫描函数获取按键值之后，可执行对应按键操作，相关操作代码如下。

```
unsigned char key;
while(1)
{
    key = KEY_Scan();          //获取当前按键值
    if(key == 2) {}            //如果时S2按下，则执行{}中内容
}
```

10.3 外部总线实现 A/D 转换

10.3.1 ADC0809 芯片简介

ADC0809 是采用 CMOS 工艺的 8 通道、8 位逐次逼近式 A/D 转换芯片。其内部有一个 8 通道多路开关，它可以根据地址码锁存译码后的信号，只选通 8 路模拟输入信号中的一个进行 A/D 转换。其 DIP-28 封装与引脚分布如图 10-16 所示。

各引脚功能说明如下。

IN0～IN7：模拟量输入通道，表示芯片可分时地分别对 8 个模拟量进行测量转换。

A～C：地址线。通过这三条地址线的不同编码来选择对哪个模拟输入通道进行测量转换。

ALE：地址锁存允许信号。在低电平时向 A～C 写地址，ALE 跳至高电平后 A～C 上的数据被锁存。

START：启动转换信号。它为上升沿后，将内部寄存器清零。当它为下降沿后，开始 A/D 转换。

D0～D7：数据输出口。转换后的数字数据量输出。

OE：输出允许信号，是对 D0～D7 的输出控制端，OE=0，输出端呈高阻态，OE=1，输出转换得到的数据。

CLOCK：时钟信号。ADC0809 内部没有时钟电路，需由外部提供时钟信号。CLOCK 端可接入的时钟信号频率是 10～1280kHz。

图 10-16 ADC0809 的 DIP-28
封装与引脚分布

EOC：转换结束状态信号。EOC=0，正在进行转换。EOC=1，转换结束，可以进行下一步操作。

VREF+、VREF-：参考电压正端与负端。参考电压用来与输入的模拟量进行比较，作为测量的基准。

VCC：电源引脚。

GND：电源接地引脚。

10.3.2 ADC0809 电路设计与功能函数

ADC0809 的应用电路如图 10-17 所示。由高位地址线 A13～A15 通过 74HC138 组成译码电路产生 ADC0809 的片选信号 CS_AD。CS_AD 和 $\overline{\text{WR}}$ 信号共同控制 ALE 引脚和 START 引脚，

实现启动信号。CS_AD 和成 $\overline{\text{RD}}$ 信号共同控制 OE 引脚，实现转换数据的读取。地址线 A～C 分别连接到 A4、A3、A2，实现对各个通道的地址编码。转换结束状态信号 EOC 连接至 P10 口，实现对转换结束状态的获取。ADC0809 的时钟信号由单片机的 ALE 引脚经过 D 触发器进行 4 分频后提供。如果单片机采用 12MHz 晶振，则单片机 ALE 引脚为晶振频率的 1/6，经过分频后给 ADC0809 的频率为 500kHz。

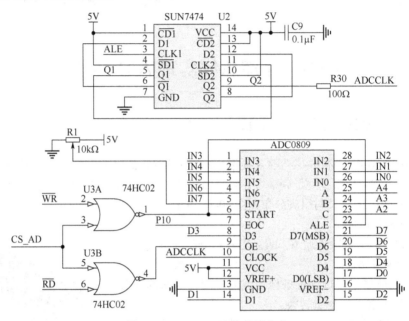

图 10-17　ADC0809 的应用电路

根据以上电路图定义 ADC0809 操作地址：

```
#define  ADC0809_ADDR  XBYTE[0XB000]        //ADC0809地址
#define  ADC0809_CH0_ADDR  XBYTE[0XB000]    //A/D转换通道0地址
#define  ADC0809_CH1_ADDR  XBYTE[0XB004]    //A/D转换通道1地址
#define  ADC0809_CH2_ADDR  XBYTE[0XB008]    //A/D转换通道2地址
#define  ADC0809_CH3_ADDR  XBYTE[0XB00C]    //A/D转换通道3地址
#define  ADC0809_CH4_ADDR  XBYTE[0XB010]    //A/D转换通道4地址
#define  ADC0809_CH5_ADDR  XBYTE[0XB014]    //A/D转换通道5地址
#define  ADC0809_CH6_ADDR  XBYTE[0XB018]    //A/D转换通道6地址
#define  ADC0809_CH7_ADDR  XBYTE[0XB01C]    //A/D转换通道7地址
#define ADC0809_EOC P1_0                    //宏定义转换停止信号EOC
```

以读取 A/D 转换通道 7 为例，设计其函数：

```
//输入参数：无
//返回值：通道7所转换的值
unsigned char ADC0809_CH7_dat()
{
unsigned char adc_value;
ADC0809_CH7_ADDR = 0XFF;         //虚拟写入，启动转换，这个数据可以是任意值
while(!ADC0809_EOC);             //等待转换完成
adc_value = ADC0809_CH7_ADDR;    //将转换的值赋值给adc_value
return adc_value;                //返回值
}
```

10.3.3 ADC0809 操作原理

ADC0809 的内部结构如图 10-18 所示。

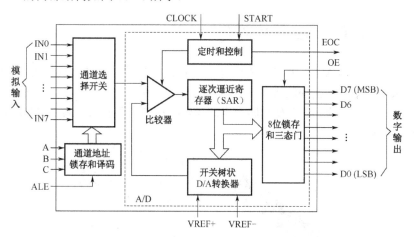

图 10-18 ADC0809 的内部结构

ADC0809 的操作时序如图 10-19 所示。

根据操作时序图，ADC0809 初始化时，使 START 和 OE 信号全为低电平，将要转换的通道地址送到地址线 A、B、C 上。使 ALE 为高电平，将地址存入地址锁存器中，此地址经译码选通 8 路模拟输入之一到比较器。给 START 正脉冲信号，ADC0809 在信号的上升沿将所有内部寄存器清零，下降沿时开始进行 A/D 转换。A/D 转换结束后，EOC 输出高电平，将 OE 设置为高电平，转换结果的数字量即可输出到数据总线上。

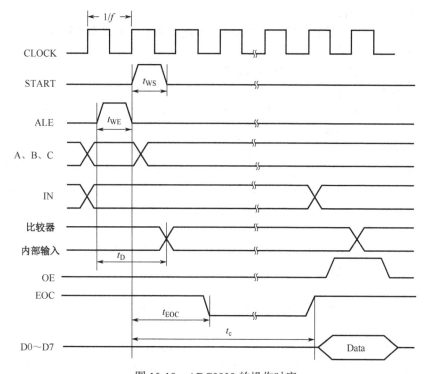

图 10-19 ADC0809 的操作时序

10.4　外部总线实现 D/A 转换

10.4.1　DAC0832 芯片简介

DAC0832 是采用 CMOS 工艺的 8 位电流型 D/A 转换芯片,与微处理器完全兼容。它有价格低廉、接口简单、转换控制容易等优点,在单片机系统中应用广泛。其内部由 8 位输入锁存器、8 位 D/A 转换器、8 位 D/A 转换电路及转换控制电路构成。其 DIP-20 封装与引脚分布如图 10-20 所示。

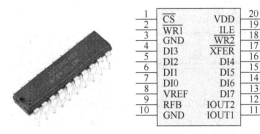

图 10-20　DAC0832 的 DIP-20 封装与引脚分布

各引脚功能说明如下。

$\overline{\text{CS}}$:片选信号,与允许锁存信号 ILE 组合来决定 $\overline{\text{WR1}}$ 是否起作用。

ILE:允许锁存信号。

$\overline{\text{WR1}}$:写信号 1,作为第一级锁存信号,将输入资料锁存到输入寄存器中(此时,$\overline{\text{WR1}}$ 必须和 $\overline{\text{CS}}$、ILE 同时有效)。

$\overline{\text{WR2}}$:写信号 2,将锁存在输入寄存器中的资料送到 D/A 转换器中进行锁存(此时,传输控制信号 $\overline{\text{XFER}}$ 必须有效)。

$\overline{\text{XFER}}$:传输控制信号,用来控制 $\overline{\text{WR2}}$。

DI7~DI0:8 位数据输入引脚。

IOUT1:模拟电流输出引脚 1。当 D/A 转换器中全为 1 时,输出电流最大,当 D/A 转换器中全为 0 时,输出电流为 0。

IOUT2:模拟电流输出引脚 2。IOUT1+IOUT2=常数。

RFB:反馈电阻引出引脚。DAC0832 内部已经有反馈电阻,所以 RFB 引脚可以直接接到外部运算放大器的输出引脚。这相当于将反馈电阻接在运算放大器的输入引脚和输出引脚之间。

VREF:参考电压输入引脚。可接电压范围为±10V。外部标准电压通过 VREF 与 T 形电阻网络相连。

VDD:芯片供电电压引脚。范围为+5~+15V,最佳工作状态是+15V。

GND:电源接地引脚。

10.4.2　DAC0832 电路设计与功能函数

DAC0832 的应用电路如图 10-21 所示。图中 DAC0832 的片选信号 CS_DA 由 74HC138 译码器产生。DAC0832 的 $\overline{\text{CS}}$、$\overline{\text{XFER}}$ 连在一起由 CS_DA 控制,$\overline{\text{WR1}}$、$\overline{\text{WR2}}$ 同时被 $\overline{\text{WR}}$ 控制。

当对 DAC0832 地址写入时，DAC0832 工作在直通模式，输入总线上的 8 位数据信号被传入其内部进行转换。

对应电路图定义 DAC0832 操作地址：

```
#define  DAC0832_ADDR  XBYTE[0XC000]        //DAC0832转换通道地址
```

DAC0832 写数据函数：

```
//输入参数：value,所需转换的数值
//返回值：无
void DAC0832_set(uint8 value)
{
    DAC0832_ADDR = value;                //将value的值传给DAC0832
}
```

调用 D/A 转换器写数据转换函数即可实现 D/A 转换，得到不同的电压值：

```
DAC0832_set(0X00);                       //输出最小电压，0V
DAC0832_set(0XFF);                       //输出最大电压，5V
```

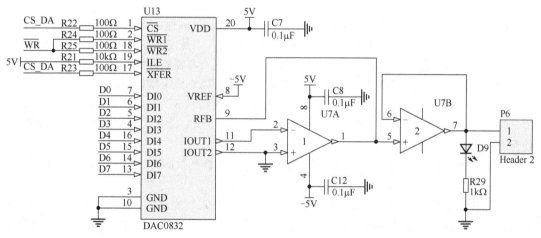

图 10-21 DAC0832 的应用电路

10.4.3 DAC0832 操作原理

DAC0832 的内部结构如图 10-22 所示。

DAC0832 中有两级锁存器，第一级锁存器称为输入寄存器，它的锁存信号为 ILE；第二级锁存器称为 D/A 转换器，它的锁存信号为传输控制信号。因为有两级锁存器，所以 DAC0832 可以工作在双缓冲器方式，即在输出模拟信号的同时采集下一个数字量，这样能有效地提高转换速度。此外，两级锁存器还可以在多个 D/A 转换器同时工作时，利用第二级锁存信号来实现多个转换器同步输出。

当 ILE 为高电平、$\overline{CS}$ 和 $\overline{WR1}$ 为低电平时，$\overline{LE1}$ 为高电平，输入寄存器的输出跟随输入的变化而变化；当 $\overline{WR1}$ 电平由低变高时，$\overline{LE1}$ 为低电平，数据被锁存到输入寄存器中，这时的输入寄存器的输出不再跟随输入的变化而变化。对于第二级锁存器来说，$\overline{XFER}$ 和 $\overline{WR2}$ 同时为低电平时，$\overline{LE2}$ 为高电平，D/A 转换器的输出跟随其输入的变化而变化；此后，当 $\overline{WR2}$ 由低变高时，$\overline{LE2}$ 变为低电平，将输入寄存器的资料锁存到 D/A 转换器中。

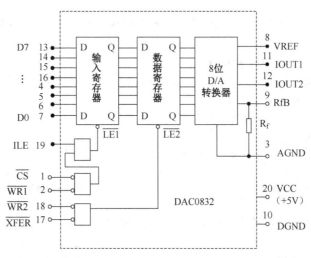

图 10-22 DAC0832 的内部结构

DAC0832 进行 D/A 转换，可以采用两种方法对数据进行锁存。

（1）输入寄存器锁存，D/A 转换器直通。具体地说，就是使 $\overline{WR2}$ 和 $\overline{XFER}$ 都为低电平，D/A 转换器的锁存选通信号得不到有效电平而直通；输入寄存器的控制信号 ILE 处于高电平、$\overline{CS}$ 处于低电平，这样，当 $\overline{WR1}$ 送来一个负脉冲时，就可以完成 1 次转换。

（2）输入寄存器直通，D/A 转换器锁存。就是使 $\overline{WR1}$ 和 $\overline{CS}$ 为低电平，ILE 为高电平，这样，输入寄存器的锁存选通信号因处于无效状态而直通；当 $\overline{WR2}$ 和 $\overline{XFER}$ 输入 1 个负脉冲时，使得 D/A 转换器工作在锁存状态，提供锁存数据进行转换。

根据上述对 DAC0832 的输入寄存器和 D/A 转换器不同的控制方法，DAC0832 有如下 3 种工作方式。

（1）单缓冲方式。单缓冲方式是控制输入寄存器和 D/A 转换器同时接收数据，或者只用输入寄存器而把 D/A 转换器接成直通方式。此方式适用只有一路模拟量输出或几路模拟量异步输出的情形。

（2）双缓冲方式。双缓冲方式是先使输入寄存器接收数据，再控制输入寄存器输出数据到 D/A 转换器，即分两次锁存输入数据。此方式适用于多个 D/A 转换同步输出的情形。

（3）直通方式。直通方式是数据不经两级锁存器锁存，即 $\overline{WR1}$、$\overline{WR2}$、$\overline{XFER}$、$\overline{CS}$ 均接地，ILE 接高电平。此方式适用于连续反馈控制线路。

10.5 外部总线实现实时时钟

10.5.1 DS12887 芯片简介

DS12887 是采用 CMOS 工艺的时钟芯片，它把时钟芯片所需的晶振和外部电池等相关电路集于芯片内部。DS12887 在地址 32H 内增加了十几字节。对于少于 31 天的月份，所有器件的日期能够在月末自动调整，带有闰年补偿。它可配置为 24 小时或 12 小时格式，带 AM/PM 指示。精确的温度补偿电路用于监视电源状态。一旦检测到主电源失效，器件就可以自动切换到备用电源。采用 DS12887 设计的时钟电路不需要任何外围电路并具有良好的微机接口。

DS12887 具有功耗低、外围接口简单、精度高、工作稳定可靠等优点，可广泛用于各种需要较高精度的实时时钟场合。其 DIP 封装与引脚分布如图 10-23 所示。

1	MOT	VCC	24
2	X1	SQW	23
3	X2	NC	22
4	AD0	$\overline{RCLR}$	21
5	AD1	VBAT	20
6	AD2	$\overline{IRQ}$	19
7	AD3	RESET	18
8	AD4	DS	17
9	AD5	GND	16
10	AD6	R/$\overline{W}$	15
11	AD7	AS	14
12	GND	$\overline{CS}$	13

图 10-23　DS12887 的 DIP 封装与引脚分布图

部分引脚功能说明如下。

VCC：直流电源引脚，默认 5V 电压。当电压在正常范围内时，数据可读写；低于 4.25V 时，读写被禁止，计时功能仍继续；当下降到 3V 以下时，RAM 和计时器被切换到内部电池。

MOT：模式选择，MOT 引脚接到 VCC 时，选择 MOTOROLA 时序，当接到 GND 时，选择 INTEL 时序。

SQW：方波输出，当 VCC 的电压低于 4.25V 时没有作用。

AD0～AD7：双向地址/数据复用线，作为总线接口。

AS：地址选通输入，用于实现信号分离，在 ALE 的下降沿把地址锁入 DS12887。

DS：数据选通或读输入，有两种操作模式，取决于 MOT 引脚的电平。当使用 MOTOROLA 时序时，DS 是正脉冲，出现在总线周期的后段，称为数据选通。在读周期，DS 指示 DS12887 驱动双向总的时刻；在写周期，DS 的后沿使 DS12887 锁存写数据。当使用 INTEL 时序时，DS 称作 RD，RD 与典型存储器的允许信号（OE）的含义相同。

R/$\overline{W}$：读写输入，当使用 MOTOROLA 时序时，R/$\overline{W}$ 指示当前周期是读还是写；当使用 INTEL 时序时，R/$\overline{W}$ 信号是一低电平信号，称为 WR，在此模式下，R/$\overline{W}$ 引脚与通用 RAM 的写允许信号（WE）的含义相同。

$\overline{CS}$：片选输入，在访问 DS12887 的总线周期内，片选信号必须保持低电平。

$\overline{IRQ}$：中断输出，低电平有效，可作为单片机的中断输入。没有中断条件满足时，$\overline{IRQ}$ 处于高阻态。$\overline{IRQ}$ 线是漏极开路的，要求外接上拉电阻。

RESET：复位输入。

10.5.2　DS12887 电路设计与功能函数

DS12887 的应用电路如图 10-24 所示。图中 DS12887 的 MOT 引脚接地，芯片工作在 INTEL 时序，与单片机外部总线对应连接。DS12887 不需要外围电路即可工作，其片选信号 CS_RTC 由 74HC138 译码器产生，地址为 0XE000H。

根据电路与 DS12887 特性，定义 DS12887 操作地址：

```
#define SECONDS        XBYTE[0XE000]  //秒单元地址
#define SECONDSALARM   XBYTE[0XE001]  //秒闹钟单元地址
#define MINUTES        XBYTE[0XE002]  //分单元地址
#define MINUTESALARM   XBYTE[0XE003]  //分闹钟单元地址
```

```
#define  HOURS        XBYTE[0XE004]  //时单元地址
#define  HOURSALARM   XBYTE[0XE005]  //时闹钟单元地址
#define  DAYOFWEEK    XBYTE[0XE006]  //日（周几）单元地址
#define  DAYOFMONTH   XBYTE[0XE007]  //日（几号）单元地址
#define  MONTH        XBYTE[0XE008]  //月单元地址
#define  YEAR         XBYTE[0XE009]  //年单元地址
#define  REGA         XBYTE[0XE00A]  //寄存器A地址
#define  REGB         XBYTE[0XE00B]  //寄存器B地址
#define  REGC         XBYTE[0XE00C]  //寄存器C地址
#define  DS12887_ADDR XBYTE[0XE000] //DS12887初始地址
```

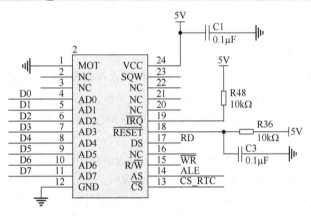

图 10-24　DS12887 的应用电路

DS12887 初始化函数，完成 DS12887 配置：

```
    //输入参数：无
    //返回值：无
void DS12887_init()
{
    REGA=0X2F;
    /*打开晶振并允许RTC计时,周期性中断时间500ms,SQW引脚方波频率2Hz*/
    REGB=0x6E;
    /*每秒计数走时一次,允许中断,十进制数据,24小时格式*/
    SECONDS=SECONDS_i;/*写入秒*/
    MINUTES=MINUTES_i;/*写入分*/
    HOURS=HOURS_i;/*写入时*/
    DAYOFWEEK=DAYOFWEEK_i;/*写入周几*/
    DAYOFMONTH=DAYOFMONTH_i;/*写入几号*/
    MONTH=MONTH_i;/*写入月份*/
    YEAR=YEAR_i;/*写入年份*/
    HOURSALARM=HOURSALARM_i;/*写入时闹钟*/
    MINUTESALARM=MINUTESALARM_i;/*写入分闹钟*/
    SECONDSALARM=SECONDSALARM_i;/*写入秒闹钟*/

}
```

DS12887 读数据函数：

```
            //输入参数：dat数组，将读到的各寄存器值放置dat数组中
            //返回值：无
        void Read_12887(unsigned char * dat)
        {
            * dat = SECONDS;/*读出时间秒*/
            *(dat+1)=SECONDSALARM;/*读出闹钟秒*/
            *(dat+2)=MINUTES;/*读出分*/
            *(dat+3)=MINUTESALARM;/*读出闹钟分*/
            *(dat+4)=HOURS;/*读出时*/
            *(dat+5)=HOURSALARM;/*读出闹钟时*/
            *(dat+6)=DAYOFWEEK;/*读出周几*/
            *(dat+7)=DAYOFMONTH;/*读出几号*/
            *(dat+8)=MONTH;/*读出月份*/
            *(dat+9)=YEAR;/*读出年份*/
            *(dat+12)=REGC;/*读寄存器C*/
        }
```

调用 DS12887 读数据函数即可实现对 DS12887 中日历时钟数据的读取，例如：

```
        unsigned char time_dat[13];        //定义数组，存储时间数据
        Read_12887(time_dat);              //将时钟数据值读取到数组中
```

10.5.3 DS12887 操作原理

DS12887 的内部结构如图 10-25 所示，由振荡电路、分频电路、周期中断/方波选择电路、14 字节时钟和控制单元、114 字节用户非易失性 RAM、十进制/二进制计数器、总线接口电路、电源开关写保护单元和内部锂电池等部分组成。

DS12887 的地址分配图如图 10-26 所示，由 114 字节的用户非易失性 RAM、10 字节的存放实时时钟时间、日历和闹钟 RAM，以及用于控制状态的 4 字节特殊寄存器组成，几乎所有的 128 字节可直接读写。

1. 时间、日历和闹钟 RAM

时间和日历信息通过读相应的内存字节来获取，时间、日历和闹钟通过写相应的内存字节设置或初始化，其字节内容可以是十进制或 BCD 形式。时间可选择 12 小时格式或 24 小时格式，当选择 12 小时格式时，小时字节高位为逻辑"1"代表 PM。时间、日历和闹钟字节是双缓冲的，总是可访问的。每秒钟这 10 字节（走时 1s）检查一次闹钟条件，如在更新时，读时间和日历可能引起错误。3 个闹钟字节有两种使用方法。第一种，当闹钟时间写入相应时、分、秒闹钟单元时，在闹钟位置位的条件下，闹钟中断每天准时启动一次。第二种，在 3 个闹钟字节中插入一个或多个不关心码。不关心码是从 0X0C 到 0XFF 的任意十六进制数。当小时字节的不关心码位置位时，闹钟为每小时发生一次；当小时、分钟闹钟字节不关心码位置位时，每分钟中断一次；当 3 字节不关心码位都置位时，每秒中断一次。

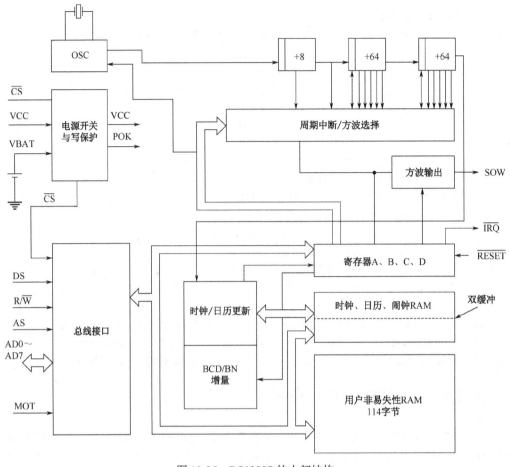

图 10-25　DS12887 的内部结构

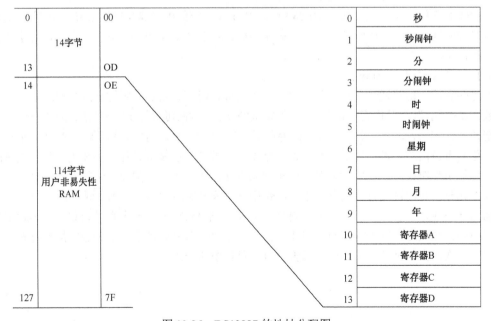

图 10-26　DS12887 的地址分配图

2. 用户非易失性 RAM

在 DS12887 中，114 字节用户非易失性 RAM 不专用于任何特殊功能，它们可被处理器程序用作非易失性内存，在更新周期时也可访问。

3. 中断

RTC 实时时钟 RAM 向处理器提供 3 个独立的、自动的中断源。闹钟中断的发生率可编程，从每秒一次到每天一次，周期性中断的发生率可从 500ms 到 122μs 中选择。更新结束中断用于向程序指示一个更新周期完成。中断控制和状态位在寄存器 B 和 C 中。

4. 晶振控制位

DS12887 出厂时，其内部晶振被关掉，以防止锂电池在芯片装入系统前被消耗。寄存器 A 的 bit4～bit6 为 010 时打开晶振，分频器复位，bit4～bit6 的其他组合都是使晶振关闭的。

5. 方波输出选择

15 个分频器抽头中的 13 个可用于 15 选 1 选择器，选择分频器抽头的目的是在 SQW 引脚产生一个方波信号，其频率由寄存器 A 的 RS0～RS3 位设置。SQW 频率选择与周期中断发生器共享复用器的输出，一旦频率选定，通过程序控制方波输出允许位 SQWE 来控制 SQW 引脚输出的开关。

6. 周期中断选择

周期中断可在 IRQ 引脚产生，中断频率由寄存器 A 确定，它的控制位为寄存器 B 中的 PIE 位。

7. 更新周期

DS12887 每秒执行一次更新周期，比较每个闹钟字节与相应的时间字节，如果匹配到 3 个字节都是不关心码，则产生一次闹钟中断。

8. DS12887 状态控制寄存器

DS12887 有 4 个控制寄存器，它们在任何时间都可访问，即使更新周期也不例外。其寄存器 A 如表 10-3 所示。

表 10-3　DS12887 寄存器 A

bit7	bit6	bit5	bit4	bit3	bit2	bit1	bit0
UIP	DV2	DV1	DV0	RS3	RS2	RS1	RS0

UIP：更新周期正在进行位。当 UIP 为 1 时，更新转换将很快发生；当 UIP 为 0 时，更新转换至少在 244μs 内不会发生。

DV0、DV1、DV2：用于开关晶振和复位分频。这些位的 010 组合将打开晶振并允许 RTC 计时。

RS3、RS2、RS1、RS0：频率选择位，从 13 级频率器 13 个抽头中选一个，或者禁止分频器输入，选择好的抽头用于产生方波（SQW 引脚）输出和周期中断，用户可以：

① 用 PIE 位允许中断；

② 用 SQWE 位允许 SQAW 输出；

③ 二者同时允许并用相同的频率；

④ 都不允许。

其寄存器 B 如表 10-4 所示。

表 10-4　DS12887 寄存器 B

bit7	bit6	bit5	bit4	bit3	bit2	bit2	bit1
SET	PIE	AIE	UIE	SQWE	DM	24/12	DSE

SET：当 SET 为 0 时，时间更新正常进行，每秒计数走时一次；当 SET 位写入 1 时，时间更新被禁止，程序可初始化时间和日历字节。

PIE：周期中断允许位，PIE 为 1，允许以选定的频率拉低 IRQ 引脚。PIE 为 0，禁止中断。

AIE：闹钟中断允许位，PIE 为 1，允许中断，否则禁止中断。

UIE：更新结束中断使能位，用于使能更新结束标志位。

SQWE：方波允许位，置 1 选定频率方波从 SQW 引脚输出；为 0 时，SQW 引脚为低。

DM：数据模式位，1 为十进制数据，0 为 BCD 码的数据。

24/12：小时格式位，1 为 24 小时制，0 为 12 小时制。

DSE：夏令时允许位，当 DSE 置 1 时允许两个特殊的更新，在四月份的第一个星期日，时间从凌晨 1：59：59 增加到凌晨 3：00：00；在十月的最后一个星期天，当时间第一次达到凌晨 1：59：59 时，改为凌晨 1：00：00。当 DSE 位为 0 时，这种特殊修正不会发生。

其寄存器 C 如表 10-5 所示。

表 10-5　DS12887 寄存器 C

bit7	bit6	bit5	bit4	bit3	bit2	bit1	bit0
IRQF	PF	AF	UF	0	0	0	0

IRQF：中断申请标志位。当下列表达式中一个或多个为真时，置 1。

PF=PIE=1；

AF=AIE=1；

UF=UIE=1；

即 IRQF=PF·PIE+AF·AIE+UF·UIE。

只要 IRQF 为 1，IRQ 引脚就输出低电平，程序读寄存器 C 后或 RESET 引脚为低电平后，所有标志位清零。

AF：闹钟中断标志位，只读，AF 为 1 表明现在时间与闹钟时间匹配。

UF：更新周期结束标志位。UF 为 1 表明更新周期结束。

bit0～bit3：未用状态位，读出总为 0，不能写入。

其寄存器 D 如表 10-6 所示。

表 10-6　DS12887 寄存器 D

bit7	bit6	bit5	bit4	bit3	bit2	bit1	bit0
VRT	0	0	0	0	0	0	0

VRT：内部锂电池状态位，平时应总读出 1，如果出现 0，则表明内部锂电池耗尽。

bit0～bit6：未用状态位，读出总为 0，不能写入。

10.6　本章小结与拓展

单片机采用外部总线扩展时，P2 口作为高 8 位地址总线，P0 口作为地址/数据分时复用口，其通过锁存器作为低 8 位地址总线，最大寻址 64KB。ALE 引脚控制的是地址锁存，控制总线则由 P3 口及相关引脚控制。$\overline{\text{WR}}$（P36）引脚是写信号：当写数据时会产生负脉冲信号；$\overline{\text{RD}}$（P37）

引脚是读信号：当读数据时会产生负脉冲信号。

单片机采用总线扩展的基本扩展原则如下。

（1）数据总线双方直连。

（2）地址总线低 8 位通过锁存器连接，高 8 位直连 P2 口，片选线一般也通过地址线连接。

（3）控制总线根据芯片类型分别连接。

（4）不同芯片的地址范围不应相同，如果地址范围相同，则所用控制总线必不相同。

（5）除考虑到译码之外，考虑到 I/O 引脚的驱动能力及信号的隔离等，有时还需要加入数据缓冲器或驱动器之类的芯片。

单片机采用总线式设计，可以充分发挥单片机的总线读写功能。引脚复用可外扩非常多的外设。这些外设当作外部存储器读写来完成相关功能，在使用 C 语言实现对外部地址读写时，使用地址指针 XBYTE。它在库文件 absacc.h 中定义，指向外部存储器的 0000H 单元。

外部总线系统一旦设计完成，易于升级和扩展。缺点是灵活性差，硬件连接比较固定。另外，单片机读写总线有一定的总线时间延迟。对于非总线式设计方案来说，优点是灵活性强，缺点是所能连接的外设有限，升级需要重新设计电路图。

10.7　本章习题

1．简述总线地址的读写过程。

2．使用外部总线驱动发光二极管，制作流水灯。

3．使用外部总线驱动 LCD1602 与矩阵键盘，制作简易计算器。

4．使用外部总线驱动 DAC0832 产生 2.3V 电压，并用 ADC0809 读出来显示在 LCD1602 上。

5．使用 DS12887 制作一个万年历。

第 11 章　单片机相关片上资源

随着半导体技术的发展，单片机的集成化程度越来越高，其性能也越来越强大，现今的高性能单片机除了集成有 I/O、定时器、中断系统、串行口这些基本功能外，还集成有 A/D、D/A、IIC、SPI 等硬件模块，从而可以方便地完成系统功能，简化设计。

本章先简要介绍单片机技术中的看门狗（Watch-Dog-Timer）技术，并以常用的 STC90 系列与 STC12 系列单片机的内部看门狗为例进行说明，然后介绍这两个系列单片机读写内部存储器 EEPROM 的实例，最后介绍以 STC12C5A60S2 单片机为实例的片上 SPI、A/D、PCA/PWM 模块。为达到快速学习与应用的目的，在实例内容的讲述中率先给出常用操作函数。因此，未使用过相关资源的读者可通过每节的简介了解该片上资源后，直接通过调用对应函数来实现快速开发应用。此外，为便于读者掌握原理与查询修改，每节还给出了相应资源的详细原理介绍，包括所涉及的寄存器、操作时序等。

11.1　内部看门狗

11.1.1　看门狗技术简介

在工业控制等需要高可靠性的系统中，软件的可靠性一直是一个关键问题。任何软件程序都可能会发生死机或跑飞的问题，这种情况在单片机系统中也同样存在。由于单片机的抗干扰能力有限，在特定情况下电压不稳、电磁干扰等问题会造成其死机。为了保证系统在受到干扰后能自动复位并恢复正常工作，需要用到看门狗。

看门狗可用软件或硬件方法实现。本节重点介绍单片机内部看门狗，即通过以软件编程的方式实现看门狗。单片机内部看门狗可看作一个计数器，其基本功能是在发生软件问题和程序跑飞（不能正常喂狗）后使系统重新启动。看门狗计数器正常工作时自动计数，单片机程序运行时定期将其复位清零，如果系统在某处卡死或跑飞，不能定期复位看门狗计数器，则看门狗计数器将溢出触发中断。在中断中执行复位操作，使系统恢复正常工作状态。

对于其内部看门狗而言，单片机程序需要在看门狗计数器溢出之前进行清零操作，即"喂狗"，若程序运行出现问题或硬件出现故障而无法按时"喂狗"，则看门狗电路将迫使单片机自动复位从而使单片机从头开始执行用户程序。

11.1.2　内部看门狗功能函数

STC 系列单片机内部有看门狗资源，以 STC90C52 为例，其看门狗喂狗函数为：

```
//看门狗喂狗函数
/*入口参数:预分频值（Pre_scale）。模式(mode):空闲模式计数时为1；空闲模式不计数时
```

为0，空闲模式是指CPU处于休眠状态，而片内所有其他外围设备保持工作状态，片内RAM和所有特殊功能寄存器内容保持不变*/

```
    //返回值：无
    void WDT(unsigned char Pre_scale,unsigned char mode)
    {
    if(mode==1)        //空闲模式计数
    {
        switch(Pre_scale)
        {
            case 2:WDT_CONTR = 0x38;break;
            //清除看门狗标志位，看门狗启动，重新计数，空闲模式计数，2分频
            case 4:WDT_CONTR = 0x39;break;
            //清除看门狗标志位，看门狗启动，重新计数，空闲模式计数，4分频
            case 8:WDT_CONTR = 0x3A;break;
            //清除看门狗标志位，看门狗启动，重新计数，空闲模式计数，8分频
            case 16:WDT_CONTR = 0x3B;break;
            //清除看门狗标志位，看门狗启动，重新计数，空闲模式计数，16分频
            case 32:WDT_CONTR = 0x3C;break;
            //清除看门狗标志位，看门狗启动，重新计数，空闲模式计数，32分频
            case 64:WDT_CONTR = 0x3D;break;
            //清除看门狗标志位，看门狗启动，重新计数，空闲模式计数，64分频
            case 128:WDT_CONTR = 0x3E;break;
            //清除看门狗标志位，看门狗启动，重新计数，空闲模式计数，128分频
            case 256:WDT_CONTR = 0x3F;break;
            //清除看门狗标志位，看门狗启动，重新计数，空闲模式计数，256分频
            default:break;
        }
    }
    else      //空闲模式不计数
    {
        switch(Pre_scale)
        {
            case 2:WDT_CONTR = 0x30;break;
            //清除看门狗标志位，看门狗启动，重新计数，空闲模式不计数，2分频
            case 4:WDT_CONTR = 0x31;break;
            //清除看门狗标志位，看门狗启动，重新计数，空闲模式不计数，4分频
            case 8:WDT_CONTR = 0x32;break;
            //清除看门狗标志位，看门狗启动，重新计数，空闲模式不计数，8分频
            case 16:WDT_CONTR = 0x33;break;
            //清除看门狗标志位，看门狗启动，重新计数，空闲模式不计数，16分频
            case 32:WDT_CONTR = 0x35;break;
            //清除看门狗标志位，看门狗启动，重新计数，空闲模式不计数，32分频
            case 64:WDT_CONTR = 0x36;break;
            //清除看门狗标志位，看门狗启动，重新计数，空闲模式不计数，64分频
            case 128:WDT_CONTR = 0x37;break;
            //清除看门狗标志位，看门狗启动，重新计数，空闲模式不计数，128分频
            case 256:WDT_CONTR = 0x38;break;
```

```
        //清除看门狗标志位，看门狗启动，重新计数，空闲模式不计数，256分频
            default:break;
        }
    }
}
```

此函数对 STC90C52/STC12C5A60S2 单片机均适用。但是在使用前需要定义看门狗的特殊功能寄存器，STC90C52 需要定义 sfr WDT_CONTR=0xe1；STC12C5A60S2 需要定义 sfr WDT_CONTR=0xc1。因此，要注意头文件中是否已经包含该定义，如 STC12C5A60S2.H 中已有定义，但<reg52.h>中没有定义。

11.1.3　内部看门狗操作原理

以 STC12C5A60S2 为例展开介绍其内部的看门狗资源。

看门狗控制寄存器 WDT_CONTR 如表 11-1 所示。

表 11-1　看门狗控制寄存器 WDT_CONTR

SFR 名称	地　　址	bit	bit7	bit6	bit5	bit4	bit3	bit2	bit1	bit0
WDT_CONTR	E1H	name	WDT_FLAG	—	EN_WDT	CLR_WDT	IDLE_WDT	PS2	PS1	PS0

WDT_FLAG：看门狗溢出标志位，当溢出时，该位由硬件置 1，可用软件将其清零。

EN_WDT：看门狗允许位，当设置为"1"时，看门狗启动。

CLR_WDT：看门狗清零位，当设置为"1"时，看门狗将重新计数。硬件将自动清零此位。

IDLE_WDT：看门狗"IDLE"模式位，当设置为"1"时，看门狗定时器在"空闲模式"时计数，当清零该位时，看门狗定时器在"空闲模式"时不计数。

PS2～PS0：看门狗的定时器预分频数，如表 11-2、表 11-3、表 11-4 分别为时钟频率是 20MHz、12MHz、11.0592MHz 时的预分频数。

表 11-2　20MHz 时的预分频数

PS2	PS1	PS0	预　分　频	看门狗溢出时间，20MHz
0	0	0	2	39.3ms
0	0	1	4	78.6ms
0	1	0	8	157.3ms
0	1	1	16	314.6ms
1	0	0	32	629.1ms
1	0	1	64	1.25s
1	1	0	128	2.5s
1	1	1	256	5s

看门狗溢出时间公式为：

$$T\_WDT=(N \times Pre\text{-}scale \times 32768)/晶振频率$$

式中，N 为指令周期数。

举例：当时钟为 12MHz 时，看门狗溢出时间 T_WDT 为：

$$T\_WDT= (12 \times Pre\text{-}scale \times 32768)/12000000$$
$$= Pre\text{-}scale \times 393216/12000000$$

表 11-3　12MHz 时的预分频数

PS2	PS1	PS0	预 分 频	看门狗溢出时间，12MHz
0	0	0	2	65.5ms
0	0	1	4	131.0ms
0	1	0	8	262.1ms
0	1	1	16	524.2ms
1	0	0	32	1.0485s
1	0	1	64	2.0971s
1	1	0	128	4.1943s
1	1	1	256	8.3886s

当时钟频率为 11.0592MHz 时，看门狗溢出时间 T_WDT 为：

$$T\_WDT = (12 \times Pre\text{-}scale \times 32768)/11059200$$
$$= Pre\text{-}scale \times 393216/11059200$$

表 11-4　11.0592MHz 时的预分频数

PS2	PS1	PS0	预 分 频	看门狗溢出时间，11.0592MHz
0	0	0	2	71.1ms
0	0	1	4	142.2ms
0	1	0	8	284.4ms
0	1	1	16	568.8ms
1	0	0	32	1.1377s
1	0	1	64	2.2755s
1	1	0	128	4.5511s
1	1	1	256	9.1022s

当用户启动内部看门狗后，可在烧录用户程序时在 STC-ISP 编程软件中对看门狗进行配置，如图 11-1 所示。

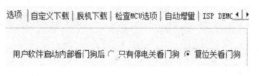

图 11-1　通过烧录软件配置看门狗

11.2　内部存储器

11.2.1　内部存储器简介

增强型单片机一般内部带有非易失性存储，如 EEPROM、Flash 等。STC90 与 STC12 系列单片机内部集成有 EEPROM，可用来实现相关数据的存储与保护。例如，可用于保存需要在应用过程中修改且掉电不丢失的参数等。

　　STC 系列中的 5V 单片机内部集成的 EEPROM 与程序空间 Flash 分开，其利用 ISP/IAP 功能将内部 Data Flash 当作 EEPROM，擦写次数可超过 10 万次。EEPROM 分为若干个扇区，每个扇区包含 512 字节。使用时，建议同一次修改的数据放在同一个扇区，不是同一次修改的数据放在不同的扇区。数据存储器的擦除操作是按扇区进行的。

　　EEPROM 在用户程序中，可以对 EEPROM 进行读字节、编程字节、扇区擦除等操作。在工作电压偏低时，建议不要进行 EEPROM/IAP 操作。一般而言，STC 系列 5V 单片机在 3.7V 以上对 EEPROM 进行操作才有效，3.7V 以下对 EEPROM 进行操作，单片机不能执行此功能，但会继续往下执行程序。3.3V 单片机在 2.4V 以上对 EEPROM 进行操作才有效，2.4V 以下对 EEPROM 进行操作，单片机不执行此功能，但会继续往下执行程序。因此，如果需要操作 EEPROM，则应该在上电复位后在初始化程序时加 200ms 延时，从而可以正常操作 EEPROM。

11.2.2　内部存储器功能函数

　　STC 系列内部带 EEPROM 的单片机读写 EEPROM 的操作大同小异（定义特殊功能寄存器不同），下面以 STC90C52 为例说明。

　　打开 IAP 功能函数：

```
//入口参数:无
//返回值: 无
void ISP_IAP_enable(void)
{
  EA = 0;                                  //关中断
  ISP_CONTR = ISP_CONTR & 0x18;            //0001,1000
  ISP_CONTR = ISP_CONTR | WaitTime;        //写入硬件延时
  ISP_CONTR = ISP_CONTR | 0x80;            //ISPEN=1
}
```

　　关闭 IAP 功能函数：

```
//入口参数:无
//返回值: 无
void ISP_IAP_disable(void)
{
  ISP_CONTR = ISP_CONTR & 0x7f;            //ISPEN=0
  ISP_TRIG = 0x00;
  EA  = 1;                                 //开中断
}
```

　　IAP 触发函数：

```
//入口参数:无
//返回值: 无
void ISPgoon(void)
{
  ISP_IAP_enable();                        //打开ISP/IAP功能
  ISP_TRIG = 0x46;                         //触发ISP_IAP命令字节1
  ISP_TRIG = 0xb9;                         //触发ISP_IAP命令字节2
  _nop_();
}
```

读字节函数：

```
//入口参数:byte_addr字节地址
//返回值：ISP_DATA，存在相应地址的数据
unsigned char byte_read(unsigned int byte_addr)
{
    EA = 0;                                         //关中断
  ISP_ADDRH = (unsigned char)(byte_addr >> 8);      //地址赋值，高8位
  ISP_ADDRL = (unsigned char)(byte_addr & 0x00ff);  //低8位
  ISP_CMD  = ISP_CMD & 0xf8;                         //清除低3位
  ISP_CMD  = ISP_CMD | RdCommand;                    //写入读命令
  ISPgoon();                                         //触发执行
  ISP_IAP_disable();                                 //关闭ISP/IAP功能
  EA = 1;                                            //开中断
  return (ISP_DATA);                                 //返回读到的数据
}
```

扇区擦除函数：

```
//入口参数:byte_addr扇区地址
//返回值：无
void SectorErase(unsigned int sector_addr)
{
  unsigned int iSectorAddr;
  iSectorAddr = (sector_addr & 0xfe00);             //取扇区地址
  ISP_ADDRH = (unsigned char)(iSectorAddr >> 8);
  ISP_ADDRL = 0x00;
  ISP_CMD = ISP_CMD & 0xf8;                          //清空低3位
  ISP_CMD = ISP_CMD | EraseCommand;                  //擦除命令3
  ISPgoon();                                         //触发执行
  ISP_IAP_disable();                                 //关闭ISP/IAP功能
}
```

写字节函数：

```
//入口参数：byte_addr字节地址，original_data存入的数据
//返回值：无
void byte_write(unsigned int byte_addr, unsigned char original_data)
{
  EA  = 0;                                           //关中断
  SectorErase(byte_addr);                            //扇区擦除
  ISP_ADDRH = (unsigned char)(byte_addr >> 8);       //取地址
  ISP_ADDRL = (unsigned char)(byte_addr & 0x00ff);
  ISP_CMD = ISP_CMD & 0xf8;                          //清低3位
  ISP_CMD = ISP_CMD | PrgCommand;                    //写命令2
  ISP_DATA = original_data;                          //写入数据准备
  ISPgoon();                                         //触发执行
  ISP_IAP_disable();                                 //关闭ISP/IAP功能
  EA =1;                                             //开中断
}
```

其相关宏定义为：

```
#define RdCommand 0x01          //定义ISP的操作命令，读字节
```

```
#define PrgCommand 0x02          //定义ISP的操作命令，编程字节
#define EraseCommand 0x03        //定义ISP的操作命令，扇区擦除
#define WaitTime 0x01            //定义CPU的等待时间
sfr ISP_DATA=0xe2;              //寄存器声明
sfr ISP_ADDRH=0xe3;            //ISP/IAP操作时的地址寄存器高8位
sfr ISP_ADDRL=0xe4;            //ISP/IAP操作时的地址寄存器低8位
sfr ISP_CMD=0xe5;              //ISP/IAP命令寄存器
sfr ISP_TRIG=0xe6;             //ISP/IAP命令触发寄存器ISP_TRIG
sfr ISP_CONTR=0xe7;            //ISP/IAP命令寄存器ISP_CONTR
```

11.2.3　内部存储器操作原理

下面介绍 STC90C52 内部的 EEPROM。EEPROM 分为若干个扇区，每个扇区包含 512 字节，在用户程序中，可以对 EEPROM 进行读字节、编程字节、扇区擦除操作。

IAP 及 EEPROM 新增特殊功能寄存器如表 11-5 所示。

表 11-5　IAP 及 EEPROM 新增特殊功能寄存器

符　号	描　　述	地　　址	位地址及符号								复　位　值
			MSB							LSB	
ISP_DATA	ISP/IAP 数据寄存器	E2H									1111 1111B
ISP_ADDRH	ISP/IAP 地址寄存器高位	E3H									0000 0000B
ISP_ADDRL	ISP/IAP 地址寄存器低位	E4H									0000 0000B
ISP_CMD	ISP/IAP 命令寄存器	E5H	—	—	—	—	—	—	MS1	MS0	XXXX XX00B
ISP_TRIG	ISP/IAP 命令触发寄存器	E6H									XXXX XXXXB
ISP_CONTR	ISP/IAP 控制寄存器	E7H	ISPEN	SWBS	SWRET	—	—	WT2	WT1	WT0	

1. ISP/IAP 数据寄存器 ISP_DATA

ISP_DATA：ISP/IAP 操作时的数据寄存器。ISP/IAP 从 Flash 读出的数据放在此处，向 Flash 写的数据也放在此处。

2. ISP/IAP 地址寄存器 ISP_ADDRH 和 ISP_ADDRL

ISP_ADDRH：ISP/IAP 操作时的地址寄存器高 8 位。该寄存器地址为 E3H，复位后值为 00H。

ISP_ADDRL：ISP/IAP 操作时的地址寄存器低 8 位。该寄存器地址为 E4H，复位后值为 00H。

3. ISP/IAP 命令寄存器 ISP_CMD

ISP/IAP 命令寄存器 ISP_CMD 格式如表 11-6 所示。

表 11-6　ISP/IAP 命令寄存器 ISP_CMD 格式

SFR 名称	地　　址	bit	bit6	bit5	bit4	bit3	bit2	bit1	bit0
ISP_CMD	E5H	name	—	—	—	—	—	MS1	MS0

MS2、MS1、MS0 功能选择如表 11-7 所示。

表 11-7　MS2、MS1、MS0 功能选择

MS2	MS1	MS0	命令/操作功能选择
0	0	0	待机模式，无 ISP 操作
0	0	1	从用户的应用程序区对"Data Flash/EEPROM 区"进行读字节操作
0	1	0	从用户的应用程序区对"Data Flash/EEPROM 区"进行编程字节操作
0	1	1	从用户的应用程序区对"Data Flash/EEPROM 区"进行扇区擦除操作

　　程序在系统 ISP 程序区时可以对用户应用程序区、数据 Flash 区（EEPROM）进行读字节、编程字节、扇区擦除操作；程序在用户应用程序区时，仅可以对数据 Flash 区（EEPROM）进行读字节、编程字节、扇区擦除操作。通过已经固化的 ISP 引导码，设置为上电复位并进入 ISP。

　　4. ISP/IAP 命令触发寄存器 ISP_TRIG

　　在 ISPEN(ISP_CONTR.7) = 1 时，对 ISP_TRIG 先写入 46H，再写入 B9H，ISP/IAP 命令才会生效。ISP/IAP 操作完成后，ISP 地址高 8 位寄存器 ISP_ADDRH、ISP 地址低 8 位寄存器 ISP_ADDRL 和 ISP 命令寄存器 ISP_CMD 的内容不变。如果接下来要对下一个地址的数据进行 ISP/IAP 操作，则需手动将该地址的高 8 位和低 8 位分别写入 ISP_ADDRH 和 ISP_ADDRL 寄存器。每次 ISP/IAP 操作时都需要对 ISP_TRIG 先写入 46H，再写入 B9H，ISP/IAP 命令才会生效。

　　5. ISP/IAP 控制寄存器 ISP_CONTR

　　ISP/IAP 控制寄存器 ISP_CONTR 格式如表 11-8 所示：

表 11-8　ISP/IAP 控制寄存器 ISP_CONTR 格式

SFR 名称	地　址	bit	bit7	bit6	bit5	bit4	bit3	bit2	bit1	bit0
ISP_CONTR	E7H	name	ISPEN	SWBS	SWRST	—	—	WT2	WT1	WT0

　　ISPEN：ISP/IAP 功能允许位。

　　　　0：禁止 ISP/IAP 读/写/擦除 Data Flash/EEPROM。

　　　　1：允许 ISP/IAP 读/写/擦除 Data Flash/EEPROM。

　　SWBS：软件选择从用户应用程序区启动（0），还是从系统 ISP 监控程序区启动（1）。

　　SWRST：

　　　　0：不操作。

　　　　1：产生软件系统复位，硬件自动复位。

　　WT2、WT1、WT0 功能选择如表 11-9 所示。

表 11-9　WT2、WT1、WT0 功能选择

设置等待时间			CPU 等待时间（机器周期），（一个机器周期=12 个 CPU 工作周期）			
WT2	WT1	WT0	Read/读	Program/编程 （=72μs）	Sector Erase/ 扇区擦除 （=13.1304ms）	Recommended System Clock/ 推荐的系统时钟
0	1	1	6 个机器周期	30 个机器周期	5471 个机器周期	5MHz
0	1	0	11 个机器周期	60 个机器周期	10942 个机器周期	10MHz
0	0	1	22 个机器周期	120 个机器周期	21885 个机器周期	20MHz
0	0	0	43 个机器周期	240 个机器周期	43769 个机器周期	40MHz

下面介绍 STC89C51RC/RD+系列单片机 EEPROM 空间大小及地址。

STC89C51RC/RD+系列单片机内部可用 EEPROM 的地址与程序空间是分开的：程序在使用应用程序区时，可以对 EEPROM 进行 ISP/IAP 操作。

STC89C51RC/RD+系列单片机内部 EEPROM 选型系列如表 11-10 所示。

表 11-10　STC89C51RC/RD+系列单片机内部 EEPROM 选型系列

型　　号	EEPROM 字节数	扇　区　数	起始扇区首地址	结束扇区末地址
STC89C51RC STC89LE51RC	4K	8	2000H	2FFFH
STC89C52RC STC89LE52RC	4K	8	2000H	2FFFH
STC89C54RD+ STC89LE54RD+	45K	90	4000H	F3FFH
STC89C58RD+ STC89LE58RD+	29K	58	8000H	F3FFH
STC89C510RD+ STC89LE510RD+	21K	42	A000H	F3FFH
STC89C512RD+ STC89LE512RD+	13K	26	C000H	F3FFH
STC89C514RD+ STC89LE514RD+	5K	10	E000H	F3FFH

STC89C51RC 系列单片机内部 EEPROM 地址如表 11-11 所示。

表 11-11　STC89C51RC 系列单片机内部 EEPROM 地址

STC89C51RC 系列单片机内部 EEPROM 地址 具体某型号有多少扇区的 EEPROM，参照前面的 EEPROM 空间大小选型表 每个扇区 0.5KB								
第一扇区		第二扇区		第三扇区		第四扇区		每个扇区 512B 建议同一次修改的数据放在同一扇区，不是同一次修改的数据放在不同的扇区，不必用满，当然可全用
起始 地址	结束 地址	起始 地址	结束 地址	起始 地址	结束 地址	起始 地址	结束 地址	
2000H	21FFH	2200H	23FFH	2400H	25FFH	2600H	27FFH	
第五扇区		第六扇区		第七扇区		第八扇区		
起始 地址	结束 地址	起始 地址	结束 地址	起始 地址	结束 地址	起始 地址	结束 地址	
2800H	29FFH	2A00H	2BFFH	2C00H	2DFFH	2E00H	2FFFH	

第一扇区		第二扇区		第三扇区		第四扇区	
起始地址	结束地址	起始地址	结束地址	起始地址	结束地址	起始地址	结束地址
8000H	81FFH	8200H	83FFH	8400H	85FFH	8600H	87FFH
第五扇区		第六扇区		第七扇区		第八扇区	
起始地址	结束地址	起始地址	结束地址	起始地址	结束地址	起始地址	结束地址
8800H	89FFH	8A00H	8BFFH	8C00H	8DFFH	8E00H	8FFFH

续表

第九扇区		第十扇区		第十一扇区		第十二扇区	
起始地址	结束地址	起始地址	结束地址	起始地址	结束地址	起始地址	结束地址
9000H	91FFH	9200H	93FFH	9400H	95FFH	9600H	97FFH
第十三扇区		第十四扇区		第十五扇区		第十六扇区	
起始地址	结束地址	起始地址	结束地址	起始地址	结束地址	起始地址	结束地址
9800H	99FFH	1A00H	9BFFH	9C00H	9DFFH	9E00H	9FFFH
第十七扇区		第十八扇区		第十九扇区		第二十扇区	
起始地址	结束地址	起始地址	结束地址	起始地址	结束地址	起始地址	结束地址
A000H	A1FFH	A200H	A3FFH	A400H	A5FFH	A600H	A7FFH
第二十一扇区		第二十二扇区		第二十三扇区		第二十四扇区	
起始地址	结束地址	起始地址	结束地址	起始地址	结束地址	起始地址	结束地址
A800H	A9FFH	AA00H	ABFFH	AC00H	ADFFH	AE00H	AFFFH
第二十五扇区		第二十六扇区		第二十七扇区		第二十八扇区	
起始地址	结束地址	起始地址	结束地址	起始地址	结束地址	起始地址	结束地址
B000H	B1FFH	B200H	B3FFH	B400H	B5FFH	B600H	B7FFH
第二十九扇区		第三十扇区		第三十一扇区		第三十二扇区	
起始地址	结束地址	起始地址	结束地址	起始地址	结束地址	起始地址	结束地址
B800H	B9FFH	BA00H	BBFFH	BC00H	BDFFH	BE00H	BFFFH
第三十三扇区		第三十四扇区		第三十五扇区		第三十六扇区	
起始地址	结束地址	起始地址	结束地址	起始地址	结束地址	起始地址	结束地址
C000H	C1FFH	C200H	C3FFH	C400H	C5FFH	C600H	C7FFH
第三十七扇区		第三十八扇区		第三十九扇区		第四十扇区	
起始地址	结束地址	起始地址	结束地址	起始地址	结束地址	起始地址	结束地址
C800H	C9ffH	Ca00H	CbffH	Cc00H	CdffH	Ce00H	CfffH
第四十一扇区		第四十二扇区		第四十三扇区		第四十四扇区	
起始地址	结束地址	起始地址	结束地址	起始地址	结束地址	起始地址	结束地址
D000H	D1ffH	D200H	D3ffH	D400H	D5ffH	D600H	D7ffH
第四十五扇区		第四十六扇区		第四十七扇区		第四十八扇区	
起始地址	结束地址	起始地址	结束地址	起始地址	结束地址	起始地址	结束地址
D800H	D9ffH	Da00H	DbffH	Dc00H	DdffH	De00H	DfffH
第四十九扇区		第五十扇区		第五十一扇区		第五十二扇区	
起始地址	结束地址	起始地址	结束地址	起始地址	结束地址	起始地址	结束地址
E000H	E1ffH	E200H	E3ffH	E400H	E5ffH	E600H	E7ffH
第五十三扇区		第五十四扇区		第五十五扇区		第五十六扇区	
起始地址	结束地址	起始地址	结束地址	起始地址	结束地址	起始地址	结束地址
E800H	E9ffH	Ea00H	EbffH	Ec00H	EdffH	Ee00H	EfffH
第五十七扇区		第五十八扇区					
起始地址	结束地址	起始地址	结束地址				
F000H	F1ffH	F200H	F3ffH				

11.3　内部 SPI

11.3.1　内部 SPI 简介

STC12C5A60S2 单片机内部集成有一个高速串行通信接口——SPI。SPI 是一种全双工、高速、同步的通信总线，具有两种操作模式：主模式和从模式。

STC12C5A60S2 单片机内部 SPI 在工作频率为 12MHz 时，主模式中支持高达 3Mbit/s 的速率，如果单片机主频采用 20～36MHz，则 SPI 速率可更高；工作在从模式时，STC12C5A60S2 单片机内部 SPI 速度无法太快，一般在 $f_{osc}/8$ 以内。此外，STC12C5A60S2 单片机内部 SPI 还具有传输完成标志和写冲突标志保护。

11.3.2　内部 SPI 功能函数

内部 SPI 功能函数，时钟极性与时钟相位在此函数中设置：

```
//入口参数:fsc(4,16,64,128),分别对应CPU的4、16、64、128分频
//返回值: 无
void InitSPI(uchar fsc)
{
  SPDAT = 0;                     //初始化SPI数据
  SPSTAT = SPIF | WCOL;          //清零SPI状态寄存器1
  switch(fsc)
  {
      case 4:SPCTL = SPEN | MSTR | SPDHH;break;//SPI使能,主机模式,4分频
      case 16:SPCTL = SPEN | MSTR | SPDH;break;//SPI使能,主机模式,16分频
      case 64:SPCTL = SPEN | MSTR | SPDL;break;//SPI使能,主机模式,64分频
      case 128:SPCTL = SPEN | MSTR | SPDLL;break;
      //SPI使能,主机模式,128分频
  }
}
```

SPI 写 1 字节函数：

```
//入口参数: dat,要写入的1字节数据
//返回值:无
void SPI_write(uint dat)
{
    SPISS = 0;                   //拉低 SS
    SPDAT =dat;                  //将值赋予SPDAT进行发送
    while (!(SPSTAT & SPIF));    //等待发送完成
    SPSTAT = SPIF | WCOL;        //清零SPI状态寄存器1
    SPISS = 1;                   //拉高 SS
}
```

SPI 读 1 字节函数：

```
//入口参数：无
```

```
//返回值：dat，读入的1字节数据
uchar SPI_read()
{
 unsigned char dat;
 SPISS = 0;                           //拉低 SS̄
 SPDAT=0xFF;                          //虚拟写入
 while (!(SPSTAT & SPIF));            //等待接收完成
     SPSTAT = SPIF | WCOL;           //清零SPI状态寄存器1
     dat =SPDAT;                     //将寄存器里的数据传给dat
 SPISS = 1;                           //拉高 SS̄
 return dat;                          //返回值
}
```

11.3.3　内部 SPI 操作原理

1. SPI 功能模块相关的特殊功能寄存器

STC12C5A60S2 系列 1T 8051 单片机 SPI 功能模块特殊功能寄存器如表 11-12 所示。

表 11-12　SPI 功能模块特殊功能寄存器

符　号	描　述	地　址	位地址及其符号								复 位 值
			bit7	bit6	bit5	bit4	bit3	bit2	bit1	bit0	
SPCTL	SPI 控制寄存器	CEH	SSIG	SPEN	DORD	MSTR	CPOL	CPHA	SPR1	SPR0	0000,0100
SPSTAT	SPI 状态寄存器	CDH	SPIF	WCOL	—	—	—	—	—	—	00XX,XXXX
SPDAT	SPI 数据寄存器	CFH	CFH								0000,0000
AUXR1	辅助寄存器 1	A2H	—	PCA_P4	SPI_P4	S2_P4	GF2	ADRJ	—	DPS	X000,00X0

（1）SPI 控制寄存器 SPCTL。

SPI 控制寄存器的格式如表 11-13 所示。

表 11-13　SPI 控制寄存器的格式

SFR 名称	地　址	bit	bit7	bit6	bit5	bit4	bit3	bit2	bit1	bit0
SPCTL	CEH	name	SSIG	SPEN	DORD	MSTR	CPOL	CPHA	SPR1	SPR0

SSIG：SS̄ 引脚忽略控制位。

　SSIG=1，MSTR（位 4）确定器件为主机还是从机。

　SSIG=0，SS̄ 引脚用于确定器件为主机还是从机。SS̄ 引脚可作为 I/O 口使用。

SPEN：SPI 使能位。

　SPEN=1，SPI 使能。

　SPEN=0，SPI 被禁止，所有 SPI 引脚都作为 I/O 口使用。

DORD：设定 SPI 数据发送和接收的位顺序。

　DORD=1，数据字的 LSB（最低位）最先发送。

DORD=0，数据字的 MSB（最高位）最先发送。

MSTR：主/从模式选择位。

CPOL：SPI 时钟极性。

　　CPOL=1，SPICLK 空闲时为高电平。SPICLK 的前时钟沿为下降沿而后时钟沿为上升沿。

　　CPOL=0，SPICLK 空闲时为低电平。SPICLK 的前时钟沿为上升沿而后时钟沿为下降沿。

CPHA：SPI 时钟相位选择。

　　CPHA=1，数据在 SPICLK 的前时钟沿驱动，并在后时钟沿采样。

　　CPHA=0，数据在 $\overline{SS}$ 为低（SSIG=00）时被驱动，在 SPICLK 的后时钟沿被改变，并在前时钟沿被采样（SSIG=1 时的操作未定义）。

SPR1、SPR0：SPI 时钟速率选择控制位。SPI 时钟频率的选择如表 11-14 所示。

表 11-14　SPI 时钟频率的选择

SPR1	SPR0	时钟（SCLK）
0	0	CPU_CLK/4
0	1	CPU_CLK/16
1	0	CPU_CLK/64
1	1	CPU_CLK/128

其中，CPU_CLK 是 CPU 时钟。

（2）SPI 状态寄存器 SPSTAT。

SPI 状态寄存器的格式如表 11-15 所示。

表 11-15　SPI 状态寄存器的格式

SFR 名称	地　址	bit	bit7	bit6	bit5	bit4	bit3	bit2	bit1	bit0
SPSTAT	CDH	name	SPIF	WCOL	—	—	—	—	—	—

SPIF：SPI 传输完成标志。

当一次串行传输完成时，SPIF 置位。此时，如果 SPI 中断被打开（即 ESPI(IE2.1)和 EA(IE.7)都置位），则产生中断。当 SPI 处于主模式且 SSIG=0 时，如果 $\overline{SS}$ 为输入并被驱动为低电平，则 SPIF 也将被置位，表示"模式改变"。SPIF 标志通过软件向其写入"1"清零。

WCOL：SPI 写冲突标志。

在数据传输的过程中，如果对 SPI 数据寄存器 SPDAT 执行写操作，则 WCOL 将置位。WCOL 标志通过软件向其写入"1"清零。

（3）SPI 数据寄存器 SPDAT。

SPI 数据寄存器的格式如表 11-16 所示。

表 11-16　SPI 数据寄存器的格式

SFR 名称	地　址	bit	bit7	bit5	bit4	bit3	bit2	bit1	bit0
SPDAT	CFH	name	—	—	—	—	—	—	—

SPDAT 的 bit0～bit7：传输的数据位 bit0～bit7。

（4）将单片机的 SPI 功能从 P1 口设置到 P4 口的辅助寄存器 1AUXR1。

辅助寄存器 1 的格式如表 11-17 所示。

表 11-17　辅助寄存器 1 的格式

SFR 名称	地　址	bit	bit7	bit6	bit5	bit4	bit3	bit2	bit1	bit0
AUXR1	A2H	name	—	PCA_P4	SPI_P4	S2_P4	GF2	ADRJ	—	DPS

PCA_P4:

　　0: 默认 PCA 在 P1 口。

　　1: PCA/PWM 从 P1 口切换到 P4 口。

　　ECI 从 P1.2 口切换到 P4.1 口。

　　PCA0/PWM0 从 P1.3 口切换到 P4.2 口。

　　PCA1/PWM1 从 P1.4 口切换到 P4.3 口。

SPI_P4:

　　0: 默认 SPI 在 P1 口。

　　1: SPI 从 P1 口切换到 P4 口。

　　SPICLK 从 P1.7 口切换到 P4.3 口。

　　MISO 从 P1.6 口切换到 P4.2 口。

　　MOSI 从 P1.5 口切换到 P4.1 口。

　　$\overline{SS}$ 从 P1.4 口切换到 P4.0 口。

S2_P4:

　　0: 默认 UART2 在 P1 口。

　　1: UART2 从 P1 口切换到 P4 口。

　　TXD2 从 P1.3 口切换到 P4.3 口。

　　RXD2 从 P1.2 口切换到 P4.2 口。

　　GF2: 通用标志位。

ADRJ:

　　0: 10 位 A/D 转换结果的高 8 位放在 ADC_RES 寄存器，低 2 位放在 ADC_RESL 寄存器。

　　1: 10 位 A/D 转换结果的高 2 位放在 ADC_RES 寄存器的低 2 位，低 8 位放在 ADC_RESL 寄存器。

DPS:

　　0: 使用默认数据指针 DPTR0。

　　1: 使用另一个数据指针 DPTR1。

2. SPI 的结构

STC12C5A60S2 系列单片机的 SPI 功能如图 11-2 所示。

SPI 的核心是一个 8 位移位寄存器和数据缓冲器，数据可以同时发送和接收。在 SPI 数据的传输过程中，发送和接收的数据都存储在数据缓冲器中。

对于主模式，若要发送 1 字节数据，只需将这个数据写到 SPDAT 寄存器中。主模式下 $\overline{SS}$ 信号不是必需的；但是在从模式下，必须在 $\overline{SS}$ 信号变为有效并接收到合适的时钟信号后，才可进行数据传输。在从模式下，如果 1 个字节传输完成后，$\overline{SS}$ 信号变为高电平，则这个字节立即被硬件逻辑标志为接收完成，SPI 准备接收下一个数据。

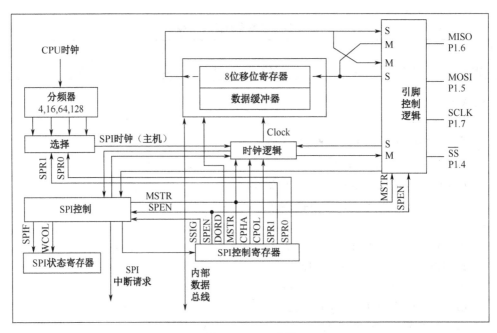

图 11-2 SPI 功能

3. SPI 的数据通信

SPI 有 4 个引脚：SCLK/P1.7、MOSI/P1.5、MISO/P1.6 和 $\overline{SS}$/P1.4。

MOSI（Master Out Slave In，主出从入）：主机的输出和从机的输入，用于主机到从机的串行数据传输。根据 SPI 规范，多个从机共享一条 MOSI 信号线。在时钟边界的前半周期，主机将数据放在 MOSI 信号线上，从机在该边界处获取该数据。

MISO（Master In Slave Out，主入从出）：从机的输出和主机的输入，用于实现从机到主机的数据传输。SPI 规范中，一个主机可连接多个从机，因此，主机的 MISO 信号线会连接到多个从机上，或者说，多个从机共享一条 MISO 信号线。当主机与一个从机通信时，其他从机应将其 MISO 引脚驱动设置为高阻状态。

SCLK（SPI Clock，串行时钟信号）：串行时钟信号是主机的输出和从机的输入，用于同步主机和从机之间在 MOSI 和 MISO 线上的串行数据传输。当主机启动一次数据传输时，自动产生 8 个 SCLK 时钟周期，信号给从机。在 SCLK 的每个跳变处（上升沿或下降沿）移出一位数据。所以，一次数据传输可以传输一个字节的数据。

SCLK、MOSI 和 MISO 可以和两个或更多 SPI 器件连接在一起。数据通过 MOSI 由主机传送到从机，通过 MISO 由从机传送到主机。SCLK 信号在主模式时为输出，在从模式时为输入。如果 SPI 系统被禁止，即 SPEN（SPCTL.6）=0（复位值），这些引脚都可作为 I/O 口使用。

$\overline{SS}$（Slave Select，从机选择信号）：这是一个输入信号，主机用它来选择处于从模式的 SPI 模块。主模式和从模式下，$\overline{SS}$ 的使用方法不同。在主模式下，SPI 只能有一个主机，不存在主机选择问题，该模式下 $\overline{SS}$ 不是必需的。主模式下通常将主机的 $\overline{SS}$ 引脚通过 $10k\Omega$ 的电阻上拉高电平。每一个从机的 $\overline{SS}$ 接主机的 I/O 口，由主机控制电平高低，以便主机选择从机。在从模式下，不管发送还是接收，$\overline{SS}$ 信号必须有效。因此在一次数据传输开始之前必须将 $\overline{SS}$ 置为低电平。SPI 主机可以使用 I/O 口选择一个 SPI 器件作为当前的从机，在典型的配置中，SPI 主机使用 I/O 口选择一个 SPI 器件作为当前的从机。

SPI 从机通过其 $\overline{SS}$ 引脚确定是否被选择。如果满足下面的条件之一，$\overline{SS}$ 就被忽略。

➤ 如果 SPI 系统被禁止，即 SPEN（SPCLK.6）=0（复位值）。

➤ 如果 SPI 配置为主机，即 MSTR（SPCLK.4）=1，并且 P1.4 配置为输出（通过 P1M0.4 和 P1M1.4）。

➤ 如果 $\overline{SS}$ 引脚被忽略，即 SSIG（SPCTL.7）=1，该引脚配置用于 I/O 口功能。

注意，即使 SPI 被配置为主机（MSTR=1），它仍然可以通过拉低 $\overline{SS}$ 引脚配置为从机（P1.4/$\overline{SS}$ 配置为输入且 SSIG=0）。要使能该特性，应当置位 SPIF（SPSTAT.7）。

（1）SPI 的数据通信方式。

STC12C5A60S2 系列单片机的 SPI 的数据通信方式有 3 种：单主机—单从机方式、双器件方式（器件可互为主机和从机）和单主机—多从机方式。

SPI 单主机—单从机配置如图 11-3 所示。

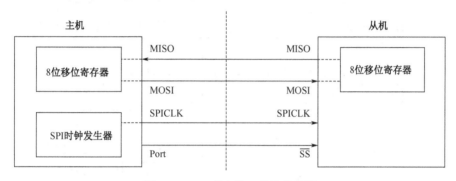

图 11-3　SPI 单主机—单从机配置

从机的 SSIG（SPCTL.7）为 0，$\overline{SS}$ 用于选择从机。SPI 主机可使用任何端口（包括 P1.4/$\overline{SS}$）来驱动 $\overline{SS}$ 引脚。主机 SPI 与从机 SPI 的 8 位移位寄存器连接成一个循环的 16 位移位寄存器。当主机程序向 SPDAT 寄存器写入 1 字节时，立即启动一个连续的 8 位移位通信过程：主机的 SCLK 引脚向从机的 SCLK 引脚发出一串脉冲，在这串脉冲的驱动下，主机 SPI 的 8 位移位寄存器中的数据移动到了从机 SPI 的 8 移位寄存器中。与此同时，从机 SPI 的 8 位移位寄存器中的数据移动到了主机 SPI 的 8 位移位寄存器中。由此，主机既可以向从机发送数据，又可以读从机中的数据。

SPI 双器件（器件可互为主机和从机）配置如图 11-4 所示。

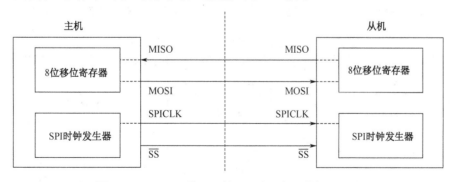

图 11-4　SPI 双器件（器件可互为主机和从机）配置

当没有发生 SPI 操作时,两个器件都可配置为主机(MSTR=1),将 SSIG 清零并将 P1.4($\overline{\text{SS}}$)配置为准双向模式。当其中一个器件启动传输时,它可将 P1.4 配置为输出并驱动为低电平,这样就强制另一个器件变为从机。

双方初始化时将自己设置成忽略 $\overline{\text{SS}}$ 引脚的 SPI 从模式。当一方要主动发送数据时,先检测 $\overline{\text{SS}}$ 引脚的电平,如果 SS 引脚是高电平,就将自己设置成忽略 $\overline{\text{SS}}$ 引脚的主模式。通信双方平时将 SPI 设置成没有被选中的从模式。在该模式下,MISO、MOSI、SCLK 均为输入,当多个 MCU 的 SPI 以此模式并联时不会发生总线冲突。这种特性在互为主/从、一主多从等应用中很有用。

注意,互为主/从模式时,双方的 SPI 速率必须相同。如果使用外部晶体振荡器,双方的晶体频率也要相同。

SPI 单主机—多从机配置如图 11-5 所示。

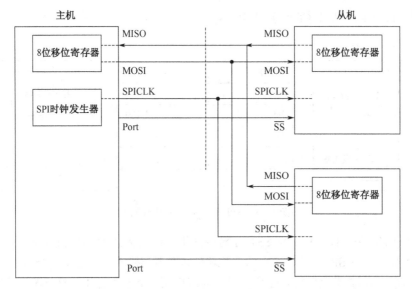

图 11-5　SPI 单主机—多从机配置

从机的 SSIG(SPCTL.7)为 0,从机通过对应的 $\overline{\text{SS}}$ 信号被选中。SPI 主机可使用任何端口(包括 P1.4/$\overline{\text{SS}}$)来驱动 $\overline{\text{SS}}$ 引脚。

(2)SPI 配置。

STC12C5A60S2 系列单片机进行 SPI 通信时,主机和从机的选择由 SPEN、SSIG、$\overline{\text{SS}}$ 引脚(P1.4)和 MSTR 联合控制。表 11-18 列出了主/从模式的配置及模式的使用和传输方向。

表 11-18　主/从模式的配置及模式的使用和传输方向

SPEN	SSIG	$\overline{\text{SS}}$ 引脚 P1.4	MSTR	主/从 模式	MISO P1.6	MOSI P1.5	SPICLK P1.7	备　注
0	×	P1.4	×	SPI 功能禁止	P1.6	P1.5	P1.7	SPI 禁止,P1.4、P1.5、P1.6、P1.7 作为普通 I/O 口使用
1	0	0	0	从机模式	输出	输入	输入	选择作为从机
1	0	1	0	从机模式 未被选中	高阻	输入	输入	未被选中。MISO 为高阻状态,以避免总线冲突

续表

SPEN	SSIG	$\overline{SS}$ 引脚 P1.4	MSTR	主/从 模式	MISO P1.6	MOSI P1.5	SPICLK P1.7	备　注
1	0	0	1→0	从机模式	输出	输入	输入	P1.4/ $\overline{SS}$ 配置为输入或准双向口。SSIG 为 0。如果选择 $\overline{SS}$ 被驱动为低电平，则被选择作为从机。当 $\overline{SS}$ 被选择为低电平时，MSTR 将清零
1	0	1	1	主（空闲）	输入	高阻	高阻	当主机空闲时 MOSI 和 SPICLK 为高阻，避免总线冲突。用户必须将 SCLK 上拉或下拉，避免悬浮
				主（激活）		输出	输出	作为主机激活时，MOSI 和 SCLK 为推挽输出
1	1	P1.4	0	从	输出	输入	输入	
1	1	P1.4	1	主	输入	输出	输出	

（3）作为主机或从机时的额外注意事项。

① 作为从机时的额外注意事项。

当 CPHA=0 时，SSIG 必须为 0（也就是不能忽略 $\overline{SS}$ 引脚），$\overline{SS}$ 引脚必须置低电平且在每个连续的串行字节发送完成后重新设置为高电平。如果 SPDAT 寄存器在 $\overline{SS}$ 有效（低电平）时执行写操作，那么将导致一个写冲突错误。CPHA=0 且 SSIG=0 的操作未定义。

当 CPHA=1 时，SSIG 可以置 1（即可以忽略 $\overline{SS}$ 引脚），如果 SSIG=0，则 $\overline{SS}$ 引脚可以在连续传输之间保持一个低有效（即一直固定为低电平）。这种方式适用于具有单固定主机和单从机驱动 MISO 数据线的系统。

② 作为主机时的额外注意事项。

在 SPI 中，传输总是由主机启动的。如果 SPI 使能（SPEN=1）并选择作为主机，则主机对 SPI 数据寄存器的写操作将启动 SPI 时钟发生器和数据的传输。在数据写入 SPDAT 之后的半个到一个 SPI 位的时间，数据将出现在 MOSI 引脚。

需要注意的是，主机可以通过将对应器件的 $\overline{SS}$ 引脚驱动为低电平实现与之通信。写入主机 SPDAT 寄存器的数据从 MOSI 引脚移出发送到从机的 MOSI 引脚。同时从机 SPDAT 寄存器的数据从 MISO 引脚移出发送到主机的 MISO 引脚。

传输完 1 字节后，SPI 时钟发生器停止，传输完成标志（SPIF）置位并产生一个中断（SPI 中断使能）。主机和从机 CPU 的两个移位寄存器可以看作一个 16 位循环移位寄存器。当数据从主机移位传送到从机的同时，数据也以相反的方向移入。这意味着在一个移位周期中，主机和从机的数据相互交换。

（4）通过 $\overline{SS}$ 改变模式。

如果 SPEN=1、SSIG=0 且 MSTR=1，SPI 使能为主机模式。$\overline{SS}$ 引脚可配置为输入或准双向模式。

在这种情况下，另一个主机可将该引脚驱动为低电平，从而将该器件选择为 SPI 从机并向其发送数据。

为了避免争夺总线，SPI 系统执行以下动作。

① MSTR 清零且 CPU 变成从机。这样 SPI 就变成了从机。MOSI 和 SCLK 强制变为输入模式，而 MISO 则变为输出模式。

② SPSTAT 的 SPIF 标志位置位。如果 SPI 中断已被使能，则产生 SPI 中断。

用户软件必须一直对 MSTR 位进行检测，如果该位被一个从机选择清零而用户想继续将 SPI 作为主机，就必须重新置位 MSTR，否则进入从机模式。

（5）写冲突。

SPI 在发送时为单缓冲，在接收时为双缓冲。这样在前一次发送尚未完成之前，不能将新的数据写入移位寄存器。当发送过程中对数据寄存器进行写操作时，WCOL 位（SPSTAT.6）将置位以指示数据冲突。在这种情况下，当前发送的数据继续发送，而新写入的数据将丢失。

当对主机或从机进行写冲突检测时，主机发生写冲突的情况是很罕见的，因为主机拥有数据传输的完全控制权。但从机有可能发生写冲突，因为当主机启动传输时，从机无法进行控制。

接收数据时，接收到的数据传送到一个并行读数据缓冲区，这样将释放移位寄存器以进行下一个数据的接收。但必须在下一个字符完全移入之前从数据寄存器中读出接收到的数据，否则，前一个接收数据将丢失。

WCOL 位可通过软件向其写入"1"清零。

（6）数据模式。

时钟相位位（CPHA）允许用户设置采用和改变数据的时钟边沿。时钟极性位（CPOL）允许用户设置时钟极性。

图 11-6～图 11-9 所示为时钟相位位（CPHA）的不同设定。

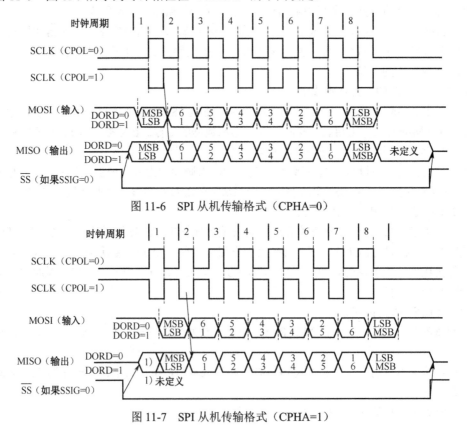

图 11-6　SPI 从机传输格式（CPHA=0）

图 11-7　SPI 从机传输格式（CPHA=1）

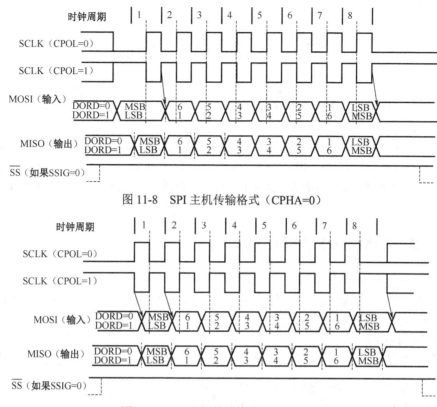

图 11-8　SPI 主机传输格式（CPHA=0）

图 11-9　SPI 主机传输格式（CPHA=1）

SPI 的时钟信息线 SCLK 有 Idle 和 Active 两种状态：Idle 状态是指在不进行数据传输时（或数据传输完成后）SCLK 所处的状态；Active 是与 Idle 相对的一种状态。

时钟相位位（CPHA）允许用户设置采样和改变数据的时钟边沿。时钟极性 CPOL 允许用户设置时钟极性。

如果 CPOL=0、Idle 状态=低电平，则 Active 状态=高电平。

如果 CPOL=1、Idle 状态=高电平，则 Active 状态=低电平。

主机总是在 SCLK=Idle 状态时，将下一位要发送的数据置于数据线 MOSI 上的。

从 Idle 状态到 Active 状态的转变，称为 SCLK 前沿；从 Active 状态到 Idle 状态的转变，称为 SCLK 后沿。一个 SCLK 前沿和后沿构成一个 SCLK 时钟周期，一个 SCLK 时钟周期传输一位数据。

4. SPI 时钟预分频器选择

SPI 时钟预分频器选择是通过 SPCTL 寄存器中的 SPR1 位、SPR0 位实现的，如表 11-19 所示（为便于阅读，再次展示该表）。其中，CPU_CLK 是 CPU 时钟。

表 11-19　SPI 时钟频率的选择

SPR1	SPR0	时钟（SCLK）
0	0	CPU_CLK/4
0	1	CPU_CLK/16
1	0	CPU_CLK/64
1	1	CPU_CLK/128

11.4　内部 A/D 转换器

11.4.1　内部 A/D 转换器简介

STC12C5A60S2 单片机内部带 A/D 转换器，可方便地实现数据采集处理功能。STC12C5A60S2 单片机的 A/D 转换口在 P1 口（P1.0～P1.7 口），为 8 路 10 位高速的 A/D 转换器，速度可达到 300kHz（30 万次/秒）。均为电压输入型 A/D，可用于按键扫描、温度检测、电池电压检测、频谱检测等。

11.4.2　内部 A/D 功能函数

A/D 初始化配置函数：

```
    /*入口参数:结构体*padc,依次为power（电源）, ch（通道）, speed（转换速度）, align
（转换结果对齐方式）, it（中断允许）, priority（中断优先级）*/
    //返回值: 无
    void adc_init(adc_struct * padc)
    {
     /*对ADC_CONTR寄存器操作建议直接使用MOV语句*/
     unsigned char tmp;
     ADC_CONTR &= (~ADC_FLAG);              /*清ADC_FLAG标志*/
     tmp = ADC_CONTR;
     switch(padc -> power)                  /*ADC电源*/
     {
         case ADC_POWERON:
             tmp |=  ADC_POWER;
             break;                         /*开电源*/
         case ADC_POWEROFF:                 /*关电源*/
             tmp &= (~ADC_POWER);
     }

     /*ADC通道选择,8个通道:ADC_CH0、ADC_CH1、ADC_CH2、ADC_CH3等*/
     /*并使能为模拟输入功能,P1口可以继续作为I/O口使用,但建议只作为输入功能*/
     /*特别注意,如果设置了ADC模块,则不论开启或关闭,都自动将P1口设为只有输入功能*/
     /*注意,STC12C5AXX系列MCU的I/O口模式设置与STC12C56XX系列MCU的不同*/
     P1M1 = 0xff;
     P1M0 = 0x00;
     tmp &= (~0x07);
     tmp |= padc -> ch;
     switch(padc -> ch)
     {
         case ADC_CH0: P1ASF = P10ASF; break;     /*P1.0口作为A/D使用*/
         case ADC_CH1: P1ASF = P11ASF; break;     /*P1.1口作为A/D使用*/
         case ADC_CH2: P1ASF = P12ASF; break;     /*P1.2口作为A/D使用*/
```

```
        case ADC_CH3: P1ASF = P13ASF; break;      /*P1.3口作为A/D使用*/
        case ADC_CH4: P1ASF = P14ASF; break;      /*P1.4口作为A/D使用*/
        case ADC_CH5: P1ASF = P15ASF; break;      /*P1.5口作为A/D使用*/
        case ADC_CH6: P1ASF = P16ASF; break;      /*P1.6口作为A/D使用*/
        case ADC_CH7: P1ASF = P17ASF;break;       /*P1.7口作为A/D使用*/
    }
    /*A/D转换速度,4个挡位:ADC_SPEEDLL、ADC_SPEEDL、ADC_SPEEDH、ADC_SPEEDHH*/
    tmp &= (~0x60);
    tmp |= padc -> speed;
    ADC_CONTR = tmp;
    /*转换结果对齐方式*/
    if(padc -> align == ADC_LEFTALIGN)
    {
        AUXR1 &= (~ADRJ);
/*10位A/D转换结果高8位存放在ADC_RES中, 低2位存放在ADC_RESL的低2位中*/
    }
    else
    {
        AUXR1 |= ( ADRJ);
/*10位A/D转换结果高2位存放在ADC_RES的低2位中, 低8位存放在ADC_RESL中*/
    }
    /*ADC中断允许设置*/
    if (padc -> it == ADC_INTERRUPT_DISABLE)
    {
        EADC = 0;
    }
    else
    {
        EA   = 1;
        EADC = 1;
    }
    /*ADC中断优先级设置,4级:0、1、2、3*/
    switch (padc -> priority)
    {
      case ADC_PRIORITYLL:IPH &= (~PADCH); PADC=0; break;  /*最低优先级*/
      case ADC_PRIORITYL:IPH &= (~PADCH); PADC=1; break;   /*较低优先级*/
      case ADC_PRIORITYH:IPH |= ( PADCH); PADC=0; break;   /*较高优先级*/
      case ADC_PRIORITYHH:IPH |= ( PADCH); PADC=1;         /*最高优先级*/
    }
}
```

A/D 开始转换函数:

```
//入口参数:无
//返回值: 无
void adc_start()
{
 unsigned char tmp;
 tmp = ADC_CONTR;
```

```
                               /*确保ADC电源已打开*/
   if ( (tmp & ADC_POWER) != ADC_POWER)
   {
       tmp |= ADC_POWER;
   }
   tmp |= ADC_START;
   ADC_CONTR = tmp;
}
```

A/D 读取转换 8 位值函数：

```
//入口参数:无
//返回值：ADC的高8位结果,只支持对齐方式为ADC_LEFTALIGN
unsigned char adc_rval8()
{
 adc_start();                             /*每次转换都要start*/
 _nop_();
 _nop_();
 _nop_();
 _nop_();                                 /*4个CPU时钟的延时*/
 while (!(ADC_CONTR & ADC_FLAG));         /*等待ADC_FLAG置位*/
 ADC_CONTR &= (~ADC_FLAG);                /*清ADC_FLAG标志*/
 return ADC_RES;
}
```

A/D 读取转换 10 位值函数：

```
//入口参数:无
//返回值：ADC的高10位结果
unsigned int adc_rval10()
{
 unsigned int rval=0;
 adc_start();                             /*每次转换都要start*/
 _nop_();
 _nop_();
 _nop_();
 _nop_();                                 /*4个CPU时钟的延时*/
 while (!(ADC_CONTR & ADC_FLAG));         /*等待ADC_FLAG置位*/
 ADC_CONTR &= (~ADC_FLAG);                /*清ADC_FLAG标志*/
 if((AUXR1 & ADRJ) != ADRJ)              /*左对齐,ADRJ==0*/
 {
     rval = ADC_RES;
     rval = (rval << 2) + ADC_RESL;
 }
 else                                     /*右对齐,ADRJ==1*/
 {
     rval = ADC_RES;
     rval = (rval << 8) + ADC_RESL;
 }
 return rval;
}
```

11.4.3 内部 A/D 操作原理

STC12C5A60S2 系列单片机上电复位后 P1 口为弱上拉型 I/O 口，需要用户先通过软件设置将 P1 口 8 路中的任何一路设置为 A/D 转换，不需要作为 A/D 使用的接口可继续作为普通 I/O 口使用。

1. A/D 转换器的结构

STC12C5A60S2 系列单片机 A/D 转换器的结构如图 11-10 所示。

STC12C5A60S2 系列单片机 A/D 转换器由模拟输入信号通道选择开关、比较器、逐次比较寄存器、10 位 D/A 转换器、A/D 转换结果寄存器（ADC_RES 和 ADC_RESL）及 ADC_CONTR 寄存器构成。

STC12C5A60S2 系列单片机的 A/D 转换器是逐次比较型 A/D 转换器。逐次比较型 A/D 转换器由一个比较器和 D/A 转换器构成，通过逐次比较寄存器，从最高位（MSB）开始，顺序地对每个输入电压与内置 D/A 转换器输出进行比较，经过多次比较，使转换所得的数字量逐次逼近输入模拟量对应值。逐次比较型 A/D 转换器具有速度快、功耗低等优点。

A/D 转换器通过模拟多路开关，将经过 ADC0～7 的模拟量输入送给比较器。用 D/A 转换器转换的模拟量与本次输入的模拟量通过比较器进行比较，将比较结果保存到逐次比较寄存器，并通过逐次比较寄存器输出转换结果。A/D 转换结束后，最终的转换结果保存到 A/D 转换结果寄存器 ADC_RES 和 ADC_RESL 中，同时，置位 ADC_CONTR 寄存器中的 A/D 转换结束标志位 ADC_FLAG，以供程序查询或发出中断申请。模拟通道的选择控制由 ADC_CONTR 寄存器中的 CHS2～CHS0 确定。A/D 的转换速度由 ADC_CONTR 寄存器中的 SPEED1 和 SPEED0 确定。在使用 ADC_CONTR 寄存器前，应先给它上电，也就是置位该寄存器中的 ADC_POWER 位。

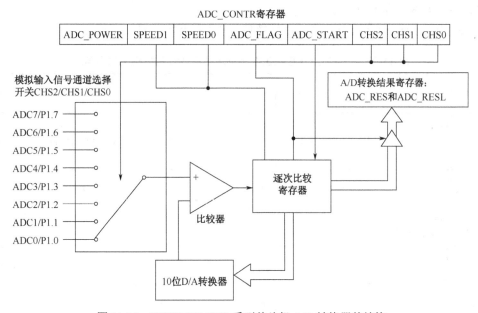

图 11-10 STC12C5A60S2 系列单片机 A/D 转换器的结构

当 AUXR1.1/ADRJ = 0 时，A/D 转换结果寄存器格式如表 11-20 所示。

表 11-20 A/D 转换结果寄存器格式（AUXR1.1/ADRJ = 0）

ADC_RES[7:0]

ADC_B9	ADC_B8	ADC_B7	ADC_B6	ADC_B5	ADC_B4	ADC_B3	ADC_B2			
—	—	—	—	—	—	ADC_B1	ADC_B0	ADC_RESL[1:0]

AUXR1.1/ADRJ = 1 时，A/D 转换结果寄存器格式如表 11-21 所示。

表 11-21 A/D 转换结果寄存器格式（AUXR1.1/ADRJ = 1）

ADC_RES[1:0]

—	—	—	—	—	—	ADC_B9	ADC_B8								ADC_RESL[7:0]
								ADC_B7	ADC_B6	ADC_B5	ADC_B4	ADC_B3	ADC_B2	ADC_B1	ADC_B0

当 ADRJ=0 时，如果取 10 位结果，则按下式计算：

$$(ADC\_RES[7:0], ADC\_RESL[1:0]) = 1024 \times \frac{V_{in}}{V_{CC}}$$

当 ADRJ=0 时，如果取 8 位结果，则按下式计算：

$$(ADC\_RES[7:0]) = 256 \times \frac{V_{in}}{V_{CC}}$$

当 ADRJ=1 时，如果取 10 位结果，则按下式计算：

$$(ADC\_RES[1:0], ADC\_RESL[7:0]) = 1024 \times \frac{V_{in}}{V_{CC}}$$

式中，V_{in} 为模拟输入通道输入电压；V_{CC} 为单片机实际工作电压，用单片机工作电压作为模拟参考电压。

2. 与 A/D 转换相关的寄存器

与 STC12C5A60S2 系列单片机 A/D 转换相关的寄存器如表 11-22 所示。

表 11-22 与 STC12CSA60S2 系列单片机 A/D 转换相关的寄存器

符 号	描 述	地 址	位地址及其符号								复 位 值
			MSB							LSB	
P1ASF	P1 口模拟功能控制寄存器	9DH	P17ASF	P16ASF	P15ASF	P14ASF	P13ASF	P12ASF	P11ASF	P10ASF	0000 0000B
ADC_CONTR	ADC 控制寄存器	BCH	ADC_POWER	SPEED1	SPEED0	ADC_FLAG	ADC_START	CHS2	CHS1	CHS0	0000 0000B
ADC_RES	ADC 结果高位	BDH									0000 0000B
ADC_RESL	ADC 结果低位	BEH									0000 0000B
AUXR1	辅助寄存器 1	A2H	—	PCA_P4	SPI_P4	S2_P4	GF2	ADRJ	—	DPS	X000 00X0B
IE	中断使能	A8H	EA	ELVD	EADC	ES	ET1	EX1	ET0	EX0	0000 0000B
IP	中断优先级低	B8H	PPCA	PLVD	PADC	PS	PT1	PX1	PT0	PX0	0000 0000B

续表

符　号	描　述	地　址	位地址及其符号								复 位 值
			MSB							LSB	
IPH	中断 优先级高	B7H	PPCAH	PLVDH	PADCH	PSH	PT1H	PX1H	PT0H	PX0H	0000 0000B

3. P1 口模拟功能控制寄存器（P1ASF）

STC12C5A60S2 系列单片机的 A/D 转换通道与 P1 口（P1.7～P1.0 口）复用，上电复位后 P1 口为弱上拉型 I/O 口，用户可以通过软件将 8 路中的任何一路设置为 A/D 转换，不需要作为 A/D 转换使用的 P1 口可继续作为 I/O 口使用（建议只作为输入）。需要作为 A/D 转换使用的口应先将 P1ASF 特殊功能寄存器中的相应位置为 1，将相应的口设置为模拟功能。P1ASF 寄存器的格式如表 11-23 所示，操作方式如表 11-24 所示。

P1ASF：P1 口模拟功能控制寄存器（该寄存器是只写寄存器，读无效）。

表 11-23　P1ASF 寄存器的格式

SFR 名称	地　址	bit	bit7	bit6	bit5	bit4	bit3	bit2	bit1	bit0
P1ASF	9DH	name	P17ASF	P16ASF	P15ASF	P14ASF	P13ASF	P12ASF	P11ASF	P10ASF

当 P1 口中的相应位作为 A/D 转换使用时，要将 P1ASF 中的相应位置 1。

表 11-24　P1ASF 寄存器操作方式

P1ASF[7:0]	P1.x 的功能	其中 P1ASF 寄存器地址为：[9DF]（不能够进行位寻址）
P1ASF.0=1	P1.0 口作为模拟功能 A/D 转换使用	
P1ASF.1=1	P1.1 口作为模拟功能 A/D 转换使用	
P1ASF.2=1	P1.2 口作为模拟功能 A/D 转换使用	
P1ASF.3=1	P1.3 口作为模拟功能 A/D 转换使用	
P1ASF.4=1	P1.4 口作为模拟功能 A/D 转换使用	
P1ASF.5=1	P1.5 口作为模拟功能 A/D 转换使用	
P1ASF.6=1	P1.6 口作为模拟功能 A/D 转换使用	
P1ASF.7=1	P1.7 口作为模拟功能 A/D 转换使用	

4. ADC_CONTR 寄存器

ADC_CONTR 寄存器的格式如表 11-25 所示。

表 11-25　ADC_CONTR 寄存器的格式

SFR 名称	地　址	bit	bit7	bit6	bit5	bit4	bit3	bit2	bit1	bit0
ADC_CONTR	BCH	name	ADC_POWER	SPEED1	SPEED0	ADC_FLAG	ADC_START	CHS2	CHS1	CHS0

对 ADC_CONTR 寄存器进行操作，建议直接用赋值语句，不要用"与"和"或"语句。

ADC_POWER：A/D 转换器电源控制位。

　　0：关闭 A/D 转换器电源。

　　1：打开 A/D 转换器电源。

建议进入空闲模式前，将 A/D 转换器电源关闭，即 ADC_POWER =0。启动 A/D 转换器前一定要确认 A/D 转换器电源已打开，A/D 转换结束后关闭 A/D 转换器电源可降低功耗，也可以不关闭。初次打开内部 A/D 转换模拟电源，需适当延时，等内部模拟电源稳定后，再启动 A/D 转换器。

建议启动 A/D 转换器后，在 A/D 转换结束之前，不改变任何 I/O 口的状态，有利于高精度 A/D 转换，若能将定时器/串行口/中断系统关闭则更好。

SPEED1、SPEED0：A/D 转换器转换速度控制位，如表 11-26 所示。

表 11-26　A/D 转换器转换速度控制位（SPEED1、SPEED0）

SPEED1	SPEED0	A/D 转换所需时间
1	1	90 个时钟周期转换一次，CPU 工作频率为 21MHz 时，A/D 转换速度约为 250kHz
1	0	180 个时钟周期转换一次
0	1	360 个时钟周期转换一次
0	0	540 个时钟周期转换一次

STC12C5A60S2 系列单片机的 A/D 转换器所使用的时钟是内部 R/C 振荡器产生的系统时钟，不使用时钟分频寄存器 CLK_DIV 对系统时钟分频后所产生的供给 CPU 工作使用的时钟。这样可以让 A/D 转换器用较高的频率工作，提高 A/D 转换速度，并且可以让 CPU 用较低的频率工作，降低系统的功耗。

ADC_FLAG：A/D 转换器转换结束标志位，当 A/D 转换完成后，ADC_FLAG=1，要由软件清零。

ADC_START：A/D 转换器转换启动控制位，设置为"1"时开始转换，转换结束后为 0。

CHS2、CHS1、CHS0：模拟输入通道选择位，如表 11-27 所示。

表 11-27　模拟输入通道选择位

CHS2	CHS1	CHS0	模拟输入通道选择
0	0	0	选择 P1.0 口作为 A/D 输入使用
0	0	1	选择 P1.1 口作为 A/D 输入使用
0	1	0	选择 P1.2 口作为 A/D 输入使用
0	1	1	选择 P1.3 口作为 A/D 输入使用
1	0	0	选择 P1.4 口作为 A/D 输入使用
1	0	1	选择 P1.5 口作为 A/D 输入使用
1	1	0	选择 P1.6 口作为 A/D 输入使用
1	1	1	选择 P1.7 口作为 A/D 输入使用

程序中需要注意的事项如下。

由于时钟关系，设置 ADC_CONTR 寄存器后，要加 4 个空操作延时才可以正确读到 ADC_CONTR 寄存器的值，其原因是设置 ADC_CONTR 寄存器的语句执行后，要经过 4 个 CPU 时钟的延时，其值才能够保证被设置进入 ADC_CONTR 寄存器。

5. A/D 转换结果寄存器 ADC_RES 和 ADC_RESL

ADC_RES 和 ADC_RESL 寄存器用于保存 A/D 转换结果，其格式如表 11-28 所示。

表 11-28　ADC_RES 和 ADC_RESL 寄存器的格式

SFR 名称	地址	名称	bit7	bit6	bit5	bit4	bit3	bit2	bit1	bit0
ADC_RES	BDH	A/D 转换结果寄存器高								

续表

SFR 名称	地　址	名　　称	bit7	bit6	bit5	bit4	bit3	bit2	bit1	bit0
ADC_RESL	BEH	A/D 转换结果寄存器低								
AUXR1	A2H	辅助寄存器	—	PCA_P4	SPI_P4	S2_P4	GF2	ADRJ	—	DPS

AUXR1 寄存器的 ADRJ 位是 A/D 转换结果寄存器（ADC_RES、ADC_RESL）的数据格式调整控制位。

当 ADRJ=0 时，10 位 A/D 转换结果的高 8 位存放在 ADC_RES 中，低 2 位存放在 ADC_RESL 的低 2 位中，如表 11-29 所示。

表 11-29　ADC_RES 和 ADC_RESL 寄存器（当 ADRJ=0 时）

SFR 名称	地　址	名　　称	bit7	bit6	bit5	bit4	bit3	bit2	bit1	bit0
ADC_RES	BDH	A/D 转换结果寄存器高	ADC_RES9	ADC_RES8	ADC_RES7	ADC_RES6	ADC_RES5	ADC_RES4	ADC_RES3	ADC_RES2
ADC_RESL	BEH	A/D 转换结果寄存器低							ADC_RES1	ADC_RES0
AUXR1	A2H	辅助寄存器						ADRJ=0		

此时，如果用户需取完整的 10 位结果，则按下式计算：

$$(\text{ADC\_RES}[7:0], \text{ADC\_RESL}[1:0]) = 1024 \times \frac{V_{\text{in}}}{V_{\text{CC}}}$$

如果用户只需取 8 位结果，则按下式计算：

$$(\text{ADC\_RES}[7:0]) = 256 \times \frac{V_{\text{in}}}{V_{\text{CC}}}$$

式中，V_{in} 为模拟输入通道输入电压；V_{CC} 为单片机实际工作电压，用单片机工作电压作为模拟参考电压。

当 ADRJ=1 时，10 位 A/D 转换结果的高 2 位存放在 ADC_RES 的低 2 位中，低 8 位存放在 ADC_RESL 中，如表 11-30 所示。

表 11-30　ADC_RES 和 ADC_RESL 寄存器（当 ADRJ=1 时）

SFR 名称	地　址	名　　称	bit7	bit6	bit5	bit4	bit3	bit2	bit1	bit0
ADC_RES	BDH	A/D 转换结果寄存器高	—	—	—	—	—	—	ADC_RES9	ADC_RES8
ADC_RESL	BEH	A/D 转换结果寄存器低	ADC_RES7	ADC_RES6	ADC_RES5	ADC_RES4	ADC_RES3	ADC_RES2	ADC_RES1	ADC_RES0
AUXR1	A2H	辅助寄存器						ADRJ=1		

此时，如果用户需取完整的 10 位结果，则按下式计算：

$$(\text{ADC\_RES}[1:0], \text{ADC\_RESL}[7:0]) = 1024 \times \frac{V_{\text{in}}}{V_{\text{CC}}}$$

式中，V_{in} 为模拟输入通道输入电压；V_{CC} 为单片机实际工作电压，用单片机工作电压作为模拟参考电压。

注意，当 ADRJ=1 时不能只取 8 位结果。

6. 与 A/D 转换中断有关的寄存器

（1）IE：中断允许控制寄存器（可位寻址），如表 11-31 所示。

表 11-31   中断允许控制寄存器

SFR 名称	地　　址	bit	bit7	bit6	bit5	bit4	bit3	bit2	bit1	bit0
IE	A8H	name	EA	ELVD	EADC	ES	ET1	EX1	ET0	EX0

EA：CPU 的中断开放标志，EA=1，CPU 开放中断；EA=0，CPU 屏蔽所有的中断申请。EA 的作用是使中断允许形成多级控制，即各中断源首先受 EA 控制，然后还要受各中断源自己的中断允许控制位控制。

EADC：A/D 转换中断允许位。

EADC=1，允许 A/D 转换中断。

EADC=0，禁止 A/D 转换中断。

如果允许 A/D 转换中断则需要将相应的控制位置 1。

① 将 EADC 置 1，允许 A/D 转换中断，这是 A/D 转换中断的中断控制位。

② 将 EA 置 1，打开单片机总中断控制位，此位不打开，也是无法产生 A/D 转换中断的，A/D 转换中断服务程序中要用软件清 A/D 转换中断请求标志位 ADC_FLAG（也是 A/D 转换结束标志位）。

（2）IPH：中断优先级控制寄存器高（不可位寻址），如表 11-32 所示。

表 11-32   中断优先级控制寄存器高

SFR 名称	地　　址	bit	bit7	bit6	bit5	bit4	bit3	bit2	bit1	bit0
IPH	B7H	name	PPCAH	PLVDH	PADCH	PSH	PT1H	PX1H	PT0H	PX0H

（3）IP：中断优先级控制寄存器低（可位寻址），如表 11-33 所示。

表 11-33   中断优先级控制寄存器低

SFR 名称	地　　址	bit	bit7	bit6	bit5	bit4	bit3	bit2	bit1	bit0
IP	B8H	name	PPCA	PLVD	PADC	PS	PT1	PX1	PT0	PX0

PADCH、PADC：A/D 转换中断优先级控制位。

当 PADCH=0 且 PADC=0 时，A/D 转换中断为最低优先级中断（优先级 0）。

当 PADCH=0 且 PADC=1 时，A/D 转换中断为较低优先级中断（优先级 1）。

当 PADCH=1 且 PADC=0 时，A/D 转换中断为较高优先级中断（优先级 2）。

当 PADCH=1 且 PADC=1 时，A/D 转换中断为最高优先级中断（优先级 3）。

7. A/D 转换器的参考电压源

STC12C5A60S2 系列单片机的参考电压源是输入工作电压 V_{CC}，所以一般不用外接参考电压源。如 7805 的输出电压是 5V，但实际电压可能是 4.88～4.96V，如果用户需要精度比较高的话，可在出厂时将实际测出的工作电压值记录在单片机内部的 EEPROM 中，以供计算。

如果有些用户的 V_{CC} 不固定，如电池供电，电池电压在 5.3～4.2V 之间漂移，则 V_{CC} 不固定，就需要在 8 路 A/D 转换的一个通道外接一个稳定的参考电压源，以计算出此时的工作电压 V_{CC}，再计算出其他几路 A/D 转换通道的电压。如可在 A/D 转换通道的第七通道外接一个 1.25V 的基准参考电压源，由此求出此时的工作电压 V_{CC}，再计算出其他几路 A/D 转换通道的电压（理论依据是短时间内，V_{CC} 不变）。

11.5　内部 PCA/PWM

11.5.1　内部 PCA/PWM 简介

STC12C5A60S2 系列单片机内部集成有 2 路可编程计数器阵列，即 PCA/PWM。PCA 含有一个特殊的 16 位定时器，连接 2 个 16 位的捕获/比较模块。PCA 可编程工作在 4 种模式下：上升/下降沿捕获、软件定时器、高速输出和脉宽调制。因此，它很方便应用在输入频率捕获测量、直流电动机调速等场合。

11.5.2　内部 PCA/PWM 功能函数

STC12C5A60S2 内部的 PCA 具有脉宽调制模式，可以直接用来输出 PWM 波。
PCA 初始化配置函数：

```
//入口参数: fsc(0,2,4,6,8,12),分别对应CPU的0、2、4、6、8、12分频
//返回值: 无
void pwm_Init(unsigned char fsc)
{
   CCON = 0;   //初始化PCA,不允许PCA计数
//清零PCA溢出中断请求标志位CF, 清零PCA各模块中断请求标志位CCFn
   CL = 0;                    //清零PCA,低8位
   CH = 0;                    //清零PCA,高8位
 switch(fsc)
 {
        case 0:CMOD = 0x08;break;
//系统时钟, SYSCLK, 禁止寄存器CCON中CF位的中断
        case 2:CMOD = 0x02;break;
//系统时钟/2, SYSCLK/2, 禁止寄存器CCON中CF位的中断
        case 4:CMOD = 0x0a;break;
//系统时钟/4, SYSCLK/4, 禁止寄存器CCON中CF位的中断
        case 6:CMOD = 0x0c;break;
//系统时钟/6, SYSCLK/6, 禁止寄存器CCON中CF位的中断
        case 8:CMOD = 0x0e;break;
//系统时钟/8, SYSCLK/8, 禁止寄存器CCON中CF位的中断
        case 12:CMOD = 0x00;break;
//系统时钟/12, SYSCLK/12, 禁止寄存器CCON中CF位的中断
        default :break;
 }
}
```

PWM0/P1.3 输出 PWM 函数：

```
//入口参数:pulse_width（0~256），占空比为(256-pulse_width)/256*100%
//返回值：无
void pwm0_Out(unsigned int pulse_width )
{
 if(pulse_width==256)
 {
    CCAP0H = CCAP0L = 0xff;                    //PWM0引脚输出脉冲占空比0%
    PCAPWM0 = 0x03;
//启用PWM寄存器PCA_PWM0，其中EPC0H（B1位）与CCAP0H组成9位数
//EPC0L（B0位）与CCAP0L组成9位数
    CCAPM0 = 0x42;                             //8位PWM,无中断
 }
 else
 {
    CCAP0H = CCAP0L = pulse_width;             //PWM0引脚输出脉冲占空比为
                                              //(256-pulse_width)/256*100%
    CCAPM0 = 0x42;                             //8位PWM,无中断
 }
 CR = 1;                                       //PCA开始运行
}
```

PWM1/P1.4 输出 PWM 函数：

```
//入口参数:pulse_width（0~256），占空比为(256-pulse_width)/256*100%
//返回值：无
void pwm1_Out(unsigned int pulse_width )
{
 if(pulse_width==256)
 {
    CCAP1H = CCAP1L = 0xff;
    //PWM1引脚输出脉冲占空比0%，PCAPWM1 = 0x03
    //启用PWM寄存器PCA_PWM1，其中EPC1H（B1位）与CCAP1H组成9位数
    //EPC1L（B0位）与CCAP1L组成9位数
    CCAPM1 = 0x42;                             //8位PWM,无中断
 }
 else
 {
    CCAP1H = CCAP1L = pulse_width;             //PWM1引脚输出脉冲占空比为
                                              //(256-pulse_width)/256*100%
    CCAPM1 = 0x42;                             //8位PWM,无中断
 }
 CR = 1;                                       //PCA开始运行
}
```

11.5.3　内部 PCA/PWM 操作原理

STC12C5A60S2 系列单片机集成了 2 路可编程计数器阵列，可用于软件定时器、外部脉冲的捕捉、高速输出及脉宽调制（PWM）输出。

1. PCA/PWM 应用有关的特殊功能寄存器

STC12C5A60S2 系列 1T 8051 单片机 PCA/PWM 特殊功能寄存器如表 11-34 所示。

表 11-34　PCA/PWM 特殊功能寄存器

符　号	描　　述	地　址	位地址及其符号								复　位　值
			bit7	bit6	bit5	bit4	bit3	bit2	bit1	bit0	
CCON	PCA 控制寄存器	D8H	CF	CR	—	—	—	—	CCF1	CCF0	00XX,XX00
CMOD	PCA 模式寄存器	D9H	CIDL	—	—	—	CPS2	CPS1	CPS0	ECF	0XXX,0000
CCAPM0	PCA 模块 0 模式寄存器	DAH	—	ECOM0	CAPP0	CAPN0	MAT0	TOG0	PWM0	ECCF0	X000,0000
CCAPM1	PCA 模块 1 模式寄存器	DBH	—	ECOM1	CAPP1	CAPN1	MAT1	TOG1	PWM1	ECCF1	X000,0000
CL	PCA 基本定时器低位	E9H									0000,0000
CH	PCA 基本定时器高位	F9H									0000,0000
CCAP0L	PCA 模块 0 捕获寄存器低位	EAH									0000,0000
CCAP0H	PCA 模块 0 捕获寄存器高位	FAH									0000,0000
CCAP1L	PCA 模块 1 捕获寄存器低位	EBH									0000,0000
CCAP1H	PCA 模块 1 捕获寄存器高位	FBH									0000,0000
PCA_PWM0	PCA PWM 模式辅助寄存器 0	F2H	—	—	—	—	—	—	EPC0H	EPC0L	XXXX,XX00
PCA_PWM1	PCA PWM 模式辅助寄存器 1	F3H	—	—	—	—	—	—	EPC1H	EPC1L	XXXX,XX00
AUXR1	辅助寄存器 1	A2H	—	PCA_P4	SPI_P4	S2_P4	GF2	ADRJ	—	DPS	X000,00X0

2. PCA 工作模式寄存器 CMOD

PCA 工作模式寄存器的格式如表 11-35 所示。

表 11-35　PCA 工作模式寄存器的格式

SFR 名称	地　址	bit	bit7	bit6	bit5	bit4	bit3	bit2	bit1	bit0
CMOD	D9H	name	CIDL	—	—	—	CPS2	CPS1	CPS0	ECF

CIDL：空闲模式下是否停止 PCA 的控制位。

当 CIDL=0 时，空闲模式下 PCA 继续工作。

当 CIDL=1 时，空闲模式下 PCA 停止工作。

CPS2、CPS1、CPS0：PCA 计数脉冲源选择控制位，如表 11-36 所示。

表 11-36　PCA 计数脉冲源选择控制位

CPS2	CPS1	CPS0	选择 PCA/PWM 时钟源输入
0	0	0	0，系统时钟/12，SYSCLK/12
0	0	1	1，系统时钟/2，SYSCLK/2
0	1	0	2，定时器 0 的溢出脉冲。由于定时器 0 可以工作在 1T 模式，所以可以达到计一个时钟就溢出，从而达到最高频率 CPU 工作时钟 SYSCLK。通过改变定时器 0 的溢出率，可以实现可调频率的 PWM 输出
0	1	1	3，ECI/P1.2（或 P4.1）引脚输入的外部时钟（最大速率=SYSCLK/2）
1	0	0	4，系统时钟，SYSCLK
1	0	1	5，系统时钟/4，SYSCLK/4
1	1	0	6，系统时钟/6，SYSCLK/6
1	1	1	7，系统时钟/8，SYSCLK/8

例如，CPS2/CPS1/CPS0 = 1/0/0 时，PCA/PWM 的时钟源是 SYSCLK，不用定时器 0，PWM 的频率为 SYSCLK/256。

如果要用系统时钟/3 作为 PCA 的时钟源，则应让 T0 工作在 1T 模式，计数 3 个脉冲即产生溢出。

如果此时使用内部 RC 作为系统时钟（室温情况下，5V 单片机为 11～15.5MHz），可以输出 14～19kHz 频率的 PWM。用 T0 的溢出可对系统时钟进行 1～256 级分频。

ECF：PCA 计数溢出中断使能位。

当 ECF=0 时，禁止寄存器 CCON 中 CF 位的中断。

当 ECF=1 时，允许寄存器 CCON 中 CF 位的中断。

3．PCA 控制寄存器 CCON

PCA 控制寄存器的格式如表 11-37 所示。

表 11-37　PCA 控制寄存器的格式

SFR 名称	地　　址	bit	bit7	bit6	bit5	bit4	bit3	bit2	bit1	bit0
CCON	D8H	name	CF	CR	—	—	—	—	CCF1	CCF0

CF：PCA 阵列溢出标志位。当 PCA 溢出时，CF 由硬件置位。如果 CMOD 寄存器的 ECF 位置位，则 CF 标志可用来产生中断。CF 位可通过硬件或软件置位，但只可通过软件清零。

CR：PCA 阵列运行控制位。该位通过软件置位，用来启动 PCA 阵列计数。该位通过软件清零，用来关闭 PCA 计数器。

CCF1：PCA 模块 1 中断标志位。当出现匹配或捕获时该位由硬件置位。该位必须通过软件清零。

CCF0：PCA 模块 0 中断标志位。当出现匹配或捕获时该位由硬件置位。该位必须通过软件清零。

4．PCA 比较/捕获寄存器 CCAPM0 和 CCAPM1

PCA 模块 0 的比较/捕获寄存器的格式如表 11-38 所示。

表 11-38　PCA 模块 0 的比较/捕获寄存器的格式

SFR 名称	地　址	bit	bit7	bit6	bit5	bit4	bit3	bit2	bit1	bit0
CCAPM0	DAH	name	—	ECOM0	CAPP0	CAPN0	MAT0	TOG0	PWM0	ECCF0

bit7：保留。

ECOM0：允许比较器功能控制位。

当 ECOM0=1 时，允许比较器功能。

CAPP0：正捕获控制位。

当 CAPP0=1 时，允许上升沿捕获。

CAPN0：负捕获控制位。

当 CAPN0=1 时，允许下降沿捕获。

MAT0：匹配控制位。

当 MAT0=1 时，PCA 计数值与模块的比较/捕获寄存器的值的匹配将置位 CCON 寄存器的中断标志位 CCF0。

TOG0：翻转控制位。

当 TOG0=1 时，工作在 PCA 高速输出模式，PCA 计数值与模块的比较/捕获寄存器的值的匹配将使 CCP0 引脚翻转。

(CCP0/PCA0/PWM0/P1.3 或 CCP0/PCA0/PWM0/P4.2)

PWM0：脉宽调节模式。

当 PWM0=1 时，允许 CEX0 引脚用作脉宽调节输出。

(CCP0/PCA0/PWM0/P1.3 或 CCP0/PCA0/PWM0/P4.2)

ECCF0：使能 CCF0 中断。使能寄存器 CCON 的比较/捕获标志 CCF0，用来产生中断。

PCA 模块 1 的比较/捕获寄存器的格式如表 11-39 所示。

表 11-39　PCA 模块 1 的比较/捕获寄存器的格式

SFR 名称	地　址	bit	bit7	bit6	bit5	bit4	bit3	bit2	bit1	bit0
CCAPM1	DBH	name	—	ECOM1	CAPP1	CAPN1	MAT1	TOG1	PWM1	ECCF1

bit7：保留。

ECOM1：允许比较器功能控制位。

当 ECOM1=1 时，允许比较器功能。

CAPP1：正捕获控制位。

当 CAPP1=1 时，允许上升沿捕获。

CAPN1：负捕获控制位。

当 CAPN1=1 时，允许下降沿捕获。

MAT1：匹配控制位。

当 MAT1=1 时，PCA 计数值与模块的比较/捕获寄存器的值的匹配将置位 CCON 寄存器的中断标志位 CCF1。

TOG1：翻转控制位。

当 TOG1=1 时，工作在 PCA 高速输出模式，PCA 计数值与模块的比较/捕获寄存器的值的匹配将使 CCP1 引脚翻转。

(CCP1/PCA1/PWM1/P1.4 或 CCP1/PCA1/PWM1/P4.3)

PWM1：脉宽调节模式。

当 PWM1=1 时，允许 CEX1 引脚用作脉宽调节输出。

(CCP1/PCA1/PWM1/P1.4 或 CCP1/PCA1/PWM1/P4.3)

ECCF1：使能 CCF1 中断。使能寄存器 CCON 的比较/捕获标志 CCF1，用来产生中断。

PCA 模块的工作模式设定如表 11-40 所示。

表 11-40　PCA 模块的工作模式设定（CCAPMn 寄存器）

—	ECOMn	CAPPn	CAPNn	MATn	TOGn	PWMn	ECCFn	模 块 功 能
0	0	0	0	0	0	0	无此操作
1	0	0	0	0	1	0	8 位 PWM，无中断
1	1	0	0	0	1	1	8 位 PWM 输出，由低变高可产生中断
1	0	1	0	0	1	1	8 位 PWM 输出，由高变低可产生中断
1	1	1	0	0	1	1	8 位 PWM 输出，由低变高或由高变低均可产生中断
×	1	0	0	0	0	×	16 位捕捉模式，由 CCPn/PCAn 的上升沿触发
×	0	1	0	0	0	×	16 位捕捉模式，由 CCPn/PCAn 的下降沿触发
×	1	1	0	0	0	×	16 位捕捉模式，由 CCPn/PCAn 的跳变触发
1	0	0	1	0	0	×	16 位软件定时器
1	0	0	1	1	0	×	16 位高速输出

5. PCA 的 16 位计数器——低 8 位 CL 和高 8 位 CH

CL 和 CH 地址分别为 E9H 和 F9H，复位值均为 00H，用于保存 PCA 的装载值。

6. PCA 捕捉/比较寄存器——CCAPnL（低位字节）和 CCAPnH（高位字节）

当 PCA 用于捕获或比较时，它们用于保存各个模块的 16 位捕捉计数值；当 PCA 用于 PWM 模式时，它们用来控制输出的占空比。其中，n 为 0 或 1，分别对应模块 0 和模块 1。复位值均为 00H。它们对应的地址分别为：

CCAP0L——EAH、CCAP0H——FAH：模块 0 的捕捉/比较寄存器。

CCAP1L——EBH、CCAP1H——FBH：模块 1 的捕捉/比较寄存器。

7. PCA 模块 PWM 寄存器 PCA_PWM0 和 PCA_PWM1

PCA 模块 0 的 PWM 寄存器的格式如表 11-41 所示。

表 11-41　PCA 模块 0 的 PWM 寄存器的格式

SFR 名称	地　　址	bit	bit7	bit6	bit5	bit4	bit3	bit2	bit1	bit0
PCA_PWM0	F2H	name	—	—	—	—	—	—	EPC0H	EPC0L

EPC0H：在 PWM 模式下，与 CCAP0H 组成 9 位数。

EPC0L：在 PWM 模式下，与 CCAP0L 组成 9 位数。

PCA 模块 1 的 PWM 寄存器的格式如表 11-42 所示。

表 11-42　PCA 模块 1 的 PWM 寄存器的格式

SFR 名称	地　　址	bit	bit7	bit6	bit5	bit4	bit3	bit2	bit1	bit0
PCA_PWM1	F3H	name	—	—	—	—	—	—	EPC1H	EPC1L

EPC1H：在 PWM 模式下，与 CCAP1H 组成 9 位数。

EPC1L：在 PWM 模式下，与 CCAP1L 组成 9 位数。

将单片机的 PCA/PWM 功能从 P1 口设置到 P4 口的寄存器是辅助寄存器 1（AUXR1），其格式如表 11-43 所示。

表 11-43　辅助寄存器 1 的格式

SFR 名称	地　　址	bit	bit7	bit6	bit5	bit4	bit3	bit2	bit1	bit0
AUXR1	A2H	name	—	PCA_P4	SPI_P4	S2_P4	GF2	ADRJ	—	DPS

PCA_P4:

0: 默认 PCA 在 P1 口。

1: PCA/PWM 从 P1 口切换到 P4 口。

PCA0/PWM0 从 P1.3 切换到 P4.2 口。

PCA1/PWM1 从 P1.4 切换到 P4.3 口。

8. PCA/PWM 模块的结构

STC12C5A60S2 系列单片机有 2 路可编程计数器阵列 PCA/PWM（通过 AUXR1 寄存器可以设置 PCA/PWM 从 P1 口切换到 P4 口）。

PCA/PWM 模块含有一个特殊的 16 位 PCA 定时器/计数器，与 2 个 16 位的捕获/比较模块与之相连，如图 11-11 所示。

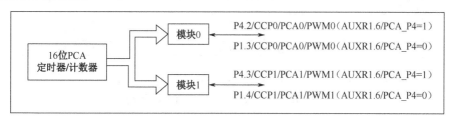

图 11-11　PCA/PWM 模块结构

每个模块可编程工作在 4 种模式下：上升/下降沿捕获、软件定时器、高速输出和脉宽调制冲输出。

STC12C5A60S2 系列：模块 0 连接到 P1.3/CCP0 口（可以切换到 P4.2/CCP0/MISO 口），模块 1 连接到 P1.4/CCP1 口（可以切换到 P4.3/CCP1/SCLK 口）。

16 位 PCA 定时器/计数器是 2 个模块的公共时间基准，其结构如图 11-12 所示。

寄存器 CH 和 CL 的内容是正在自由递增计数的 16 位 PCA 定时器的值。16 位 PCA 定时器/计数器是 2 个模块的公共时间基准，可通过编程工作在 1/12 系统时钟、1/8 系统时钟、1/4 系统时钟、1/2 系统时钟、系统时钟、定时器 0 溢出，或者 ECI 引脚输入（STC12C5A60S2 系列在 P1.2 口）。它的计数源由 CMOD 特殊功能寄存器中 CPS2、CPS1 和 CPS0 位来确定（见 CMOD 特殊功能寄存器说明）。

CMOD 特殊功能寄存器还有 2 个位与 PCA 相关。它们分别是：CIDL，空闲模式下允许停止 PCA；ECF，置位时，使能 PCA 中断，当 PCA 定时器溢出时将 PCA 计数器阵列溢出标志位 CF（CCON.7）置位。

CCON 特殊功能寄存器包含 PCA 的运行控制位（CR）和 CF 位，以及各个模块的标志位（CCF1/CCF0）。通过软件置位 CR 位（CCON.6）来运行 PCA。CR 位被清零时 PCA 关闭。当 PCA 计数器溢出时，CF 位（CCON.7）置位，如果 CMOD 寄存器的 ECF 位置位，就产生中断。CF 位只可通过软件清除。CCON 寄存器的 0~3 位是 PCA 各个模块的标志位（位 0 对于模块 0，位 1 对于模块 1），当发生匹配或比较时，由硬件置位。这些标志位也只能通过软件清除。所有模块公用一个中断向量。

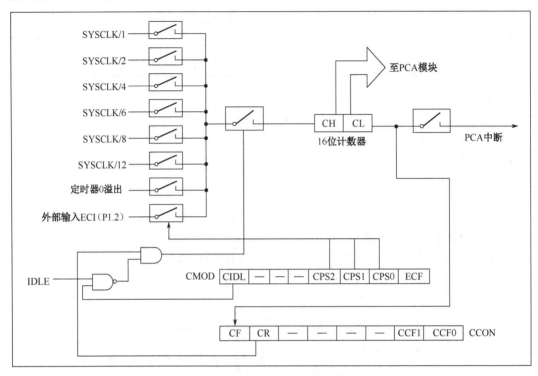

图 11-12　16 位 PCA 定时器/计数器结构

每个 PCA/PWM 模块还对应另外两个寄存器，CCAPnH 和 CCAPnL。当出现捕获或比较时，它们用来保存 16 位的计数器。当 PCA/PWM 模块用在 PWM 模式中时，它们用来控制输出的占空比。

9．PCA/PWM 模块的工作模式

（1）上升/下降沿捕获模式。

上升/下降沿捕获模式的结构如图 11-13 所示。

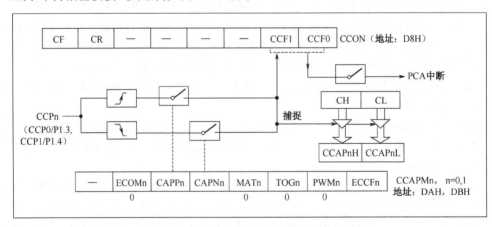

图 11-13　上升/下降沿捕获模式的结构

（2）软件定时器模式。

软件定时器模式/PCA 比较模式的结构如图 11-14 所示。

（3）高速输出模式。

高速输出模式的结构如图 11-15 所示，当 PCA 的计数值与模块捕获寄存器的值相匹配时，PCA/PWM 模块的 CCPn 输出将发生翻转。要激活高速输出模式，CCAPMn 寄存器的 TOGn、MATn 和 ECOMn 位必须都置位。

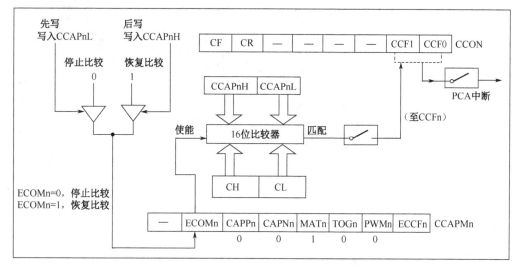

图 11-14 16 位软件定时器模式/PCA 比较模式的结构

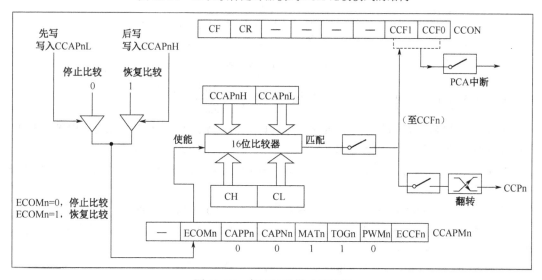

图 11-15 高速输出模式的结构

（4）脉宽调制模式（PWM）。

脉宽调制（Pulse Width Modulation，PWM）是一种使用程序来控制波形占空比、周期、相位波形的技术，在三相电动机驱动、D/A 转换等场合有广泛的应用。STC12C5A60S2 系列单片机的 PCA/PWM 模块可以通过程序设定，使其工作于 8 位 PWM 模式。脉宽调制模式的结构如图 11-16 所示。

所有 PCA/PWM 模块都可用作 PWM 输出。输出频率取决于 PCA 定时器的时钟源。

由于所有模块公用仅有的 PCA 定时器，所以它们的输出频率相同。各个模块的输出占空是独立变化的，与使用的捕获寄存器[EPCnL,CCAPnL]有关。当寄存器 CL 的值小于[EPCnL, CCAPnL]

时，输出为低电平；当寄存器 CL 的值大于[EPCnL,CCAPnL]时，输出为高电平；当 CL 的值由 FF 变为 00 溢出时，[EPCnL,CCAPnL]的内容装载到[EPCnL,CCAPnL]中。这样即可实现无干扰地更新 PWM。要使能 PWM 模式，模块 CCAPMn 寄存器的 PWMn 和 ECOMn 位必须置位。

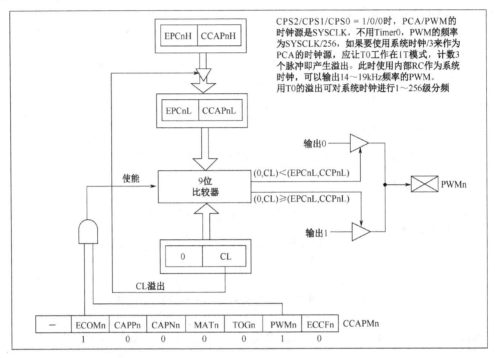

图 11-16　脉宽调制模式的结构

由于 PWM 是 8 位的，所以 PWM 的频率 $=\dfrac{\text{PCA时钟输入源频率}}{256}$。

PCA 时钟输入源可以从以下 8 种中选择一种：SYSCLK、SYSCLK/2、SYSCLK/4、SYSCLK/6、SYSCLK/8、SYSCLK/12、定时器 0 的溢出、ECI/P3.4 输入。

例如，要求 PWM 输出频率为 38kHz，选 SYSCLK 为 PCA/PWM 时钟输入源，求出 SYSCLK 的值。

由计算公式 38000= SYSCLK/256，得到外部时钟频率 SYSCLK=38000×256×1=9728000Hz。

如果要实现可调频率的 PWM 输出，可选择定时器 0 的溢出或 ECI 引脚的输入作为 PCA/PWM 的时钟输入源。

当 EPCnL = 0 及 ECCAPnL = 00H 时，PWM 固定输出高电平。

当 EPCnL = 1 及 CCAPnL = 0FFH 时，PWM 固定输出低电平。

当某个 I/O 口作为 PWM 使用时，该口的状态如表 11-44 所示。

表 11-44　I/O 口用作 PWM 输出时的状态

PWM 之前的状态	PWM 输出时的状态
弱上拉/准双向	强推挽输出/强上拉输出，需加输出限流电阻 1～10kΩ
强推挽输出/强上拉输出	强推挽输出/强上拉输出，需加输出限流电阻 1～10kΩ
仅为输入/高阻	PWM 无效
开漏	开漏

注意，I/O 口与负载之间要接限流电阻，一般为 1～10kΩ。

11.6　本章小结与拓展

看门狗可看作定时器，能够实现软件自动复位，正常情况下应关闭看门狗或定时喂狗。

STC 系列单片机内部集成的 EEPROM 与程序空间 Flash 分开，其利用 ISP/IAP 功能将内部 Data Flash 当作 EEPROM。

STC12C5A60S2 系列单片机内部集成有一个 SPI，其核心是一个 8 位移位寄存器和数据缓冲器，数据可以同时发送和接收。在 SPI 数据的传输过程中，发送和接收的数据都存储在数据缓冲器中。其数据通信方式有 3 种：单主机-单从机方式、双器件方式（器件可互为主机和从机）和单主机-多从机方式。

STC12C5A60S2 系列单片机内部具有 A/D 转换器。它由模拟输入信号通信选择开关、比较器、逐次比较寄存器、10 位 D/A 转换器、A/D 转换结果寄存器及 ADC_CONTR 寄存器构成。

STC12C5A60S2 系列单片机内部具有两个 PCA/PWM 模块，具有上升/下降沿捕获、软件定时器、高速输出、脉宽调制（PWM）4 种模式。本章讲解了 PWM 模式。

11.7　本章习题

1．将看门狗用作定时器，实现 LED 闪烁。
2．通过串行口发送数据到 PC，打开看门狗但不进行喂狗操作，观察复位情况。
3．将数字 0123456789 依次存入内部 EEPROM 中，并能通过串行口显示在 PC 上。
4．通过按键输入不同数据存在 EEPROM 中，并可以通过数码管或 LCD 显示出来。
5．用 STC12C5A60S2 的片内 SPI 驱动任意串行三线接口的模块。
6．用片内 SPI 实现双机通信。
7．同时使用四个 I/O 口采集四路数据。
8．结合光敏电阻测量光照的 A/D 值。
9．用 PCA 脉宽调制模式编写呼吸灯的程序。
10．用 PCA 脉宽调制模式控制直流电动机调速。

参 考 文 献

[1]   张岩，张鑫. 单片机原理及应用[M]. 北京：机械工业出版社，2015.

[2]   李林功. 单片机原理与应用：基于实例驱动和 Proteus 仿真[M]. 北京：科学出版社，2011.

[3]   张毅刚. 单片机原理及接口技术：C51 编程[M]. 北京：人民邮电出版社，2011.

[4]   张齐，朱宁西，毕盛. 单片机原理与嵌入式系统设计[M]. 北京：电子工业出版社，2011.

[5]   林立，张俊亮. 单片机原理及应用：基于 Proteus 和 Keil C[M]. 北京：电子工业出版社，
       2013.

[6]   刘爱荣. 51 单片机应用技术：C 语言版[M]. 重庆：重庆大学出版社，2015.

[7]   刘刚. 单片机原理及其接口技术[M]. 北京：科学出版社，2012.

[8]   周立功. 如何选择适合当前项目的嵌入式操作系统[J]. 单片机与嵌入式系统应用，2010，
       10(1):5-6.

[9]   冯先成. 单片机应用系统设计[M]. 北京：北京航空航天大学出版社，2009.

[10]   张洪润，朱博，马鸣鹤. 单片机应用技术教程[M]. 北京：清华大学出版社，2009.

反侵权盗版声明

电子工业出版社依法对本作品享有专有出版权。任何未经权利人书面许可，复制、销售或通过信息网络传播本作品的行为；歪曲、篡改、剽窃本作品的行为，均违反《中华人民共和国著作权法》，其行为人应承担相应的民事责任和行政责任，构成犯罪的，将被依法追究刑事责任。

为了维护市场秩序，保护权利人的合法权益，我社将依法查处和打击侵权盗版的单位和个人。欢迎社会各界人士积极举报侵权盗版行为，本社将奖励举报有功人员，并保证举报人的信息不被泄露。

举报电话：（010）88254396；（010）88258888

传　　真：（010）88254397

E-mail:　　dbqq@phei.com.cn

通信地址：北京市万寿路 173 信箱

　　　　　电子工业出版社总编办公室

邮　　编：100036